U0298653

创意城市实践

欧洲和亚洲的视角

唐燕 [德] 克劳斯・昆兹曼（Klaus R. Kunzmann）等 著

清华大学出版社
北 京

图书在版编目（CIP）数据

创意城市实践：欧洲和亚洲的视角/唐燕，[德]昆兹曼等著. --北京：清华大学出版社，2013（2016 .5重印）
ISBN 978-7-302-32519-2

Ⅰ. ①创… Ⅱ. ①唐… ②昆… Ⅲ. ①城市规划—研究—欧洲 ②城市规划—研究—亚洲
Ⅳ. ①TU984.5 ②TU984.3

中国版本图书馆CIP数据核字（2013）第108070号

责任编辑：徐 颖 赵 蒂
装帧设计：谢晓翠
责任校对：王凤芝
责任印制：杨 艳

出版发行：清华大学出版社
网 址：http://www.tup.com.cn, http://www.wqbook.com
地 址：北京清华大学学研大厦A座 邮 编：100084
社总机：010-62770175 邮 购：010-62786544
投稿与读者服务：010-62776969, c-service@tup.tsinghua.edu.cn
质量反馈：010-62772015, zhiliang@tup.tsinghua.edu.cn
印装者：三河市春园印刷有限公司
经 销：全国新华书店
开 本：185mm × 250mm 印 张：18.5 字 数：427千字
版 次：2013年10月第1版 印 次：2016年5月第2次印刷
印 数：4501～6000
定 价：58.00 元

产品编号：040959-01

序言

创意城市：亚洲的视角

Creative Cities: An Asian Perspective

| 唐燕　著

2007年在德国从事博士后研究的时候，已经深感“创意”和“文化”在欧洲的影响力。就我从事的城市规划领域而言，几乎参加什么样的学术研讨会，基本上都不会缺少这方面的讨论。整个学术界对“创意城市”和“气候变化”等问题的探讨如此之多之密集，给人一种铺天盖地的感觉。回到国内，由于国家自2003年推行文化体制改革以来的一系列决策引导和政策支持，中国的创意城市建设热潮较之欧洲丝毫不逊色，特别是沿海发达地区以及部分中西部地区的特大城市。无论是北京的798和宋庄、上海的M50和田子坊、深圳的大芬村、成都的宽窄巷，还是杭州的南宋御街，它们在短短几年的时间内迅速崛起，并因为艺术、文化、工业遗产、历史传统等之间的有机融合，成为大众津津乐道的去处。和多元化的欧洲创意城市相比，我国的创意城市建设呈现出明显的政府主导和政策导向性。就像科学发展观、新农村建设、节能减排等议题在全国掀起的浪潮一样，文化和创意已经成为我国政府推动城市未来发展的又一个重要推手。

如果将视野放大到亚洲大陆，不难发现在各种全球城市排名榜上，亚洲城市的地位在直线上升，这充分表明亚洲在全球城市体系中扮演的角色越来越重要。无论是经济整体居上的老牌的城市和地区，如东京、香港、上海、新加坡；还是其他一些新兴城市，如迪拜、重庆、成都，文化和创意在城市未来发展中的地位和作用正在被决策者们接受和认识，并不断在实践中予以推行，围绕这个政治议程形成的经济、文化、城市建设等多个部门之间的跨界合作也开始产生。造成这种现象的原因主要可以归结到三方面：一是西方发达国家和地区醉心于“创意城市”带来的连锁反应；二是城市自身经济发展和综合竞争力提升的内在需求；三是一些有影响力的文化创意集聚区在城市中成功孕育带来的直接激励和示范作用。

亚洲的城市类型是丰富而又多元的，尽管一些城市因为地缘关系，在文化上具有一定的关联或传承性，但总体上，亚洲城市的多样性通过语言、宗教、经济发展水平、建筑风格、艺术、风俗节庆、国家体制等的不同而表现得淋漓尽致。因此，亚洲城市在创意城市的建设道路上策略不一、方法不同，既有通过旗舰性的项目建设和城市更新重塑都市形象的；也有借助综合的资金和政策措施支持和刺激文化创意产业发展的；还有举办或发起文化事件和文化活动扩大创意影响和参与程度的；以及推进文化创意集聚区发展、开展创意城市的研究和咨询、强化创意人才培养等。通常，这些探索和实践还称不上完美，总是成功中伴随着经验教训。如果一定要对书中论述的亚洲创意城市建设总结出一个什么特点的话，那么大部分的创意城市实践更多地强调了政府主导，并将民间努力结合进来，这与欧洲一些地方基于公私间鼎力合作的联动方式有所不同。

专注于创意城市理论探讨的国内外著作琳琅满目，以理查德·佛罗里达和查尔斯·兰德利的畅销书影响最大。但是在客观世界中，具体到那些形形色色的创意城市，它们的实践究竟是如何开展的，又取得了怎样的成效？要想解开这个谜团远非一人之力能够为之。显然，创意城市在欧洲和以我国部分城市为代表的亚洲地区的兴起给我们提供了一个有趣的研究契机，既可以探讨东西方文化差别下的欧亚实践差异，也可以辨析全球化趋势下的欧亚实践共性。在这本著作中，我们无意对比各地方的创意城市建设孰优孰劣，而是通过邀请熟知他们的学者从各自的文化背景和视野偏好出发加以介绍和评论，以求给读者们呈现出一幅带有拼贴色彩、中西碰撞的丰富画卷。

克劳斯·昆兹曼教授一直关注于创意城市领域的理论和实践研究，因此和与此相关的世界各地的学者、规划师乃至政治官员有着广泛的社会联系，他决定并出面邀请了本书的海外作者进行撰稿，从而最终汇集出目前的这本作品。虽然这是一部中文著作，但是其中所有的文章都是作者们专门为之独家撰写的，并非将大家可能检索到的已经出版的英文文章翻译而来。这本书中的9篇文章已经在2012年第3期的《国际城市规划》杂志进行了首发式刊登，让部分读者得以先睹为快。

书中各个章节之间的插页，特邀德籍华人摄影师王纺女士赐稿和采编。她的足迹遍及欧亚大陆很多国家和地区，并无时无刻不在用摄像机记录不同城市的特殊场景，以反映建筑环境和人之间的独到关系。书中采用的摄影作品主要来自于文中探讨的案例城市，包括北京、柏林、苏黎世、斯德哥尔摩等。摄影师同时提供了精妙的文字解读，帮助我们透析作品背后的故事，进而近距离感知各个城市的创意氛围。

要出版一部原创性的、横跨海内外的多作者著作，工作的复杂程度远远超出了我们的预期，从联络、翻译、插图到统稿，每个环节均有海量的任务需要进行。从2009年发出第一封约稿邀请信到著作真正出版，3年多时光转瞬即逝。当出版合同确定的截稿日期来临时，我们仍然深感各方面工作完成的不足，只能寄希望于未来再版或者有可能撰写《创意城市实践（Ⅱ）》的时候再加以改进和完善。3年时光的跨度带来的另一个遗憾是，原来“正当时”的文章可能已经滞后于当前的实践了，城市飞速发展进程中涌现出来的一些新思维和新现象来不及通过“更新”在著作中加以体现。

最后，特别感谢3年来一直理解和支持这部著作工作的清华大学出版社的赵萠编辑，她的包容和缜密保证了著作的顺利付梓。谢谢在统稿过程中对本书作出贡献的郭磊贤同学，他无微不至的审读是确保著作质量的重要提前。感谢《国际城市规划》编辑部的孙志涛主任和许玫编辑，他们掀起了这部著作面世的首部序曲。谢谢所有为著作出版辛勤工作的译者们。

创意城市：欧洲的视角

Creative Cities: A European Perspective

克劳斯·昆兹曼（Klaus R. Kunzmann） 著

郭磊贤 译

亲爱的读者们，请允许我在本书的开篇谈谈我的个人体会。我与你们一样，对文化、创意和创意城市十分感兴趣。25年前当我在德国中部的老工业区鲁尔生活和工作的时候，就开始关注文化对城市和经济发展的重要意义了。我曾在发表于德国《时代周报》的一篇文章里，抱怨文化在区域政治中还没有什么地位，比如鲁尔区的地方政治就被强大的煤钢与能源集团的既得利益所左右。几年后，我被指派研究一个鲁尔区煤矿城市的文化产业在创造就业上的潜力。通过这次实践我发现，这座城市里从事文化产业的人比从事采矿业的要多。那时，地方政治人物并不认为这个现象是好事。而在所有煤矿都已关闭的今天，他们早已放弃了曾经的想法。

不久以后，北莱茵-威斯特法伦州政府为了探索未来的经济领域，于1992年邀请了包括我在内的一组咨询人士，研究文化产业对该州的重要性。这次研究的成果是德国的第一份文化产业报告，它开启了德国关于文化和创意产业的辩论。至今，人们依然热烈地谈论着创意产业的价值和影响。在随后的若干年里（1995、1998、2001、2004），我们这群人完成了多份报告。而直到很久以后，德国联邦政府才采取行动，将创意产业列入政策支持的行业名录。

20世纪90年代，英德工业社会研究基金会（Anglo-German Foundation for the Study of the Industrial Society）资助了一项由英、德两国咨询人士提交的研究计划，这个项目旨在研究两国的创意城市。查尔斯·兰德利（Charles Landry）是英方团队的领导者，而我负责德方团队。1994年，我们在格拉斯哥开会，形成了一份联合报告提交基金会。这些都发生在创意城市成为欧洲的潮流以前，而这份报告本身直到2011年才得以发表。

之后，我受柏林和汉堡市政府委任，参与了两个项目，研究创意空间在城市开发中的角色，以及创意产业对几个欧洲和欧洲以外的城市（香港和墨尔本）在城市和经济发展方面起到的作用。

所有的这些工作最后化为了大量的德文出版物，也使我受邀到欧洲各地做讲座，发表重要的论文，借此机会，我得以建立了该领域专业人士的人际网络，本书便得益于此。

从那时起，创意热潮影响了许多欧洲城市。为了寻求能弥补工业生产领域和服务部门就业损失的策略，城市、区域甚至国家政府受到关于创意城市和文化产业的学术讨论启发，将创意经济视为公共政策的新领域。他们意识到将“创意”这个积极的词汇兜售给公共和私人部门并不是一件困难的事。

创意可以指艺术和文化，也可以涵盖创新和知识产业。在长时间受人忽视后，新的观点认为创意产业的就业十分重要，这让规划师、营销人员和政治人物很受启发。他们都接受创意城市的范式，但各有不同的理由和动机。创意的范式已经成为了一种植入性概念，使得每个人都可以为了自己的既得利益利用或者故意误用它。

关于欧洲的创意城市已经有了大量的论述。然而一旦要涉及怎样为促进文化和创意产业而制定城市和经济政策，以及如何实施这些措辞精妙的政策等问题，规划师和城市经营者都不得不面对多重挑战。这个领域受到历史、地方内生潜力、城市对全球商务和旅行的吸引力、文化消费者的价值观以及文化生产者的个人主义等多个因素的影响。创意经济有其自身的运作规律，而多样的创意产业也具有许多差异化的地方要素。

整个欧洲的城市都在营销创意理念方面经历了困难和障碍。一些城市依赖自身的文化潜力和文化形象，一些城市努力证明对文化旗舰项目进行公共投入有助于增加境外游客、提升城市形象，一些城市在关于绅士化的公共讨论中面临敏感的文化团体和经济利益者之间的冲突。欧洲的城市认识到，将城市空间指定给创意产业是没有道理的，除非地方上已经出现了创意潜力和积极的自下而上运动，呼吁公众支持改善当地的居住和工作空间。

本书所论述的每一座城市都拥有自身的创意形象和不同于其他城市的发展路径。从理论到实践以及从知识到行动的努力，取决于城市规划师和经济规划师的雄心壮志及其在地方政治决策环境中的表现。尽管在本书中只有几个案例明显提及了中介机构在实施创意城市政策的过程中所起的作用，但是仍有大量证据能够说明创意进程十分仰赖于它们的工作。公共部门的权力和职能在促进文化和创意产业发展的时候受到了限制，因此熟悉创意经济各个部分的中介机构得以凭借其知识和能力协助政策实施。此外，欧洲的经验还表明，城市规划师也有可能在发起政策和战略的工作中扮演一定的角色。然而谈及将政策转化为项目的时候，地方的经济发展机构似乎成为了更有竞争力的推动者和经营者。

有一点是可以肯定的，创意只是城市的一个部分，除非有人把创意的定义扩展为人类的任何活动。因此关于创意的那部分只是城市政策的一个方面而已，创意空间通常也仅占城市面积的不到1%。

本书对城市的选择并没有遵循任何系统性的线索，选择它们只是因为作者们居住于其中，参与了这些城市的政治和政策建议，或是好奇心和意愿使然。因此这些案例都是十分真实可信的。除了书中所论述的城市以外，本书还提供了对四个国家（法国、意大利、英国和中国）的综述，以概括性的视角观察了它们关于创意城市的最新发展政策。

一些重要的欧洲的创意城市并没有收入此书，比如维也纳、巴黎、伦敦、哥本哈根、佛罗伦萨、阿姆斯特丹、克拉科夫、爱丁堡、伊斯坦布尔和巴塞罗那等，它们都是不应被忽视的。此外，还有许多如普罗旺斯地区艾克斯、卡塞尔、塞维利亚、科英布拉和乌德勒支等中小城市，也许它们在世界的知名度不大，但在某种意义上也可以称为创意城市。东欧的城市仍然处于从苏维埃统治中恢复过来的过程之中，没有被收入本书，但它们在表达城市的结构性变化方面可能比西欧的城市更具创意。这些城市可能终将收录在后续的论著中。

无论中国的规划师和政策建议者是否会从欧洲的案例研究和这些城市在促进创意经济的经验中获益，他们都必须通过自身的努力将欧洲的政策经验转化到中国政策环境的现实中去。

目 录

城市位置示意图
赫尔辛基 Helsinki
斯德哥尔摩 Stockholm
里加 Riga
汉堡 Hamburg
柏林 Berlin
安特卫普 Antwerp
里尔 Lille
马斯特里赫特 Maastricht
莱比锡 Leipzig
苏黎世 Zurich
威尼斯 Venice
毕尔巴鄂 Bilbao

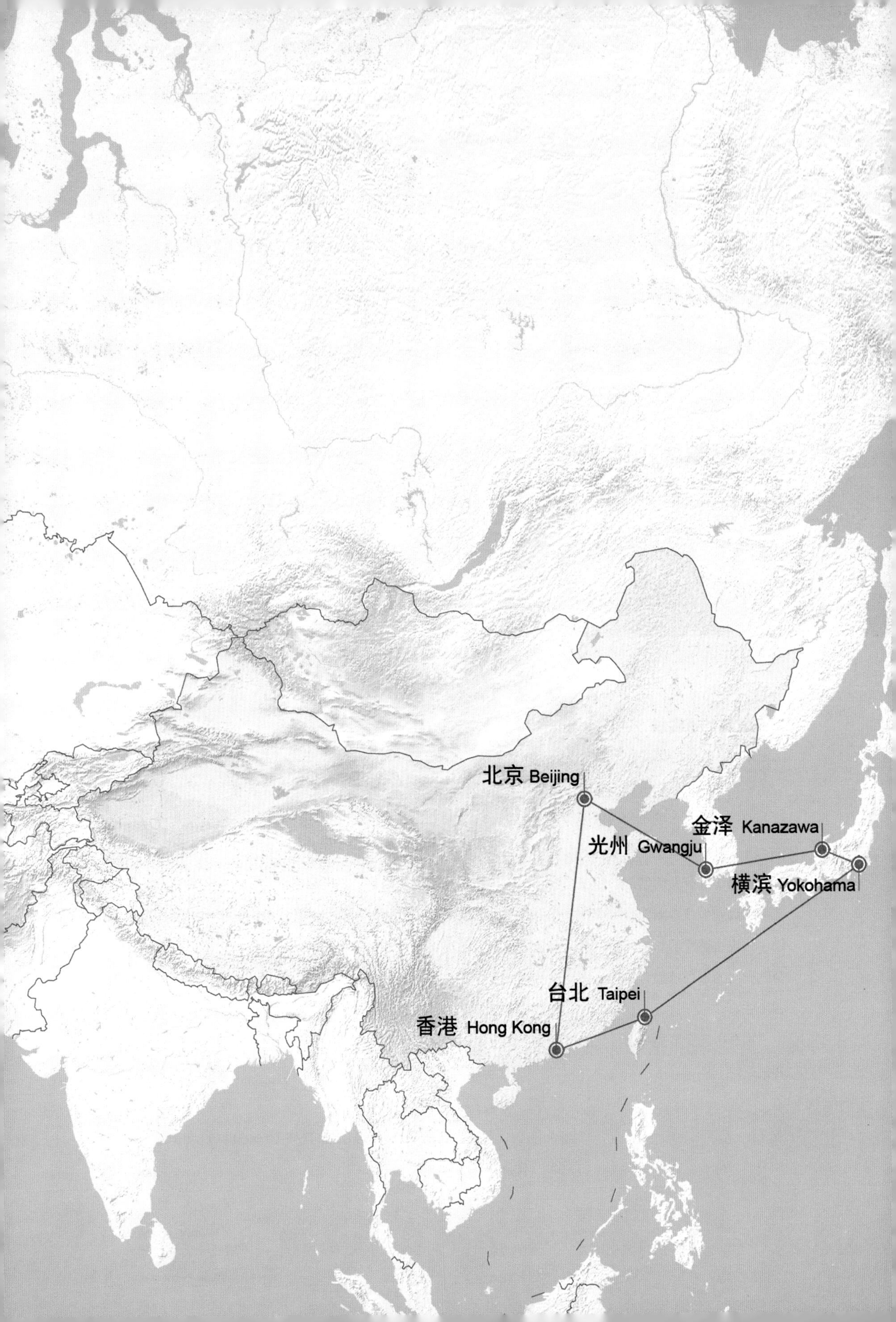
北京 Beijing
金泽 Kanazawa
光州 Gwangju
横滨 Yokohama
台北 Taipei
香港 Hong Kong

镜头里的创意实践

创意实践，在我来看，就如同这张居民楼墙上的巴黎地铁图，不同的线路代表着不同的城市对创意行为的探索。每个城市的创意活动有不同的起因（起点）和目标（终点），每个城市的创意实践各有特色。并且这些来自不同背景的创意尝试会在某些城市发生交织，抑或是为了交换信息，抑或是为了交融资源，为了寻找新的创意。但在这些实践中，艺术家和他们的艺术表现是创意实践的主要成分。如通过艺术展提升城市形象的香港和光州；公共空间和场所的艺术装饰，如斯德哥尔摩、巴黎和首尔；用艺术的手法表达感受的如柏林和台南；闲置空间和它的再次被协调性的利用，如苏黎世和巴黎；艺廊信息的公共空间的展现，如首尔和北京，以及将城市中的古迹作为艺术展示背景更是遍及意大利城市，如都灵和米兰。

本书中的章节插页选自我的“城市行走”中的那些“吸引”我的景象。它们独立于本书的所有章节和文章。

王纺 2013年6月于滕普林（Templin），德国

导言

欧洲和亚洲的创意城市：城市发展的新模式?

Creative Cities Practice in Europe and Asia：A New Paradigm for Urban Development?

克劳斯·昆兹曼（Klaus R. Kunzmann）、唐燕　著[①]

昔日的可持续城市，如今的创意城市

十多年来，关注环境保护的城市规划者们以传教士般的激情宣扬可持续的城市发展模式，满怀热情地想要把对环保的关注结合进他们的规划方法中。他们以法律规制保护绿地，对于任何废弃建筑物和棕地，只要能找到愿意承担相对高昂的再开发利用成本的投资者，他们主张对其进行再开发利用。他们提倡紧凑型的城市，以此废除功能分区，减少个人流动的需要；他们推广公共交通以减低对小汽车的依赖程度；他们鼓励各类产业投资高能效、低排放车辆以及各种绿色科技，从而减少城市和区域的能源消耗。然而，受到消费驱动下普通家庭的价值体系制约，以及市场经济背景下新自由主义的利益相关者的反对，以上及其他各种可持续发展策略的实施比预期的进展缓慢。意识到可持续发展的复杂性，又面临着实施的巨大挑战，城市规划者们对可持续发展的兴趣渐渐冷却。他们不得不承认，可持续发展的物质、空间和设计层面只是实现可持续性的诸多方面之一；对于城市和区域中资源的保护，其他专业领域更起作用。

愿景与现实、远大构想与实践之间的差距显而易见，彷徨其中寻求出路的规划者们发现了城市创意这一崭新的待探究的行动领域。与此同时，进入21世纪以来，创意这一概念在全球经济与社会发展中已成为热议话题。创意城市一时取代了可持续发展，迅速成为城市发展的一种新模式。创意范式惊人的突然崛起有哪些原因？为什么创意城市在城市发展领域中会成为所有人的心头所好？创意城市如此受欢迎，至少有以下8个原因。

创意阶层和创意城市的主题思想在全球传播

表面上看，有两本书触发和启迪了对创意城

① 本文的第1和第2部分内容由陈玲玥翻译。

市的全球性讨论：理查德·佛罗里达（Richard Florida）对（美国）创意阶层的崛起所进行的实证研究；查尔斯·兰德利（Charles Landry）针对城市中的创意项目以及文化对城市的创意发展所起作用的综合阐述。创意阶层这一颇具争议的概念引发了全世界建筑师、规划师、社会学家、经济学家和记者的兴趣，对此理查德·佛罗里达是这样解释的：

“对于创意的经济需求由一个全新阶层的兴起显示出来，我叫它创意阶层。大约3800万美国人，也就是30%的就业人口属于这一阶层。我把创意阶层的核心界定为以下领域的人员：科学与工程、建筑与设计、教育、艺术、音乐与娱乐。他们的经济职能是创造新构想、新科技和/或新的创意内容……创意阶层还包括了围绕核心的更广泛的创意专业人士群体，分布在商业与金融、法律、医疗保健等相关领域。这些人员从事于复杂问题的解决，其过程涉及大量独立判断，并需要高等教育背景或高级人力资本。此外，创意阶层的所有成员，无论他们是艺术家还是工程师，音乐家还是计算机专家，作家还是企业家，都拥有一种共同的创意特质，就是重视创新、个性、差异和价值。对于创意阶层的成员来说，创意的每一个方面、每一种表现——科技的、文化的和经济的——都是相互紧密联系和不可分割的。”（Florida, 2002）

在欧洲人看来，这个定义是很有争议的：因为它涵盖了所有在任意领域取得大学文凭的人，但是却将许多人拒之门外，尤其是那些没有学术证书的工匠，尽管他们通常比银行家、律师或医生更有创意。

在城市和区域中，对规划者和政策制定者来说创意已成为一个新的希望和政策舞台。在这种环境背景中，这两本被翻译成多种语言的畅销书，连同两位作者后续的相关出版物，推动了创意城市发展。毫无意外，这些书引起了激烈的讨论和争议，它们的过于简单化的主题思想和不可移植的结论遭到强烈质疑。尽管如此，这些书及其作者们如明星般的环球巡回图书推销让创意阶层和创意城市举世皆知。无论是在学术界还是政策舞台，几乎没有其他任何讨论能够触发如此广泛的一项运动。许多针对这个主题的研究项目应运而生。还有数以百计的学术研讨会议，从空间规划、地理、城市化、社会研究、文化研究以及当地城市或区域经济发展的各种角度探讨这个主题。不仅在英语国家，在德国、法国和意大利也都出现了更多的相关文章和书籍。关于创意城市模式的报道不断出现在自由报章和潮流杂志上。城市中的创意行动被写成故事，被分享和阅读，在这个越来越复杂的全球化世界里，满足着人们对积极面和成功的渴求。

广泛且开放的创意概念

创意的概念广泛且开放，这有利于创意城市范式的快速散播。什么是创意呢？数以百计的书籍告诉读者们怎样才能变得有创意或者更有创意，怎样以更多的创意在某个领域取得成功。因此如下这样理解会有很大帮助：创意是一个很开放的概念，可以对它作一系列广泛的诠释。看起来似乎任何一种旨在解决问题或改善状况的行动都是一种创意的体现。对于创意这个模糊不清的概念，最著名的学者之一爱德华·德博诺（Edward de Bono）的阐释是：

“创意是一个含混不清的议题，从设计一个新型牙膏盖到贝多芬谱写的第五交响曲，似乎都可以包括在创意的范畴内。很大程度上，困难直接来源于‘有创意’（creative）和‘创造力’（creativity）这两个字眼。从最浅显的层面来看，‘有创意’意味着把过去不曾存在的变为现实。

在某种意义上，‘创造出一团混乱’（creating a mess）也是一种创意的表现。因为这团混乱过去不存在，而今被变为现实。那么我们就把一些价值归因于结果，于是这个‘新的’事物一定有价值。这时我们就开始有所谓艺术的创意，因为艺术家创造出的是新的并且有价值的事物。”（de Bono, 1992：3）

契克森米哈赖（Csikszentmihalyi）提出创意的另一种阐释：“创意就是改变一个现有的领域或者把一个现有的领域转变成新的领域的任何行为、构想或成果。而关于‘创意人士’的定义是：一个以想法或行为改变一个领域，或是创立一个新领域的人。但是需要记住的很重要的一点是，要改变一个领域，必须获得相应范畴的明确同意或默许。”（Csikszentmihalyi, 1996:28）

创意通常被看做是一个积极的概念，至少当它不跟混乱联系在一起的时候是这样的，而有时候创意和混乱确是相互联系的。每个人都想要有创意。人们赞赏有创意的人，无论是幼儿园里有创意的孩子，还是大学里有创意的学生，都会受到称赞。人们认为他们在职场上和生活中都会取得成功。艺术家和教师，精神病医师或是商业顾问对创意的看法有相当大的不同。对有些人来说，创意和艺术是紧密相关的，而对另外一些人来说，创意是形容一个人适应新的环境和预见未来发展的才智。一个研究者探索其学科的未知领域时，他就是有创意的。显然，在城市发展中有无数的问题需要用或多或少的创造力去处理和解决。因此创意城市是一个不断努力改善居民生活质量，吸聚投资和商业、合格的劳动力、游客、会议及活动举办方的城市。

查尔斯·兰德利是这样形容这个概念的开放性的：“创意有很多特质。它是对过去深刻经验的沿革。它颠覆广为接受的事物，挑战习俗，设法创造出新的体验，而不是提前吸收和认定已有的经验。经验总是存在于预定的模式或主题中，几乎没有给个人想象力留下空间。相反的，创意城市要创造自己的空间，它可以很宽松，模棱两可，具有不确定性和不可预知性，随时准备去适应。”（Landry, 2006）

发现创意经济

新的信息通信技术和新的物流业催生了新的生产系统和架构上的变革。在欧洲，绝大多数传统大型工业正在逐渐消失。它们正逐渐被中小型工业代替，转为生产专业化的定制产品，附带一系列以产品为导向的服务。发展最迅速的服务领域是设计和营销，以满足消费者对设计良好的产品不断增长的需求。创意产业竭尽所能地在全世界的印刷物和电子媒体、公共和半公共空间中推销这些产品。这继而推动了城市和区域的文化创意产业的持续发展，逐渐改变着地方经济的架构。地方和区域经济发展共同体的利益相关者们在一段时间之后才意识到这种改变。甚至学术界都在一段时间内忽视或轻视了这个经济部类，宁可专注于研究宏观经济理论和计量经济模型。然而，在10年内，创意经济已经成为一个新的广受关注的领域，在这个去工业化和生产向亚洲转移的时代里，为地方经济和就业提供了新的希望。在很长一段时间里，我们缺乏可靠的数据来评估创意经济，这很有可能是这一经济部类过去被忽视的一个重要原因。相比之下，现在这种数据已经唾手可得。通常来说，英国对于创意经济的定义被视为标准：

创意产业是这样的活动：它来源于个人的创意、技艺与才能，通过知识产权的形成和开发，具有创造财富与就业机会的潜力。创意产业的基础是具有创意艺术才能的个人，他们联同管理人员和技术人员，创造出可出售的产品，这些产品的经济价值在于其文化（或“智力”）属性。（UK Department of Culture, Media and Support, 2000）

创意产业包括：广告；建筑设计；手工艺与家具设计；时装；电影、视频及其他音像制品；平面设计；教育和休闲软件；现场和录制音乐；表演艺术和娱乐节目；电视、电台和互联网传播节目；视觉艺术和古董；写作与出版。

不过，对文化创意产业的构成分支仍然存在争议，在不同国家有不同的界定。在法国，高级烹饪被包括在创意经济的范畴内，在丹麦则包括体育。德国对文化创意产业的界定有所不同，除了上文列举出的文化产业，涵盖甚广且范围模糊的游戏和软件产业也被包括在内。欧洲的规划者意识到，应当根据当地具体情况和各地内在潜力，修正创意产业的定义，以合理地制定策略来促进城市和区域创意经济的发展。

创意产业之所以引起发达国家这么大的关注，还因为它的另一个特性。在后工业时代，工作与生产模式在改变，区位因素随之调整。工作与生活地点分离的传统观念已不再合理。创意产业偏好选址于内城，这样一来，面对面的交流简单快捷，人际关系网络得以建立，有创意的环境背景促进创新，方便接近客户，而且在内城，创意产业更引人关注。城市规划者正在寻求城市内部废弃建筑和棕地的再利用并提倡24小时城市理念，对于他们来说，这样的发展是喜闻乐见的。旅游业也同样欢迎这个创意产业热潮，因为它显著提升了内城的城市魅力。

文化回归政治议程

教育程度的普遍提升以及日益激烈的城市竞争使得城市和区域的文化相关政策领域得到越来越多的政治关注和支持。各种文化旗舰、引人注目的艺术展览、电影节等已经成为吸引合格劳动力、媒体报道和大型会议的一个重要的形象和区位因素。因此，文化基础设施的现代化建设和开发以及各种文化节和活动的推广已经成为城市发展的一个重要行动领域。在拥有著名博物馆的城区，建设成群的博物馆和艺术机构，从而触发城市住区向创意街区的转型，以满足对创意产业的与日俱增的需求。尽管文化政策的预算并没有增加，但人们对城市中文化要素的新认识正在阻止预算的进一步削减。就连美术、表演艺术、音乐、媒体和设计领域的高等教育机构也得到更多的公众支持。对艺术的私人赞助与公共政策一同帮助提升城市的文化形象。所有这些都与以下事实相关联：城市的文化生活，文化基础设施与活动的质量，以及城市文化形象都是城市全球形象和地方特性塑造的必要元素。

创意城市概念对于城市营销和旅游业管理者的吸引力

毫无疑问，创意城市形象让当地旅游业和城市营销管理者感到兴奋。他们很清楚，创意城市形象及与之相关联的各种定义模糊的形象都使记者和媒体感兴趣，也吸引着为都市旅游搜索新景点的旅游公司和为国际会展寻找合适举办地的会展策划人。创意城市对青年游客的吸引力尤其巨大。他们远不满足于传统景点，渴望探察城市的未知地带。创意城市常常会得到特别赞助项目的支持，例如艺术家驻地创作项目，因而吸引着知名青年作家和艺术家，他们需要这样的创意环境去激发新的灵感来创作艺术、音乐和文学作品。而他们的工作成果又提高了创意城市的名声，并且其成果跨越地域的传播，吸引更多的人来感受实地气氛。这是一个自我增强的过程，能带来可观的经济效益，尤其是对城市中的旅游接待业、文化设施以及依赖游客的纪念品商店来说。有许多确凿的例子说明，创意城市形象有效地提升了城市的国际形象，柏林就是一个很好的例子，还有毕尔巴鄂、格拉斯哥和里尔等等。全世界的城市都希望得到联合国教科文组织颁发的创意城市称号，比如文学之都、音乐之都和设计之都；众多城市为了一年一度的欧洲文化之都评选激烈竞争。这些事例都表明创意文化形象对一个城市来说具有巨大的政治、文化和经济价值。

人口结构变化、新型价值观和城市复兴

人口结构变化和新型价值观对城市家庭的区位行为产生相当大的影响。在欧洲的很多城市区域，郊区化停滞不前。这是一系列发展变化的结果。不断增长的单人家庭——在许多欧洲城市中所占比重已经接近50%——和年轻的双职工丁克家庭都偏爱内城区。他们不再愿意在早晚交通堵塞中浪费几个小时。他们更喜欢住在工作场所附近，并且可以很方便地到达市中心的购物和娱乐区、知识综合体、创意街区，与朋友和同事聚会。相反的，老年人则愈来愈被隔离在郊区的社区内，社区内的公共和私人服务设施也逐渐衰败。只要能负担得起，老年人就会变卖郊区别墅，重新回到高密度的城市街区。在那里他们可以更方便地到达医疗保健机构，不用开车就能和家人朋友一起共享愉快的城市生活。文化程度较高的家庭越来越多，他们有着不同的价值体系，更喜欢都市风格，而不愿打理郊区别墅的花园。欧洲城市中逐渐发展演变出的城市居民的世界性大融合，是又一个因素，解释了为什么人们重新发现了城市生活的优点。这一切最终导致了现在被称为“城市复兴”（Urban Renaissance）的现象。而内城区的文化基础设施和创意街区，则是城市复兴的内在要素。

废弃工业建筑物和棕地的再利用

创意企业家（现在常被称作culturpreneur）为文化创意活动寻找合适场地时，密集建设的城市景观中的工业废弃建筑、废旧工厂、工业区、仓库等是他们偏爱的理想目标。这些建筑物通常都有独特的风格、特质和形象。它们一般都被当作工业遗产来保护，而对创意产业来说它们有别样的个性和吸引力。它们不像工业区里的办公楼或是预制装配的生产车间和仓库建筑那样普通，而且空间灵活，价格通常也负担得起。这样的建筑物常被竭力寻找可兼做工作和实验空间的廉价工作室的艺术家们看中并非法占用。新的使用者们经常利用这样的场地来举办创新的文化活动、演出和非正规展览（off-exhibitions）。这些建筑物一旦具备条件转型成为文化活动场所，就会成为城市中的文化新热点，吸引文化团体和游客，还有那些寻求场地发展新产品或服务的年轻企业家，逐渐随之而来的是建筑师、年轻开发商、书店、俱乐部、咖啡店和餐馆。一般来说，这种街区是城市中草根行动的结果，偶尔伴随着使用人群、民间团体、业主和城市管理层的冲突。

而在更大胆开放的城市中，规划者常常发起动议以支持内城棕地作为文化创意用途的再利用。他们认识到这样的城区如果不经改造常常被视为非宜居区，而使其成为城市新文化热点则是提升城区形象的绝好机会。因此他们也必须面对这样的现实：这种发展建设经常会导致城市中此类地区的中产阶级化，进而引发社会争论和媒体争相报道的政治冲突。

架起城市政策间的桥梁和复兴城市发展中的战略规划

规划者、政策顾问和城市管理者都对创意城市的概念如此热衷的原因还有一个，那就是创意城市模式似乎将多年以来各行其道的城市规划、地方经济规划和文化发展联合起来。他们意识到靠各部门自身的手段方法无法实现发展创意城市的目标，不得不与城市中的其他相应部门建立沟通，寻求合作。因此，在为创意城市发展选择和实施各种项目和计划时，必须推翻过去分别主导着城市规划、地区经济规划和文化发展规划领域的各种不同的逻辑。各部门间有着共同关心的问题，例如振兴一块棕地，改善一座城市广场，发起一次文化节以及申办一次文化活动等，这在极大程度上促使城市各部门放下相互猜忌和防备，避免了各种繁琐程序以及往常为维护各部门既得利益所使用的沟通策略。创意城市发展并没有像其他许多概念——例如，可持续发展——那样意识形态色彩浓厚，所以实现互利合作要容易得多。它也是一个新的理由来发起更长远的城市战略规划，给日常的渐进式发展提供一个新的视角。

想要在后工业时代推广自己的城市，吸引人们来生活和工作，创意城市概念看起来是一个完美的“插件”概念。

上文列举的原因，表明创意概念是一套由紧密交织的理据支撑的复杂概念。它们解释了为什么创意城市概念得到了如此多的、来自跨越文化和语言界限的不同学术团体和政治舞台的关注。欧洲的大都市似乎对提升城市的创意形象尤其感兴趣，因为它完美地，更可以说是积极地补充了其他形象因素。巴黎、伦敦、阿姆斯特丹或米兰这类城市对创意经济的新兴表示欢迎，并称它们的传统角色就是作为文化和创意的中心。即使是像苏黎世和法兰克福这样以银行业中心的形象为人所知的城市，也力求把创意部分结合进当地发展战略中。中小型的城市倒没有那么坚定地追随这个潮流趋势，除非它们能像萨尔茨堡、佛罗伦萨或普罗旺斯地区艾克斯（Aix-en-Provence）那样，表明文化和艺术一向是该城市发展的关键元素。通常它们宁可不跳上创意城市运动的列车，而是声称这些时兴的创意城市政策一直以来都是它们制定当地城市发展政策的基本元素。

什么是创意城市？

什么是创意城市？一个城市作为一个整体能具有创造力吗？为什么有些城市被看做创意城市，而有的不是？为什么它们有创意，别的城市就没有？这些问题很常见，但是答案很不同。有的原因上文已经给出。查尔斯·兰德利在他有影响力的著作中对创意环境作出以下定义：

“创意环境是一个在硬性和软性基础设施方面拥有必要先决条件，能催生构思和发明的场所。它可以是一个建筑组团、城市的一部分，一整座城市或者一个区域。它是这样的物质环境：为大量的企业家、知识分子、社会活动家、艺术家、管理者、政治掮客或学生提供一个思想开放的、世界性的环境，在那里，面对面的互动交流创造出新的构思、艺术品、产品、服务和机构，并因此带来经济效益。”（Landry, 2000: 133）

但是这个措辞精心的定义尚没有说明应如何打造一个创意城市。作为查尔斯·兰德利著作的基础，更早期由比安契尼（Bianchini）完成的一个研究对这个问题作出了阐述（Bianchini et al., 1996）。这项研究提出，一个创意城市的“要素”，更确切地说，对城市的创意程度的评定标准，也就是创意城市的成功因素有以下这些：

（a）硬性因素是释放创意潜能的先决条件：博物馆、展览馆、剧院、音乐厅以及城市及其文化历史和形象的其他有形元素；与文化有关的，跨越地域界限而闻名的机构，如画廊、拍卖行或教育机构；

（b）历史：城市历史的文化层面、城市遗产和居民，尤其是对推进文化创意发展有影响的以及其声名与这个城市有紧密联系的建筑师、艺术家、音乐家或诗人；

（c）个体的重要性：当地舆论领袖、利益相关者、政治领袖、文化巨星、新闻工作者、学术界人士，他们是城市文化发展的推动者；

（d）开放的交流：城市中自由的氛围，兼有世界性的环境和开放的讨论，包容针对文化方案或议题的争议性社会对话和辩论；

（e）网络：一个城市的物质、社会和经济先决条件，使文化联网成为可能，使当地相关领域的参与者能够协作互助；

（f）组织能力：公共及私人组织有足够的能力、人力和政治支持以经营文化创意项目和活动，并且足够灵活和开放以顺应提升城市创意的新策略；

（g）认识到有危机或挑战需要面对：经验告诉我们，挑战或是地方危机对创意行为有极大的激发作用；

（h）起催化作用的事件与组织：吸引文化团体、媒体和参观者到城市中来的文化活动，这些事件需要公共及私人机构的协作和调控；

（i）创意空间：提供创意空间的场所，如文化区、博物馆区或其他决定城市文化创意形象的场所。

这些评价创意城市的标准制定于15年前，远在创意热潮席卷欧洲城市，感染规划者和政策制定者之前。除了这些，在创意城市发展过程中又出现了新的“要素”，应当把这一部分成功的创意城市政策也纳入考虑：

（a）一个确定的文化形象：一个城市的文化形象、文化基础设施和文化活动是吸引创意阶层和媒体在全国乃至全球范围内宣传城市形象的主要因素；

（b）成熟的文化产业集群：创意产业需要网络和集群来激发灵感，设定基准，以及在竞争激烈的市场中生存；

（c）高等艺术与媒体教育机构：城市中艺术与媒体教育机构的质量和声誉是吸引人才，培养下一代创意艺术家和创意企业家的重要方面；

（d）范围广泛的各种创新高科技环境背景：为创意产品与服务提供新科技与技能；

（e）可负担住宅与低生活成本：年轻的创意人士需要交通便利且有区位吸引力的可负担住宅和工作室；

（f）愉快的氛围：对于创意阶层来说，其身处的地方，使其有认同感的地方，可以找到世界性团体的地方，能够和他人一同享受高质量生活的地方，是至关重要的区位因素。

所有这些令一个城市成为吸引创意人群需求的磁石，在这样的城市中他们能够获取工作的灵感，能够寻找工作机会并能够以此营生，还能够介入创意网络。

创意城市与文化创意产业作为新经济部门的兴起有着很大联系。受早期英国定义探讨的影响，欧盟委员会（European Commission）建议将创意产业和软件产业的发展关联起来。按照英美的定义，创意产业涉及所有生产创意产品的经济参与者，如设计、建筑时尚、音乐或电影，以及为这些产品提供相关服务的经济参与者，如培训、事件管理或艺术画廊等。这些产业通常由大型企业和独立、单个、自我经营的艺术家和设计者构成。从欧洲的经验来看，如果以就业和营业额而言，大约一半的创意产业与文化及艺术相关，另一半则与软件产业的发展紧密关联。有一些国家将公共部门设施包括在创意产业概念中（例如博物馆、乐团或剧院），其他一些国家则有意将创意产业仅仅定位在需要纳税的行业范围内，它们认为公共设施只是一个不可或缺的背景环境。

创意城市：城市发展的新范式？

显然，在过去十几年里，很少有一个概念能够像“创意城市”那样对学术论著、城市政策和战略思考等产生如此强烈的影响。很多人认为创意城市理念已经成长为城市发展的一种新范式；但在另一部分人眼里，它不过是一种不可持续的、创造性的概念热潮而已，一旦人们发现创意城市实际能带来的现实效应非常有限，它的政治吸引力就会逐渐消失。

尽管创意城市的概念模糊和笼统，但在全球化和城市竞争日益加剧的特殊时代背景下，它激励着无数规划师、政策决策者和城市开发管理人员，想方设法地通过“创意”来推进文化、经济和城市的全面发展：

（a）规划师被太多一成不变的法律规定、顽固的公共官僚作风、遥遥无期的规划决策程序等挑战所困扰。因此，他们将自己的“创意”聚焦于城市形象建构，在城市肌理中融入旗舰项目，为艺术家、雅皮士和旅游者开发创意城区等活动上。创意城市概念给予规划师们一个共同的希望，那就是从日常的工作惯例中解脱出来，使他们能够在常规工作的基础上探索新的战略途径。

（b）地方经济发展机构在处理庞大的全球化议题和经济结构转型问题时，热烈追捧新近“发明”出来的“创意经济”概念，把它作为创造新的城市就业岗位，为具备未来潜力的城市部门培育企业，吸引文化创意产业入驻的一种重要途径。

（c）对文化或通过文化事件吸引游客和文化基础设施开发日益高涨的社会兴趣，使得文化规划者们获益匪浅。

（d）旅游管理和城市营销机构非常欢迎并广泛受益于创意城市热潮，它们借助文化事件的营销能力和流行的文化基础设施来标榜和打造城市的国际形象。

“创意城市热”将上述人员吸引到了一起，对各部门的相关政策进行整合——他们相信自己部门的“创意”愿景能够借此被更好地接受和实现。显然，那个模糊的创意城市概念正在促进合作的实现、地方战略的形成以及城市项目的选择——这些都有助于城市创意形象（creative image）的建立。

欧洲和亚洲的创意城市

欧洲和亚洲的城市，无论是将创意模式看得非常重要的，还是只想被打上创意城市标签的，都采取了一系列措施来促进城市的文化和创意发展，以提升城市及经济发展的创意层面。它们委托进行各种报告和研究以探究城市的内在创意潜力，搜寻现有的和有潜力的创意人才，投资于文化基础设施和公共场所，并以著名建筑师的建筑作品装点城市舞台；它们宣传推广文化活动，提升艺术院校的地位并支持与传媒相关的高等教育；它们积极主动地建设创意集群和网络，为工作室和排演场地提供负担得起的空间；它们推广和发展创意街区、文化大道或是其他能够在城市中展现创意的项目。城市通过这些举措，重新审视城市政策和地方经济发展策略并使其符合创意城市发展的要求，保证用于文化活动的经费能满足与日俱增的文化教育和娱乐需求，使行政管理部门理解并使其符合创意城市发展的要求，并且激发市民与媒体的兴趣与关注。除了提高生活质量和城市竞争力，创意城市模式还鼓励城市利用创意城市热潮的机缘来打造一个更好的、整体机能更完善的、更全面综合的和更具战略意义的城市发展形态。对于身处全球化时代的规划者来说，如何在主流风气与严谨探寻城市发展和创意管制之路这两者之间寻求平衡是一个挑战。

创意城市在全球掀起的理论和实践浪潮显然不仅仅席卷了欧洲和亚洲。然而，由于著作篇幅及人力、物力所限，我们此次暂将研究范畴聚焦在欧亚大陆上，通过剖析多样化的城市案例来展示创意城市领域最近的实践进展。我们也期望未来能够继续出版《创意城市实践（Ⅱ）》，从而将具有全球影响力的其他地区的经典创意城市实践囊括进来。著作对研究案例的选择带一定的偶然性，它所覆盖的欧洲和亚洲的国家或城市，因为迥然不同的原因对创意城市表现出兴趣，并采取了一定的行动来实践创意城市对城市发展的推动作用。各个案例讨论的视角和侧重点不尽相同，充分揭示出不同国家和地区对创意城市认知的差异性，也为我们理解欧洲和亚洲的创意城市实践提供了很好的第一印象上的诠释。

全书入选的案例涉及包括西班牙、意大利、法国、瑞士、比利时、荷兰、德国、芬兰、拉脱维亚、瑞典、中国、日本、韩国13个国家在内的18个城市，按照空间分布的不同，我们把它们分别纳入到“西欧和南欧的创意城市”、“中欧和北欧的创意城市”、“亚洲的创意城市”、“国家视野下的创意城市”四个篇章中加以论述。欧洲和亚洲关注创意城市建设的地方如此之多，一些本书未能收录的案例，比如欧洲的维也纳、巴黎、伦敦、哥本哈根、爱丁堡、佛罗伦萨、阿姆斯特丹、伊斯坦布尔和巴塞罗那等，以及亚洲的大阪、名古屋、首尔、新加坡、上海都是不应被忽视的，我们希望有机会在后续的著作中继续进行讨论。

需要说明的是，由于世界各地对西欧、南欧、中欧、北欧的地理范畴的划分存在不一致的理解，例如，很多人认为德国属于西欧，也有人认为德国可以纳入中欧，因此这里的地理划分只是为了著作框架组织的方便，并没有任何体现或探讨欧洲“地理—政治”关系的倾向。此外，著作对亚洲城市的探讨是不全面的，仅涵盖了东亚地区的六个城市；东欧的城市处于从苏维埃统治中恢复过来的过程之中，也没有收入本书。

西欧和南欧的创意城市

威尼斯、毕尔巴鄂、里尔、苏黎世、安特卫普（Antwerp）和马斯特里赫特（Maastricht），这六座城市的创意城市实践各具特色。“创造力”一直是威尼斯城的主题词，它向我们揭示了一座已经有着近半个世纪“创意”意向的城市，该如何处理历史与现代挑战之间的困境。与此相反，毕尔巴鄂好似半路杀出的一匹黑马，它展示了诸如“古根海姆博物馆”这样的文化旗舰项目，如何能在一座老的工业之城激发出全新的创造力，并孕育出举世瞩目的创意神话。里尔案例探讨的是，利益相关者如何借助2004年里尔当选“欧洲文化之都（Cultural Capital or Europe）”的契机，通过社会动员来催生城市的创意政策和建设项目。苏黎世是一座“银行城市”，尽管经济环境使得艺术家很难在这座城市中找到价格可以承受的空间用于工作和生存，但它同样可以因为综合性的城市战略，以及当地政府对城市发展的公共指导和干预而更加具有包容性和宜居性。安特卫普的经验显示，“领导力（leadership）”在将一座萧条却又具备深厚文化底蕴的港口城市转型为一座宜居的创意之城中，发挥着怎样至关重要的作用。马斯特里赫特之所以能够从“工业城市”转型成为“后工业”的城市区域，取决于它在区域层面对文化和创造性的日益倚重。

中欧和北欧的创意城市

中欧和北欧的部分国家坚持推行国家福利，强调公共部门在保证教育、健康、医疗服务、住房和城市规划公平性等中所起的作用。柏林、莱比锡、汉堡、赫尔辛基、里加和斯德哥尔摩，在应对内城衰退、促进经济发展、提升城市形象等不同问题时采用了各自不同的创意策略。柏林是一座内生型的创意之都，政策对于促进创意产业在这座城市中的发展起到了关键性的作用——虽然如果不是迫于压力，这些政策并不会存在。然而在莱比锡，和任何自上而下的政府政策和规划程序比较起来，恰恰是低廉的租金和生活消费，以及创意机构高度可达的工作空间，更好地推动和刺激着城市创造力的发展，这座城市的经济能够发展得更好更繁荣正是因为强势的文化-经济发展规划的缺位。对于汉堡，城市规划师和政治家们可以领悟到的是，推进创意城市需要综合“自上而下”和“自下而上”的力量，因为创意环境既不是城市规划师也不是经济规划师所能规划出来的，城市需要一些模糊、不确定的空间和发动民间力量来发展创意。赫尔辛基在名目繁多的国际排名中位居前茅，它展示了公共部门在推动城市文化和创造力方面起到的重要作用。里加曾经长期处于苏联的占领和统治之下，被苏联文化所主导，它需要和正在逐渐开发具有自我特色的创意潜能。斯德哥尔摩则提供了一个与上述案例完全不同的创意城市视角，也就是如何激发和利用具有强竞争力的知识产业的创意潜力来发展城市。

亚洲的创意城市

香港、金泽、横滨、光州、北京和台北，它们从一定程度上揭示了亚洲在创意城市建设上的独特探索，领导力及政府干预往往在其中扮演了重要的角色。英国殖民统治的特殊历史，给香港打上了东西兼容、新旧混合的烙印。香港要成为“开放多元的国际文化都会”，重点是如何在世界和亚洲的文化创意产业市场中找到自己的定位和生存环境，并在东方与西方之间寻找到扩大地方经济的有效策略。日本金泽是联合国教科文组织认定的“民间艺术之都”，地方政府的重要举措是将文化和地方经济联系起来，为城市提供必要的工作空间和就业岗位，并保持其独特的文化、景观和地方手工艺传统，从而将创意金泽品牌化。日本的另一个城市横滨，则展示了地方政府积极投资于文化和艺术领域来更新城市的种种举措，城市设计成为重要的实践推行手段。韩国光州通过持续的时间付出和不断的努力来拓展城市发展的创意纬度。拥有悠久历史和丰富文化资源的中国首都北京，以地方政府为主导，在提供资金、政策、管理和服务支持的基础上，选择性地在城市中的一些地方（文化创意产业集聚区）集中发展文化创意产业。具有时尚气息的台北，则将文化艺术与现代消费、高新技术产业结合起来，探索出一条立基于创新和传统文化的创意城市建设途径。

国家视野下的创意城市实践

著作还提供了四个从国家层面解读创意城市建设的案例，分别是英国、意大利、法国和中国。文化和创意对于英国经济发展的重要性是不言而喻的，面对欧洲金融和经济危机的冲击，英国的城市和区域政策的制定者，都将刺激和支持文化创意产业的发展作为决定性因素，国家政策计划也对此展开了大量的长期研究和探讨。意大利的城市网络主要由中等城市和许多较小的中心城市共同构成，它们呈现出一种有别于特大城市的发展愿景——依托文化、追求品质。城市创意指数的研究显示，在意大利的很多城市中，创意要素和其他城市发展手段之间存在着鸿沟：一些城市在科学人才方面有着很好的表现，但创意阶层的整体水平却偏低；另一些城市可能有着优质的创意要素，却缺乏同样好的人才、资金或者城市政策与之匹配，这就需要实施有针对性的战略措施来"激活创意，再造城市"。对于法国，作者按照治理、消费和生产三条主线，提供了一种基于法国视野的创意城市的概念解读，并通过一系列案例研究对不同观点进行具体阐释。总体上，从治理角度研究创意城市强调文化规划原则，立足于交叉方法；从消费角度研究创意城市的方法提出了创意阶层原则，着眼于吸引力；从生产角度研究创意城市的方法与文化和创意经济原则有关，重在创新。在中国，各个城市建设"创意城市"的重中之重几乎都聚焦在文化创意产业上。文化创意产业在中国经历了从"文化事业"到"文化产业"，再到强调"文化创意产业"的几次重大转型。由于国家方针政策的积极引导，近十年来文化创意产业在中国获得了长足发展，这股热潮带来的不仅仅是经济效益，更是反映在对城市建设和城市空间拓展的影响上，刺激和带动了旧城更新、工业遗产再利用和城郊农村地区的发展等。

创意城市实践的特点和趋势

创意城市实践在欧洲

从一个国家到另一个国家，从一个区域到另一个区域，从一个城市到另一个城市，欧洲各地对创意城市范式的处理方式和手段不尽相同。尽管有欧盟的存在，意大利和德国，又或者法国和西班牙，它们之间的规划文化差异巨大。欧洲各国的城市政策和行政文化也存在不同。一些国家的行政管理是高度集权的，如法国或英国；其他国家的权力则比较分散，如德国、意大利、瑞士和西班牙——这牵扯到地方权力和地方财政的设置。和中国类似，在一些欧洲国家，支持创意城市、文化发展和创意产业的地方政策受自上而下的中央政策的影响并左右着地方的发展；在其他一些欧洲国家，中央政府除了设置一些很笼统的行政和法律准则外，几乎不能对地方发展造成任何实质性影响。此外，欧洲各地的地方发展对外部资金的依赖情况因国家而异，公民参与城市发展的力度和市民社会的力量也有很大不同。因此，欧洲的创意城市没有唯一的发展途径或模式，目前基本形成的共识不过是要在全球化和结构转型时期重新创造性地考虑城市的发展。

当前，欧洲创意产业的就业趋势变得非常不稳定。文化工作者经常只被短时期地雇用，且与具体项目相挂钩。他们的工作时间十分灵活，就业保障不足，生存状况很大程度上取决于地方或区域的消费能力，仅有非常有限的产品可能向外输出。这种现象甚至适用于更广阔的软件开发领域。现在，欧洲城市希望文化创意产业可以填补那些因工业生产转移到中国和其他亚洲国家而造成的损失。同中国比起来，欧洲大多数国家的城市化水平已经达到80%甚至更高，因此物质性的城市基础设施建设或多或少都已完成，新的城市开发主要是小规模的，集中在欧洲为数不多的、增长超出了行政边界的大都市地区（metropolitan region）中，如伦敦、巴黎和慕尼黑等。在欧洲很多城市的不同领域当中，规划师的角色都在大幅度转变，除少数个别情况之外，规划师不再为城市增长而规划，他们必须应对人口停滞、结构转型和全球变暖等多重挑战：

（a）城市规划师的主要任务是处理小规模的

公私合作的城市开发项目，进行城市更新，保护历史遗产，以及在大都市地区组织规划和决策程序等——这些地区很多强大的地方政府都在推行自利型的城市发展政策，必须进行地区间协调才能更好地维护公共利益和实现区域统筹。规划师的大部分时间都花费在与居民和成长中的市民社会的沟通上；

（b）交通规划师正在失去他们早前拥有的权力，当前的工作主要是试图改善密集道路网络的一些联络线，处理和安排好自行车道，探寻更好的公共交通及停车管理计划等。他们既要选择性地在内城某些地方提高交通拥挤度以减少小汽车出行，还要应对时下流行的环境理念所提出的机动车零排放的挑战；

（c）地方经济规划师的主要任务是支持私营企业，努力实现其生产和服务的现代化。他们正忙于应对再城市化对内城发展的影响，不断寻找欧洲和国内的基金用于多样化的本地经济发展项目，如培训计划、科技园区发展、支持初创企业和小公司培育设施的管理等；

（d）欧洲城市的文化规划者正忙于组织城市中的公共文化生活，平衡传统高端文化（例如歌剧、音乐会、博物馆和图书馆）和社会经济文化（例如文化教育、社区文化中心、艺术家工作室）的合理发展；

（e）社会规划者面临着城市中不断严峻的社会极化、老龄化和移民问题的挑战。他们必须处理好城市贫困街区和种族社区中的居民关系，为老年居住者提供必需的公共设施。

创意城市实践在亚洲

亚洲城市的丰富性和多样性在欧洲之上，这从它更加广阔的地域范围和更多的人口数量上可见一斑[①]。由于语言、宗教、经济发展水平、建筑风格、艺术、风俗节庆、国家体制、气候条件等的不同，亚洲城市之间表现出明显的地方差异和一定的地缘联系。无论是开发旗舰项目、推进文化创意产业、发起文化事件和活动、建设文化创意集聚区、强化创意人才培养，还是组织创意研究及咨询等，亚洲城市在创意城市的建设道路上策略不一、方法不同。很多亚洲城市处在不断的城市扩张之中，它们要么正在承接从其他地方转移过来的资本和产业，要么产业结构升级的挑战才刚刚降临，为了增长、和谐和宜居而规划——这使得地方建设者们雄心勃勃。从书中收录的六个亚洲城市案例来看，它们的实践更多地强调了政府干预和政策主导，也因此具备了和欧洲创意城市建设所不同的一些特点。

在一些亚洲城市中，市长等政治领袖对城市建设和规划决策常常起着决定性作用，建设创意城市的各种举措一旦获得他们的认同，推行起来快捷而迅猛。不用经过复杂的社会参与、政治辩论及民主决策程序，这给执政者提供了强制实行某些政策和决定的权力。由于文化习惯和体制等原因，社会上很少出现对上层决策的公开反对。媒体对城市实施的各种创意行为，偏好积极的宣传和报道，这为决策的顺利进行奠定了舆论基础。与欧洲国家严格的土地管理制度相比，很多亚洲城市更加容易取得公共土地（乃至私人土地）用于创意城市建设。借助

① 亚洲面积4400万平方千米（包括岛屿），约占世界陆地总面积的29.4%，是世界上最大的洲，人口40多亿。

“自上而下”的执行力优势，亚洲城市可以很容易地在教育中强化文化和创意的地位和作用，从而为创意阶层的培养以及公民文化素质的提升创造机遇。亚洲地区的年轻一代们接受着越来越好的教育，他们具有的丰富的创意潜力是不可忽视的未来力量。

亚洲地区存在的巨大的区域市场，也为城市借助生产和消费来拓展“创造力”提供了有力的支撑，语言不同不再是造成市场隔断的障碍。和欧洲比起来，版权问题目前在亚洲城市并没有那么的严重和突出，文化的传播和共享因此获得了更广更灵活的空间。此外，传统文化在很多亚洲城市都获得了高度重视，得到了很好的传承和保留，这是个性化的城市创意产生的重要源泉。

然而，相较于欧洲，亚洲的城市建设似乎太过依赖于“自上而下”。由于“自下而上”的草根途径是孕育创意的摇篮，通过适当途径将空间和权力下放给市民社会，可以更好地激发城市的创造力。在政府和市场之间，政府和公众之间、政府和私人开发者之间，亚洲城市常常缺少专门的中间机构来负责联系、协调和游说——或许政府成立的某些开发公司具有一些中间人的特点，但它们的政府色彩始终过于浓厚。在亚洲，我们看到了太多“一次性”的建设或活动——那些为了眼前利益和行政绩效而采用的短期行动。没有长期的任务框架和持续的行动计划的支撑，城市发展会因行政换届等各种因素，经历不必要的变动和波折。城市在推进文化创意产业建设的过程中，需要逐步建立起稳定的制度、程序和实施工具等。

回到什么是“创意城市”这个最初的概念，亚洲的地方机构需要加强对“创造力”的理解，仅仅是响应上层号召，或者将建设创意城市简单等同于发展创意产业都是不够的。地方决策者们在如何理解现代文化这个问题上也面临挑战，一味地向西方看齐并不会给城市带来真正的创意。最后，亚洲城市中与消费相关的太多生产或建设都指向了中产阶级，造成更加平民化的、价格可承受的生产和生活空间的缺失。当前，市民社会在很多亚洲城市还没有真正形成，对于该如何进行自我表达，如何参与或影响决策，如何形成自我价值和判断等，公众还有很长的路要走。

参考文献

[1] BIANCHINI F, LANDRY C, et al. The Creative City in Britain and Germany. The Anglo German Foundation for the Study of Industrial Society, 1996.

[2] EVAMS G. Cultural Planning: An Urban Renaissance. London: Routledge, 2001.

[3] FLORIDA R. The Rise of the Creative Class. And How It is Transforming Work, Leisure Community and Everyday Life. Basic Books, 2002.

[4] HALL. Cities in Civilisation. New York: Panteon Books, 1998.

[5] KATHARINA H, KUNZMANN K R, Koll-SCHRETZENMAYR M. Zürich: Stadt der Kreativen. Was Stadtplanerinnen, Wirtschaftsförderer und Quartiersverantwortliche über das Leben und Arbeiten der Kreativen in urbanen Milieus wissen sollten (oder schon immer wissen wollten. disP: The Planning Review, 2008, 175, 4/2008: 57-72.

[6] KONG L, O'CONNOR J (Eds.). Creative Ecnomies, Creative Cities. Asian-European Perspectives. Heidelberg: Springer, 2009.

[7] KUNZMANN K R. An Agenda for Creative Governance in City Regions. disP: The Plannig Review, 2004, 158: 5-10.

[8] KUNZMANN K R. Culture, Creativity and Spatial Planning, (Abercrombie Lecture). Town Planning Review, 2004, 75(4): 38-44.

[9] KUNZMANN K R. Die Kreative Stadt: Stadtentwicklung zwischen Euphorie und Verdrängung? In: Internationale Bauausstellung (IBA) Hamburg, Hg., Kreativität trifft Stadt - Zum Verhältnis von Kunst, Kultur und Stadtentwicklung im Rahmen der IBA Hamburg. Berlin: Jovis, 2010: 202 – 213.

[10] KUNZMANN K R. Kreativwirtschaft und Strategische Stadtentwicklung. In: Lange, Bastian, Ares Kalandides, Birgit Stöber und Inga Wellmann, Hg., 2009, Governance der Kreativwirtschaft. Diagnosen und Handlungsoptionen. Bielefeld: Transcript. Urban Studies, 2009: 33-45.

[11] KUNZMANN K R. Von der europäischen Stadt, über die Stadt des Wissens, die kreative Stadt zum Archipel der Stadtregion. RegioPol Zeitschrift für Regionalwirtschaft, 1/2 2011. Themenheft Urbane Zukunft in der Wissensökonomie, 2011: 65-78.

[12] KUNZMANN K R. Von der europäischen Stadt, über die Stadt des Wissens, die kreative Stadt zum Archipel der Stadtregion. RegioPol Zeitschrift für Regionalwirtschaft (Hanover), 1/2 2011 Theme issue Urbane Zukunft in der Wissensökonomie, 2011: 65-78.

[13] KUNZMANN K, EBERT R. Kultur, Kreative Räume und Stadtentwicklung in Berlin. disP: The Planning Review, 2007, 171/2007: 64-79.

[14] LANDRY C. The Art of City Making. London: Earthscan, 2006.

[15] LANDRY C. The Creative City: A Toolkit for Urban Innovators. London: Earthscan, 2003.

[16] MAURIZIO C. Creative City. Dynamics, Innovations, Actions. Barcelona: Actar D/Birkhäuser, 2008.

[17] MONTGOMERY J. The New Wealth of Cities. City Dynamics and the Fifth Wave. Aldershot: Ashgate, 2007.

[18] VIVANT L. Qu'est-ce que la ville créative, Collection "La ville en débat". Paris: Puf, 2009.

第一章

西欧和南欧的创意城市

Creative Cities in Western and Southern Europe

威尼斯 / Venice

毕尔巴鄂 / Bilbao

里尔 / Lille

安特卫普 / Antwerp

马斯特里赫特 / Maastricht

苏黎世 / Zurich

镜头里的创意实践

巴黎(017页、020页)

苏黎世（018页、019页）

Objets blessés La réparation en
Art de femmes berbères
Nouvelle
Jardin
Premières nations,
« Le Yucat
Qu'est-ce
musée du quai
27 quai Branly
de Mauricio Kagel, œuvre
pour instruments
griots et poètes d
la tradition du Punto, poésie chantée et
musique et chamanisme

FREITAG
SHOP
ZÜRICH
TIPHOOK
UPERMARKET
17

Besser nach Zürich West.

Die Kulturmeile positioniert sich als 24 Stunden Arbeitsplatz-
schwerpunkt mit urbanem Einmaligkeitskonsum, zeitgemässem
Entertainment, innovativer Kultur und verdichtetem Wohnen. Das
starke Marktangebot macht unsere Hardbrücke eine Reise wert.

Kulturmeile

Hardbrücke Zürich West

27 2

Besucher, Geladen

ren-, Mittags-, Stamm-,

1.1 威尼斯 / Venice

一座创意城市的历史、困境与希望

莫妮卡·加尔加各诺（Monica Calcagno）、法布里奇奥·帕诺左（Fabrizio Panozzo）、劳拉·皮尔兰托尼（Laura Pierantoni）著

赵怡婷　译

History, Dilemmas and Hopes of Venice as a Creative City

1.1.1 当我们提到威尼斯时，应该讨论什么？

威尼斯，一座不可思议的城市，它多元的性格、无与伦比的创造性似乎都萦绕在20世纪那如画般的深刻城市印象之中。威尼斯是世界上最著名的城市之一，被奉为人类创造力的圣殿。独一无二的纪念性与文化性遗产使整座城市连同它的湖泊水系当之无愧地入选联合国世界文化遗产之列。威尼斯最为著名的是其分散化的城市环境意象，城市被运河分为了118座小岛，岛屿之间用桥相连。但威尼斯城并不仅仅是众多岛屿的简单聚合。根据2012年威尼斯市的居住人口数据（169 743人），只有1/5的人口（58 682人）居住在运河上的老城中，而将近3/5的居民（176 000人）居住在内陆地区，主要是梅斯特雷（Mestre）与玛格拉（Marghera）这两个较大的城市区域。

从这一角度来看，威尼斯举世闻名的浪漫水城印象只是整个城市的一部分。威尼斯城实际上更像是一座“双极城市”。城市的一边是古老的城市核心，行政与文化权力的汇聚之地，区域及地方行政部门、大学、国际文化机构以及众多的旅游胜地均坐落于此。在大桥的另一边连接着城市的内陆地区，那里是现代都市区——梅斯特雷和玛格拉。

第二次世界大战之后，这一带迅速发展成为一个聚集了工业与居住的城市密集地区。威尼斯城的经济与人口结构也反映出空间分隔（差异）的特征，从大众文化旅游到石化产业与玻璃手工业。威尼斯城正在缩小，城市的居民数量一直在减少，与之伴随的是古老的中心城里外来人口的不断增加（游客团体、通勤者、学生等造成了近乎每日25万~30万人的造访量），以及梅斯特雷与玛格拉

地区的庞大移民群体。

在20世纪的最后几十年里，缩小老城与内陆地区的差距成为威尼斯政策制定者们的首要关注点，而发展“非物质经济”则被视为加速梅斯特雷和玛格拉地区向后工业化社会转型的捷径。同一时期，威尼斯的历史城区正日渐迪斯尼化，大众消费正在挤占城市居民、传统创意企业以及本土生产与市场在城市里的发展空间，并威胁到城市社会与环境的可持续发展。

国内外越来越多的声音正在呼吁威尼斯重新思考其定位，并在历史中心城区与后工业化内陆地区之间建立新的平衡。威尼斯城的主要特点之一恰恰在于：它吸引着全世界的注意力，而许多部门机构则试图对城市管理进行或多或少的显性干预。关于“保卫”威尼斯城的探讨及相关公共项目可以追溯到1966年11月，异常高涨的潮水淹没了城市，造成历史上损失最为严重的洪灾。这场自然灾害随后导致了国内外媒体、科学界、联合国等国际组织、国内社会机构以及国家议会等的激烈争论。自1973年威尼斯被宣布成为国家利益优先考虑对象后，“保卫”威尼斯城被纳入到了意大利公共工程部的责任范畴内，而城市的环境与建筑维护仍主要由威尼斯市政府负责管理。1984年，威尼斯的一项新的“特别法”规定：国家政府有权通过由私人工程及施工企业组成的联合集团对威尼斯城施加干预。为了防止企业集团拥有过大的权力，特别政策协调与控制委员会应运而生，以保障对于所有城市事务的高政治监督力度。

正是依托这样一个复杂的政治、经济与文化利益网络，威尼斯试图重新定位它的未来，并通过创新对不同方面加以整合：

（a）平衡城市居民与大量游客的文化诉求；

（b）在保护当地传统与象征的同时拓展威尼斯作为一个全球城市的国际视野；

（c）在城市原有多元经济体之间建立新的联系，形成相互促进的良性经济循环。

无论当代威尼斯的创意城市概念是否能够实现，上述几点在实践中都已经有所体现。必要的突破点是依托数个世纪以来积淀下来的丰富创造力打造威尼斯的经济实力与文化优势地位。

1.1.2 威尼斯作为创意城市的先驱

纵观历史，“创造力”一直是威尼斯城的主题词。自古以来，威尼斯不仅是内陆地区的政治与经济中心，还在国际市场上占有重要的一席之地。很长一段时间里，对这座城市的美化及对它经济霸权的热情赞美，都曾是强化威尼斯城市实力的方式。

早在“创意阶段”一词被创造之前，威尼斯城已经领跑西方的想象力疆域，且无人能及。威尼斯城成为全世界诗人、小说家、绘画家、建筑师们的第二故乡。在大壮游的时代，威尼斯已经成为欧洲创造力的集中体现（缩影、集大成者）之一。虽然只有为数不多的被幸运之神眷顾之人能够来到这座城市，但威尼斯的魅力与创造力，仍随着这些到访者而散播到世界各地，催生了特纳的绘画，约翰·拉斯金的批判主义，查尔斯·狄更斯的文学作品以及罗伯特·布朗尼的诗歌。威尼斯城本身就是一部艺术巨作，是一代代艺术家们不间断的灵感之源。这点不断在威尼斯城最为著名的造访者的生活与创造性作品中得到验证，如拜伦勋爵，普鲁斯特，亨利·詹姆斯，理查德·瓦格纳，托马斯·曼，海明威和佩吉·古根海姆等。每一个时代都试图通过不同的媒介，以幻想和再现威尼斯城的早期形象与风格。如托马斯·曼1912年的小说《威尼斯之死》便依据浪漫主义诗人对威尼斯共和国灭亡的描述，展现了威尼斯城噩梦般的一面，并于其后激发了导演鲁奇诺·维斯康提的电影创作。文学还与其他艺术形式相互融通：亨利·詹姆斯的小说《一只鸽子的翅膀》便受到了文艺复兴时期的画家们，例如提香的启发，而亨利·詹姆斯的书也被改编成当代电影。

让威尼斯引以为傲的是，其手工业生产的悠久创造力传统。这主要源于以下两个原因：

（a）从罗马帝国到现在，包括中世纪、文艺复兴、巴洛克到新古典主义时期，威尼斯的艺术性生产从未间断过。而正是这不间断的艺术性生产，使得威尼斯城的居民与企业已习惯于在每天都接触到美的创造。

（b）从中世纪开始，威尼斯工匠们的高品质生产技艺便通过“工艺美术品公司”得以保护，并流传后世。这也使得工业革命之后，那固有的对美的追求在流水线生产甚至非艺术品生产中得以延续。

财富、贸易实力以及港口城市的便利造就了威尼斯的非凡与伟大，它以“艺术与文化的生产车间”闻名于世，时至今日依然吸引了大批游客的前往。创造性产业构成了城市经济的基础。延续百年的创造性产业如今依然活跃于威尼斯的城市经济领域。工匠们将传统的手工生产活动转化为可持续的现代企业生产模式，并在开拓国际市场的同时依然保有传统的精髓，抵御仿古产品的渗透与侵袭。

这包括了威尼斯的玻璃产业、棉纺织业、钢铁与木材加工业（比如威尼斯传统凤尾船——贡多拉的生产）针织业以及布拉诺岛（island of Burano）的刺绣，遍布整个城镇的纸工艺作坊。以玻璃生产为例，自13世纪以来，威尼斯就以其华丽的玻璃产品即彩色装饰玻璃而闻名于世。玻璃工业的中心坐落于穆拉诺岛（island of Murano）。尽管威尼斯人尽全力防止彩色装饰玻璃技术的外流，但这项技艺还是传播到世界各地。威尼斯式玻璃器皿已经在意大利的其他城市乃至欧洲内外得以生产。这也直接催生了一个巨大的彩色装饰玻璃赝品市场的形成，即使威尼斯市本身也未能幸免。这一市场对传统威尼斯玻璃形成了有力竞争。穆拉诺的古老玻璃工厂至今仍然生产世界最好的玻璃产品，并在威尼斯的所有玻璃企业与品牌之中享有盛名。它们是始于1920年的Venini（www.venini.it），始于1866年的Pauli & C（www.pauly.it），以及Barovier & Toso（www.barovier.com），后者成立于1295年，被认为是世界最古老的100家企业之一。

纺织业是另一个有代表性的当代手工制品生产领域，特别是三个由家族掌控的纺织企业贝维拉卡（Tessitura Luigi Bevilacqua）、福尔图尼（Fortuny）以及吕贝力（Rubelli）。技术知识与经验在家族成员之间代代流传，他们立志让这一世界上最为精致且最受欢迎的威尼斯传统技艺永葆活力。贝维拉卡（www.luigi-bevilacqua.com），代表了威尼斯共和国最为稳定繁荣时期传统丝织的造诣。这家企业仍然用织机生产着天鹅绒，使用着与总督时期相同的工具、相同的技术以及相同的高质量标准。

自18世纪70年代，这家企业完全由家族控制后，其在国内与国际贸易上均有了极大的拓展。吕贝力（www.rubelli.com）集团是一家成立于1858年的威尼斯家族企业。自成立以来，吕贝力即为全世界的设计师们生产高档服装面料——锦缎、天鹅绒、丝绸和彩花细锦缎。乔治·阿玛尼，这位有史以来最著名且最伟大的时尚设计师，也是它的拥趸。企业总展厅仍然坐落于威尼斯大运河（Grand Canal）历史上的所在地，同时，它在世界76个国家设有分部。与贝维拉卡一样，吕贝力集团也在自有工厂内进行面料生产。当谈及面料以及复杂精致的作品时，即使是一个新尝试，也免不了会涉及马里阿诺·福尔图尼（Mariano Fortuny, www.fortuny.com）这个传奇人物。作为一个摄影师、设计师、速记员和发明家，他创造了一个全新的印刷系统，其中所使用的影像处理程序即使到今天仍无法被完全揭开其中的奥妙。福尔图尼在1922年于久德卡岛（Giudecca）成立了这家企业。福尔图尼的面料让人联想到纯粹的威尼斯美学，但它们同时又是一个神奇而成功的文化交融之结晶。

20世纪，当先后经历了因强制工业化导致的生产功能移出及大众文化旅游的产业单一化后，威尼斯城原有的创造性特质几乎荡然无存。随着往日辉煌的消散，威尼斯城开始依赖过去，利用其在创意产业、建筑及艺术上的历史遗存，将城市塑造成为世界最著名的文化旅游胜地之一。

近年，鉴于文化及创意活动在威尼斯经济及城市发展中所发挥的重要作用，创意及文化再次成为威尼斯城的核心理念。对威尼斯而言，文化被广泛地认同为本地发展的关键因素之一，然而与之相比，创造力却仍然在地方传统文化与高雅艺术，现代创意及文化产业与传统手工业生产方式之间摇摆不定。在此，威尼斯历史旧城与梅斯特雷及玛格拉内陆地区之间的空间分隔再次显现，表现为不同地点之间不同的文化与创造性活动。高雅艺术以及文化旅游活动主要集中在威尼斯历史中心区，而传统手工业则处于历史中心区外围的众多小岛上。在梅斯特雷和玛格拉，创意产业的出现源于年轻而富有创意的企业家。通过分析，威尼斯城现今的大部分文化与创意活动可以被归入两大类别：橱窗，城市艺术和创意的展示；工作室，城市文化和创意的生产。

1.1.3 威尼斯：展现创造力的城市橱窗

在若干世纪里，威尼斯城的名气使它被认作是国际上最重要的艺术文化展示与庆典胜地之一。20世纪，威尼斯不仅成为博物馆与文化场馆之城，随着新文化及创意生产功能的减少以及对过往文化和舶来成品展示的专注，威尼斯城本身即已成为一座博物馆、一座主题公园。如今，这座城市更多地显现为一个古迹汇聚，展陈及庆典活动并重的国际橱窗，很少或根本没有本地创意的表达空间。

今天，国际知名文化机构和临时庆典位居城市经济的核心地位。在威尼斯城的文化机构之中，威尼斯城市博物馆体系拥有11座博物馆①和超过40 000平方米的展览空间，并因此而享誉欧洲。2008年，威尼斯城市博物馆基金（www.visitmuve.it）设立，以管理和发展威尼斯城市博物馆数目庞大的文化和艺术遗产。威尼斯城市博物馆的游客人数（每年超过200万人次）位列意大利第二、欧洲第十三、世界第十八。这11座博物馆有超过20万件永久艺术藏品，200万件自然藏品以及众多临时展陈，另外还有5座专业图书馆，一共拥有20万册图书，并定期举办音乐会、讲座、研讨会、教育活动以及培训项目。除国家以及市立文化机构之外，私人机构也在城市发展中发挥着重要作用。从一些个人将自己的收藏乃至宫殿捐给城市的慈善之举，如佩吉·古根海姆收藏馆（www.guggenheim-venice.it），奎里尼·斯坦帕利亚基金会（www.querinistampalia.it），贝维拉卡·夸拉·玛莎基金会（www.bevilacqualamasa.it），到更为近期由企

① 这11座博物馆是，总督府（Doge's Palace），科雷尔博物馆（Museo Correr），钟楼（Clock Tower），雷佐尼科宫（Ca'Rezzonico），默西尼果（Mocenigo）博物馆，卡罗哥尔多尼之家（Carlo Goldoni's House），佩萨罗宫（Ca'Rezzonico），福图尼宫（Palazzo Fortuny），玻璃博物馆（Glass Museum），饰品博物馆（Lace Museum），自然历史博物馆（Natural History Museum）。

业家们所发起的行动，如法国商人弗朗索瓦·皮诺特的格拉西宫（www.palazzograssi.it）与蓬德拉多加纳，普拉达家族的帕德拉基金会（www.fondazioneprada.org），这些企业家们已经充分认识到在国际舞台上，威尼斯对于建立品牌影响力的重要性。另外，布几澳基金会（Buziol, www.fondazioneclaudiobuziol.org）则将注意力投向对青少年创造力的培养。

在所有这些项目中，蓬德拉多加纳（Punta della Dogana）最近的一个项目，可以算作是威尼斯城历史中心区一个非常出色的城市更新工程。蓬德拉多加纳曾是城市的关税大楼，其三角形的建筑形体将大运河与朱代卡运河（Giudecca Canal）分隔开来。2006年，威尼斯市发起了一次针对蓬德拉多加纳当代艺术中心的建设竞标，格拉西宫（Palazzo Grassi）作为参选方与所罗门·R.古根海姆基金会相竞争。第二年，格拉西宫赢得了竞赛，并将这一翻新工程委托给日本建筑师安藤忠雄。这一工程持续了一年并最终于2009年6月对公众开放。作为当代艺术的中心，蓬德拉多加纳永久展陈了弗朗索瓦·皮诺特（François Pinault）的收藏品。

蓬德拉多加纳，这座处于非常保守的威尼斯架构当中的当代建筑杰作，标志着一种功能置换的达成，即蓬德拉多加纳由海关大楼时期突出的商业功能向当代艺术的交流之港及世界共享的理想之地的出色转换。

威尼斯城作为一个展示创意的橱窗，它的一个特色是城市中出现的专销创意产业假冒伪劣产品的市场，这颇耐人寻味。这些市场大部分并不合法，店商或街头商贩以便宜的价格出售假冒名牌皮包、箱包、皮带和太阳眼镜等商品。

其中最早也最广为人知的例子，就是前文所提到的艺术玻璃的生产和销售。它的一切曾经都与穆拉诺岛息息相关。在数个世纪里，这座岛上的玻璃工艺炉几乎垄断了所有的创意玻璃制品的生产，开发或改进了包括线程金、彩色玻璃和玻璃仿宝石以及搪瓷玻璃等技术。今天，穆拉诺地区已为数不多的玻璃工匠们仍在采用这些有着数百年历史的技术，制作从当代艺术、设计到玻璃吊灯、酒塞的一切玻璃制品。

穆拉诺岛创意产业的传统主导地位正受到来自不断发展的非本地化生产的极大挑战，以至于中国内地或中国台湾生产的产品均能在威尼斯的大街上得以销售。图像、样式以及复原技术的扩散使得中国的玻璃制造商能以比原作低得多的价格生产穆拉诺岛玻璃的精致复制品以及镜子、烟灰缸等普通用品。

这一挑战在那些不需要玻璃大师或设计师的标志性手笔的产品上表现得尤为明显。不仅如此，由于相比于原作经过了更进一步的美化，中国生产的穆拉诺玻璃甚至更得威尼斯销售商的喜爱。那些中下档次产品的生产几乎全部非本地化了，且主要转移到中国，而纯正威尼斯风格的塑造只限于那些由大师们设计并冠以知名商标的高档产品。这些高质量产品却不足以重振威尼斯的经济与创意产业。在这一点上，采用知名商标是对假冒产品的价格抵制，并为穆拉诺玻璃正品带来新的市场需求。而商标策略的不奏效也将意味着穆拉诺创意产业的进一步解体，已实施的商标协议是否是最有效的抵制假冒产品的途径，以及是否能促成历史城区创意产业的新发展还有待时间的检验。

另外，威尼斯“双年展”（The Biennale, www.labiennale.org）也在彰显威尼斯作为世界创意展陈大舞台的地位上发挥了举足轻重的作用。也许很难将威尼斯“双年展”与近几十年来在世界各地城市里涌现出来的各式各样类似展览区分开来。而拥有自己的“双年展”，是一个城市具备创意城市地位的根本标志。不过，威尼斯是“双年展”的诞生之地，自从1895年设立以来，它不断发掘有潜力的艺术家并推动创意潮流的前进。最重要的是，它以艺术庆典的形式展示艺术家们的创意，即利用有别于传统（博物馆或剧院）形式的文化场馆进行国际性临时展陈，内容涵盖了几乎所有的艺术形式：从国际电影节到国际艺术展，再到国际建筑展，并延续了当代音乐、话剧、舞蹈节的优秀传统。例如，根据Feder culture 2012年文化产业报告，2011年举办的威尼斯国际艺术“双年展”以日均2820人次的访问量以及举办期间约44万名游客的接待量（相比于2009年的数据上升了近18%）而成为意大利接待人数第二多的展览节。

除威尼斯“双年展”之外，威尼斯同样也是传统手工艺节庆的举办之地。狂欢节是展示传统手工艺制品的最好舞台，拥有华丽面料与设计形式的面具、服装，贡多拉以及奢华宫殿里举办的假面舞会，都会在每年的这几周里带你重回16世纪威尼斯的城市氛围之中。经过长时间的间断，威尼斯狂欢节于1979年重新举办，并成为威尼斯吸引国际旅游不可或缺的一环。如今，每年有将近300万名游客来到威尼斯参加狂欢节，而狂欢节也因之成为振兴当地经济的重要时刻。

1.1.4 **威尼斯：激发创造力的城市工作室**

创造力普遍存在于各个生产领域，如教育、创新科技、手工生产及艺术。虽然在创意方面，威尼斯更多的是作为一个展示者而非生产者，但这座城市仍有一些行业正在创造文化并激发创造力。

论及创意生产，艺术创作将是孕育创意的首要领域。艺术住区项目是激发地区创造力的有效途径。在威尼斯，艺术家们得到了在城市生活和工作的机会，而非仅仅在此消费。

贝维拉卡·夸拉·玛莎基金会（www.bevilacqualamasa.it）为推动年轻艺术家住区建设提供了先遣经验。基金会在威尼斯的达米亚诺修道院（SS Cosma e Damiano cloister）、久德卡岛（Giudecca）、卡米纳蒂宫（Palazzo Carminati）、圣欧达奇教堂（San Stae）地区为12名年轻艺术家提供为期一年的工作室空间。自2007年以来，圣马克广场画廊每年年底都会举办艺术群展，以庆祝艺术住区项目的成功结束，这也是年轻艺术家们在世界瞩目的舞台上展示自己作品的大好机会。

同样，总部设在美国的艾米莉哈维基金会（www.emilyharveyfoundation.org）也在推动艺术家住区项目，其一方面为Spiazzi创意团体的年轻成员提供住宅（为年轻艺术家提供为期1~6个月的居住、艺术创作与艺术展览空间）；另一方面也为创新艺术家、作家、音乐创作者、摄影者、舞蹈家及来自世界各地处于职业生涯中后期但拥有创意想法的人提供艺术家私人住宅及画廊（艺术家在那里生活和工作，并每周对公众开放三天）。

第三个艺术家住区实践是自2005年开始，每年8月举办的圣塞弗罗岛（San Servolo）“艺术实验室”（www.artlabsanservolo.blogspot.it）。这一项目将为十位来自世界各地、并处于职业生涯初始阶段的视觉艺术家们提供岛上的住处、工作室以及创业预算，他们的作品将在最后的群体展览中得以展出。

威尼斯也是重要的国际高等教育中心。在那有数所在主要学科（管理、文学、外国语、建筑设计、计算机科学）领域引领创新潮流的大学与研究中心。自1868年威尼斯大学（Ca'Foscari，www.unive.it）成立以来，威尼斯城的各类高校院所，开设了全意大利范围内的大部分学科专业。除威尼斯大学外，威尼斯城内还有数所公立与私立大学，如威尼斯大学建筑学院，威尼斯国际大学（www.univiu.or），威尼斯美术学院（www.accademiavenezia.it），欧洲设计学院（www.ied.it）。这些大学主要从几个方面推动了威尼斯城的发展：首先，它们不断创造着城市的知识资本；其次，它们不仅为城市提供文化活动[如威尼斯艺术之夜（Venetonight）——欧洲研究人员之夜以及其他艺术、音乐、戏剧、舞蹈活动]，也通过资助学生团体的艺术传播及创意、文化项目，促进城市创造力的形成；与此同时，大学生们也是饱受居住人口下降之苦的威尼斯的潜在居民。

1.1.5 当代威尼斯：一座创意城市的困境和策略

当代威尼斯对创意和文化的探索是多方面的，其中也凸显出了威尼斯作为一座创意城市的基本困境。本文的最后一节将聚焦于这些困境，以及在全方位挖掘城市创新潜力的实践中得到的若干启示。

（1）橱窗VS工作室

一方面，当一座城市只是依托享誉全球的博物馆、国际节庆以及私人文化机构而为其他地区的创意与文化提供展出平台时，这座城市更像一个创意“橱窗”；另一方面，威尼斯城的艺术家住区项目，传统手工业企业以及高等教育机构在生产商品与服务的同时，也在不断地创造与创新，而这使得威尼斯更像一个创意“工作室”。与威尼斯城作为国际知名、每年吸引数百万游客量的“橱窗”城市定位相比，“工作室”城市的定位更倾向于幕后，并聚焦于特定市场和目标人群。

（2）艺术与创意的空间分隔

通过前文对威尼斯文化与创意的论述，我们可以发现文化与创意工作的展示主要集中在威尼斯市的历史核心区，而相关的生产活动则发生在周边的小岛（San Servolo, Giudecca, Murano）上，它们大多在旅游路线之外，并只接待专业访客。威尼斯内陆的绝大部分地区不在文化与创意参观路线之内，这正体现了两个地区在创意导向的发展机会上的迥然不同。

（3）本地生产得不到展示，反之亦然

最后，威尼斯所展示和传播的创意产品与服务并非来自本地。事实上，威尼斯城雄伟历史中心区的展陈（艺术作品、电影、明星建筑师的杰作，甚至假冒伪劣工艺品)都源于外地,而那些面向高端国际市场及创意人群（年轻艺术家、学生）的本土产品（玻璃和纺织品）在经过威尼斯的孕育之后便迁出了历史中心区。

为了解决这一困境，一些旨在激发创意以助推城市经济发展的实验性政策正付诸实施。当地一些公共主导的创意发展策略，例如一个由军事基地改造的“创意公园”项目，已处于规划阶段，并经过了政治层面的充分探讨。另一些由私人机构，如商会，推动的项目，正推动着威尼斯城及周边区域的本土经济更具可持续性地发展。

将玛格拉堡（Forte Marghera）这一巨大的军事管理区转换成创意公园的提议已被公认为将有望解决以上三大困境。它扭转威尼斯相对于全球创意城市的创造力话语权劣势。要知道，只有切切实实地生产创意产品，而非仅仅举办展览，才是实现创意城市地位的根本。在这一非凡的综合开发项目周边，另一个雄心勃勃的项目正在运行：建造一个艺术生产集群及一个供艺术家与工匠们居住的艺术家

住区。玛格拉堡将不仅热情欢迎和资助外来的创意人士，它也将在自身原有遗产的基础上原创新的创造力。玛格拉堡以当代艺术及创意生产方式，将传统遗产保护与城市更新相结合，从而将威尼斯城两张分隔的面孔有机地整合在一起，即拥有纪念性古迹的历史城市中心与河对岸玛格拉的前工业地区及梅斯特雷郊区。

除旨在提升威尼斯全球话语权的玛格拉堡复兴项目以之外，本文也将提及一些更具操作性的措施，作为结语。威尼斯商会正在积极推动威尼斯区域内在经济、社会、城市环境等方面的创意工程。商会与威尼斯“双年展”合作的一项叫做“直面创意（Meeting Creativity）”的项目便是其中之一。这一项目鉴于威尼斯“双年展”的年度国际展览对于个体居民、协会以及商企的非凡教育意义，2009年威尼斯商会开始同威尼斯“双年展”合作开发教育计划，同时面向个体市民以及企业团体开展与展览相关的活动与项目，以吸引年轻人、家庭以及社会大众更多的参与进来并更好地了解当代艺术，从而支持和激发他们的创造兴趣。这一项目还举办不少附带活动，如主题研讨会，参观考察和专题走访，家庭创新工作坊，大学生、成人和广大市民的教育活动。这些活动将在国际视觉艺术和建筑展览期间举办，在那里，教授、教师以及政策制定者们将从教育与职业两个层面，探索威尼斯的城市文脉之下，城市创意开发和管理的有效途径。这一项目将涉及学生、机构以及企业——特别是中小企业——以促进“创意公民”的形成。与此同时，威尼斯商会也为创意创业者特设基金并提供创业信息以培育新的创意产业。这些项目尤其侧重资助和帮助由年轻人发起的创意手工制作及创意活动。此外，一些新的创意企业孵化器正在玛格拉地区得以建立，以促进城市空间的复兴。

我们可以得出这样一个结论，即通过关注创意主导的城市更新以及平衡商业利益与高档文化需求，威尼斯正在逐步走出其对于过去辉煌文化及本地传统创意形象的依赖。威尼斯正努力寻求新的创意定位并与当今环境下的创意模式相同步。这一策略是否能让威尼斯重归世界创新城市版图还有待时间的检验。但在此存在一个悖论，即为了成为时代公认的创意城市，威尼斯将不得不放弃它的独一无二，而与世界上如雨后春笋般涌现的其他创意城市步调一致。

参考文献

[1] http://artlabsanservolo.blogspot.it
[2] http://fondazioneprada.org
[3] http://www.accademiavenezia.it
[4] http://www.barovier.com
[5] http://www.bevilacqualamasa.it
[6] http://www.bevilacqualamasa.it
[7] http://www.emilyharveyfoundation.org
[8] http://www.fondazioneclaudiobuziol.org
[9] http://www.fortuny.com
[10] http://www.guggenheim-venice.it
[11] http://www.ied.it
[12] http://www.labiennale.org
[13] http://www.luigi-bevilacqua.com
[14] http://www.palazzograssi.it
[15] http://www.pauly.it
[16] http://www.querinistampalia.it
[17] http://www.rubelli.com
[18] http://www.unive.it
[19] http://www.univiu.org
[20] http://www.venini.it
[21] http://www.visitmuve.it

1.2 毕尔巴鄂 / Bilbao

古根海姆效应[1]

西尔克·哈里奇（Silke N. Haarich）、比阿特丽斯·普拉萨（Beatriz Plaza） 著

焦怡雪 译

Bilbao: The Guggenheim Effect

1.2.1 毕尔巴鄂——从工业重镇到创意城市

毕尔巴鄂是西班牙北部重要的经济和文化中心。作为比斯开省（Bizkaia）的首府，毕尔巴鄂位于规模超过100万人口的大都市地区的核心区域。长期以来，其主导产业是钢铁和造船工业以及商贸和港口活动。如今，专业服务、信息与通信技术、商业和旅游业以及快速增长的创意产业是其主要的经济门类。毕尔巴鄂已变为一座创意城市。

过去20多年中，毕尔巴鄂成功转型，从工业港口城市转变为服务导向的旅游目的地。这当然不足为奇，但世界闻名的毕尔巴鄂古根海姆博物馆（1997年开馆）所带来的象征意义和触发效应，促使这座城市变身为高效城市和创意再开发的标志性典范。神话背后的事实并非那样令人惊叹，但它却是整合公共与私营部门行动的典型案例。

在过去的15年中，毕尔巴鄂在内城更新和地方经济发展方面经历了重大转变。20世纪80年代严重的经济和就业危机使毕尔巴鄂必须找到商业经济和城市发展的新方向。大量当地和本区域的行动者达成了共同目标和深刻共识，不仅在经济领域，同时在交通和供水基础设施、建筑、城市开发、城市营销和都市区战略发展等方面，共同促进了毕尔巴鄂大都市地区的复兴。“Bilbao Metropoli-30”和“Bilbao Ria 2000”等新的公私合营机构将不同的

[1] 本文基于其他研究者，特别是Plaza、Tironi 和Haarich的已有研究。

行政层级、利益群体和重建活动整合起来。由弗兰克·盖里设计并于1997年建成开馆的毕尔巴鄂古根海姆博物馆（GMB：Guggenheim Museum Bilbao），是内城更新的旗舰和令人注目的开发活动的标志。开馆以来，这座博物馆成为展示欧洲现代和当代艺术的最重要的博物馆之一，每年吸引约100万名参观者到访（图1-1）。

毫无疑问，毕尔巴鄂之所以受益于古根海姆博物馆，不仅因为该博物馆促进了城市和整个区域的经济发展，更重要的是它塑造了新的城市形象并进而提升了城市的信心。普拉萨（Plaza）的研究表明（Plaza,2006；2007；2008），自从博物馆开馆后，这座城市每年平均新增过夜停留游客数量为779 028人次，并新增大约907个全职工作岗位。这些价值累加后每年可增加大约2810万欧元的税收，同时在博物馆运营的最初6年中城市共获得了1.66亿欧元的初期投资（Plaza,2006；2007）。官方统计数据显示："前往古根海姆博物馆的游客的消费支出拉动了超过2.11亿欧元的GDP，使巴斯克财政部门获得约2900万欧元的额外收入，这有助于每年保留4232个就业岗位。"（Guggenheim Museum Bilbao，2006）

古根海姆博物馆在毕尔巴鄂城市的选址建成，是多重巧合情况下出现的颇具偶然性的结果，最重要的影响因素是古根海姆基金会（纽约）对流动收益（liquid revenue）的迫切需求，同时毕尔巴鄂市正期待以一项旗舰性城市艺术品作为其城市更新进程启动的标志，而一些私人关系网络则在两者之间发挥了联系作用。尽管困难重重（来自极端巴斯克分离主义者的激烈反对，毕尔巴鄂地处游客和艺术家的视线之外以及城市衰退和恶劣天气的困扰），毕尔巴鄂古根海姆博物馆还是"成功"了。毕尔巴鄂不仅转变为一处新的游览胜地，而且成为城市创业精神、战略规划的范例，并构筑了通过文化旅游获得自身城市复兴的共同愿景（Tironi，2005）。在这样的氛围下，一些原计划在毕尔巴鄂开展的城市工程项目，也很快与古根海姆博物馆及其产生的复兴效应关联起

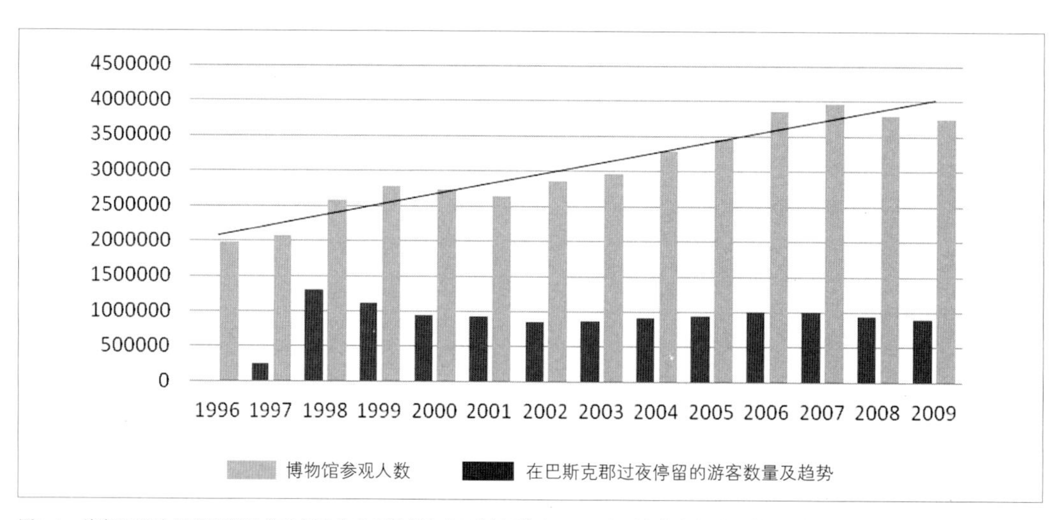

图1-1 毕尔巴鄂古根海姆博物馆每年的参观者数量和在巴斯克郡（Basque）过夜停留的游客数量 [资料来源：毕尔巴鄂古根海姆博物馆和巴斯克统计办公室（EUSTAT）]

来。在媒体看来，可以将临近博物馆的阿班多尔巴拉（Abandoibarra）区的重建视为是古根海姆博物馆及其转化力量的“连带效应”，重建内容包括了散步道、一座雕塑公园、一座购物中心、住宅、一座旅馆、数座大学建筑，以及包括圣地亚哥·卡拉特拉瓦设计的新机场和诺曼·福斯特设计的新双线地铁系统在内的大型交通运输项目。尽管具有共同目标，但这些项目中很多与博物馆并没有任何关联，此外部分项目在博物馆开馆前就已经完成了。然而，“古根海姆效应”或称“毕尔巴鄂效应”的神话出现了（Bradley，2005；Guggenheim Museum Bilbao，2010；Plaza，2010；Art4pax Foundation，2010）：毕尔巴鄂，一座老工业城市和被边缘化的港口城市，由于一座建筑、一座城市旗舰的强大影响而获得了复兴（更多情况请参阅: Art4pax Foundation，2010；Creativity Zentrum Bizkaia, 2009）。

毕尔巴鄂复兴进程取得成功的最新证明之一，就是毕尔巴鄂市政厅在2010年6月获得了首个城市界的诺贝尔奖和“李光耀世界城市奖”（与瑞典诺贝尔委员会联合创建），以奖励其改善城市交通的综合性整体措施。按照评审委员会的说法，将这个奖项颁给毕尔巴鄂市政厅，并不是因为其“通过几栋标志性交通建筑实现城市交通与经济社会的和谐互促，而是由于毕尔巴鄂显示出了强有力的领导能力，并在严密程序和基础设施支撑体系的基础上致力于实施系统的长期规划，这是城市交通体系取得成功的关键因素”（Del Castillo，Haarich, 2004）。

然而，古根海姆博物馆的成功和毕尔巴鄂引人瞩目的城市复兴，并不能自动地给毕尔巴鄂带来创意经济的发展。尽管也许可以将古根海姆博物馆视为是毕尔巴鄂这座前工业城市发展文化活动和观光旅游的助力，但十余年后才出现了私营创意活动的最初成果，这才是毕尔巴鄂能够在不久的将来成为一座真正创意城市的肥沃土壤。

1.2.2 创意景观和创意活动的新动力

毕尔巴鄂的创意景观由或多或少与古根海姆博物馆有关联的各种部门、交互网络系统以及相互融合的公共和私营机构、资助人、艺术家、相关政策等构成。

（1）巴斯克郡和毕尔巴鄂的创意产业

巴斯克郡的文化经济正在不断成长（Florida, 2002）。与西班牙其他区域相比较，巴斯克郡在文化企业方面居于第五位——位居马德里、加泰罗尼亚、安达卢西亚和巴伦西亚地区之后。在区域层面，巴斯克郡拥有6367家文化产业公司，占其全部企业总数的3.5%，雇员总数达到19 340人（Haarich，Plaza,2010）。

在地方尺度上，2008年毕尔巴鄂拥有2038家文化和创意企业，约占其企业总数的5%。其中建筑和广告类产业所占比例大约为60%，其他相关产业为艺术、音乐、手工艺、平面媒体、影视、设计、时尚、动漫、出版和信息与通信技术服务等。大多数企业是都市型的（位于城市中心区），而且相对年轻，经营时间多不足5年。2008年有60家新公司成立，比上一年增加了3%，而其他产业部门因受经济危机影响，增长率仅为0.4%。

（2）毕尔巴鄂创意产品与服务的消费和资助

与马德里和巴塞罗那这两座西班牙最卓越的创意城市相比，毕尔巴鄂的艺术品市场要小得多。然而相对而言，比斯开和毕尔巴鄂在文化消费方面显示出很高的水平。根据西班牙文化部年度报告

（2009）(Hammett，Shoval,2003)，巴斯克郡的“文化商品”（图书、歌剧演出、艺术展览等）消费超过了西班牙的平均水平。然而，毕尔巴鄂及周边区域的高比例的文化消费并没有直接拓展到当代艺术消费领域。人们曾期待古根海姆博物馆会提升毕尔巴鄂对当代艺术消费的需求，然而美术馆经营者认为当地大部分艺术品需求仍然集中于传统领域。此外，当地的当代艺术品市场仍然增长缓慢。

在私人对创意产业的投资和赞助方面，古根海姆博物馆的声誉和经济上的成功，激励了区域内更高水平的私人艺术赞助行为，这在西班牙是很不寻常的（Hammond,2006）。在古根海姆博物馆开馆前，毕尔巴鄂艺术博物馆的自给率几乎为零，而目前已达到40%。古根海姆博物馆共拥有近15 800名“博物馆之友”，会员数在欧洲位列第三，仅次于历史悠久的卢浮宫博物馆和泰特美术馆。这些会员和150家团体赞助者在古根海姆博物馆的自筹资金比率中占到平均70%的水平。说得更清楚一些，在每100欧元的收入中就有70欧元来自私人赞助者，而其余30欧元是区域管理部门提供的资金。

（3）毕尔巴鄂古根海姆博物馆对本地艺术家的支持

在古根海姆博物馆起步之初，其临时展览和本地收藏品中都缺少本地艺术家的作品。为弥补这一缺憾，古根海姆博物馆组织了多个大型个人作品展，如克里斯蒂娜·伊格莱西亚斯（Cristina Iglesias）作品展（1998）、爱德华多·奇利达（Eduardo Chillida）作品回顾展（1999）、包括6名西班牙和巴斯克艺术家作品在内的展览“被闪电击伤的高塔”（The Tower Wounded by Lightning）（2000），以及豪尔赫·奥泰萨（Jorge Oteiza）作品回顾展（2004）。2007年10月，古根海姆博物馆举行了10周年庆典，不仅举办了“美国艺术：300年创新史”的展览，还举办了由当代巴斯克艺术家创作的一组特定场地现代雕塑展览“Chacun à son gout”。在永久性藏品方面，古根海姆博物馆的藏品共包括64位艺术家的作品，其中25位是西班牙人，这其中又有15位是巴斯克人（Hoge,1999）。虽然本地艺术家的作品展示仍很有限，但古根海姆全球基金会的支持和古根海姆博物馆的形象必将有助于传播和强化巴斯克和西班牙

图1-2　古根海姆博物馆外观

艺术在（艺术）世界的形象（图1-2）。

（4）毕尔巴鄂和巴斯克郡的博物馆全景

在古根海姆博物馆落成之前，毕尔巴鄂拥有几家较小的博物馆。艺术博物馆建成于1914年，比斯开和巴斯克人种学考古博物馆建成于1921年，复制艺术品博物馆建成于1927年，宗教艺术博物馆建成于1991年，斗牛博物馆建成于1995年。古根海姆博物馆显著提升了博物馆行业在毕尔巴鄂的地位。自从1997年古根海姆博物馆开馆以来，新的公共投资不仅投向了毕尔巴鄂其他几座博物馆，也投向了新成立的博物馆（例如建成于2003年的海事博物馆）（Plaza,2008）。几座较老的博物馆（艺术博物馆、比斯开和巴斯克人种学考古博物馆以及复制艺术品博物馆）已进行了翻修以适应游客数量的不断增长，而海事博物馆在临近古根海姆博物馆的新的阿班多尔巴拉休闲区建成。古根海姆博物馆的开馆也给巴斯克郡其他城市的高级博物馆的创立带来了积极影响，促进了维多利亚现代艺术博物馆（ARTIUM）和埃尔纳尼（Herani）的Chillida Leku博物馆的创立（图1-3）。

（5）创意高等教育：艺术学院和私立大学

对毕尔巴鄂创意发展全景的描述不应缺少对三所专业教育机构的介绍：巴斯克郡大学艺术学院、私立德乌斯比（Deusto）大学和蒙德拉贡（Mondragon）大学。巴斯克郡公立大学的艺术学院是传统的大学院系，能够授予艺术、创意设计以及文化作品的修复与保护等专业的学位。在古根海姆博物馆开馆后，这所学院的申请者和国外学生数量很快增长。事实上，伊拉兹马斯（Erasmus）修改了毕尔巴鄂艺术学院的招生计划，从1997年到2006年招生数量增加了50%以上，对于任何一座中等规模的城市来说这都是非常显著的增长。私立德乌斯比大学已将其开设的课程从原有的神学、法学、商学和工程学拓展到包括休闲研究、沟通与活动组织等专业在内的硕士和博士课程。蒙德拉贡大学是一所成立于1997年的合办大学，隶属于MCC合作公司。与其他大学相比较，蒙德拉贡大学更加重视巴斯克文化和语言，并将其主要教育课程安排在人文学院和商学与工程学研究中。此外，它还为讲英语的国际学生开设了专门课程，例如“教育和多语言使用”和“传媒与新闻”。

所有这三所院校都正在依照欧洲高等教育共同标准进行改进，也就是所谓的“博洛尼亚改革”（Bologna Reforms）。作为该进程的组成部分，这些院校不仅在课程多元化方面，也在其教学方法和国际合作方面进行革新和拓展。

（6）逐步形成的创意集群：创意活动的空间结构

最近的行动、发展进程和改革，已改变了毕尔巴鄂创意景观的空间布局。总体而言，在1995年到2005年期间与艺术相关的机构数量经历了显著增长。博物馆和艺术设施、艺术创作中心、美术馆和古玩经营企业的数量也都有所增长。这种市场扩张也对其地理分布产生了影响，它们逐渐在两个不同的区域聚集：一方面，在阿班多尔巴拉（古根海姆博物馆所在的区域）聚集了美术馆（作为分销商）、古玩店和艺术品保护与修复企业等；另一方面，在老城（Casco Viejo）和“老毕尔巴鄂”（Bilbao La Vieja）地区形成另一个中心并聚集了手工艺品零售企业。有趣的是，这两个地区面向不同受众呈现出专业化分工，因而也面临着不同的挑战：阿班多尔巴拉地区侧重于城市的商业性艺术发展并主要聚焦于艺术品消费；而老城成为毕尔巴鄂

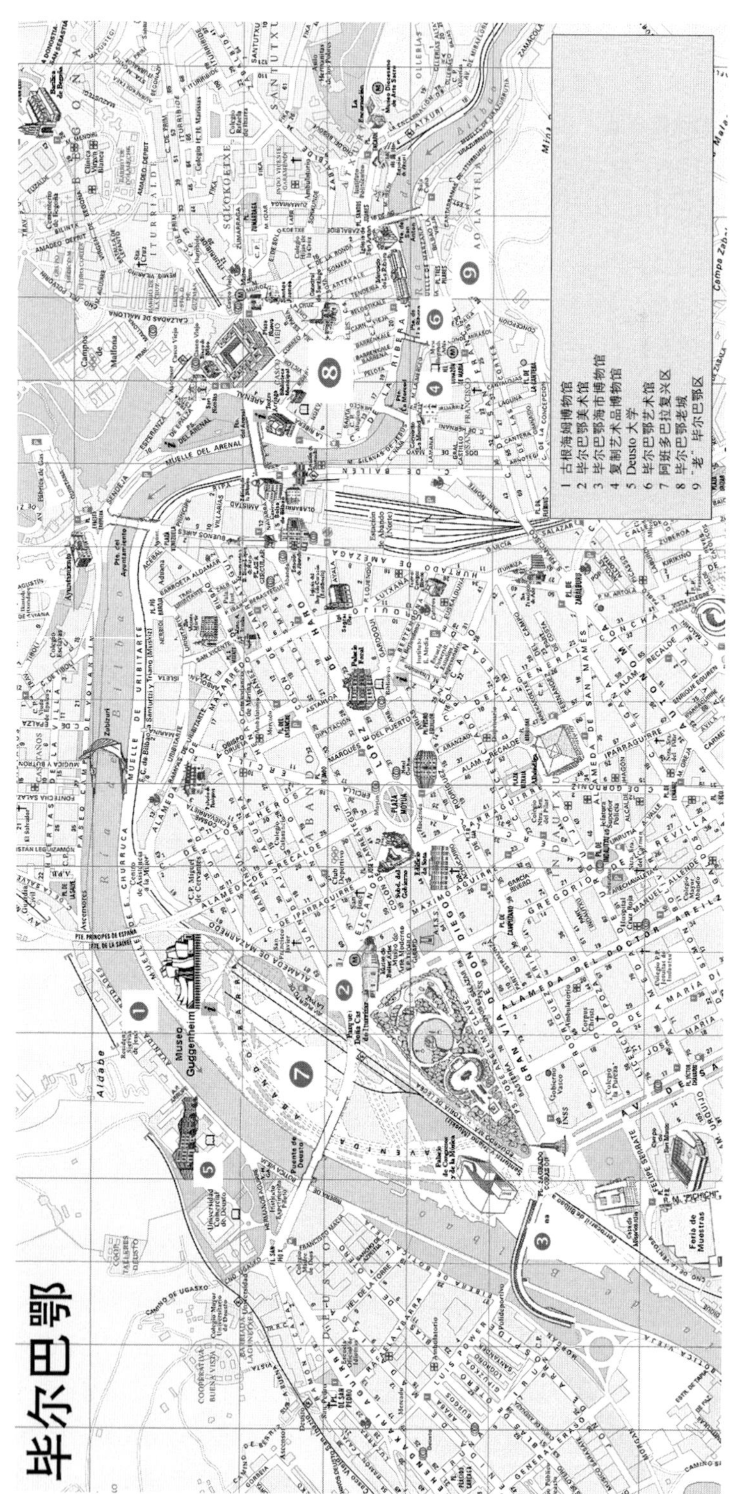

图1-3 毕尔巴鄂的主要艺术场馆

先锋派艺术领域的集中地，更多地侧重于艺术品生产。有了毕尔巴鄂艺术馆（Bilbao Arte）、“中央比斯开创造力”（Creativity Zentrum Bizkaia）和翻修后的复制艺术品博物馆，加之未来的UPV艺术学院以及不断涌现的艺术家所拥有的新画廊，在“老毕尔巴鄂”地区出现了另外一处新的艺术集群。临近老城观光带的区位优势、便捷的可达性以及面向艺术家的价格便宜的工作空间，不仅有助于吸引创意群体和艺术家，也吸引了对艺术感兴趣的顾客。在这方面古根海姆博物馆仅仅是一个非直接的影响因素，或许唤起了人们重新思考本土和独立的艺术所具有的重要意义，从而使其走出全球艺术品特许经营的阴影。

（7）促进和加强艺术品产业发展的本地行动

在过去的10年中，出现了数个支持创意产业发展的私营和公共部门的行动方案，其范围涵盖了艺术制作中心、公共支持的展览空间以及创意专业培训中心等。

其中一项行动是创立毕尔巴鄂艺术馆，即一座“艺术孵化器”（Lee,2007）。在毕尔巴鄂市议会支持下，毕尔巴鄂艺术馆于1998年开始运营，比古根海姆博物馆的开馆时间（1997年10月）略晚几个月。这是一个欧盟项目的一部分，旨在复兴被称为“老毕尔巴鄂”的城市衰败地区。毕尔巴鄂艺术馆是隶属于毕尔巴鄂市议会文化部的一处艺术制作中心。它向年轻的创作者提供实现其艺术理想所需的工具和基本设施，例如可以获得工作室空间、工作车间、数字图像处理、雕塑、摄影、电影布景、文件管理中心和放映室。这些理想的工作条件使其可以借助现代艺术实践所需的全部手段来开展创意工作。古根海姆博物馆的到来更多地鼓舞了这座城市对传统艺术的关注，而毕尔巴鄂艺术馆的目标是在城市中创立一个更为现代的艺术社区。这一策略是非常缓慢和逐步形成的。毕尔巴鄂艺术馆基金会与其他的欧洲和美国艺术作品中心保持着稳定的合作关系，这使得中心的常住艺术家能够在其他机构开展为期两个月左右的计划项目，同时在交流的过程中学习并与社区各部门建立联系。到目前为止，毕尔巴鄂艺术馆已通过231笔奖学金对青年艺术家给予了经费支持（1999—2010）。需要强调的是，毕尔巴鄂艺术馆帮助开发了更具产品导向的艺术市场，因而均衡了城市形象，即人们不仅在城市里消费和参观艺术品，还能看到艺术品的创作。归功于这一机构，毕尔巴鄂正在西班牙艺术领域中成为更具名望的关注焦点。毕尔巴鄂并不拥有马德里和巴塞罗那那样的艺术或文化声望，因此在某种程度上也缺乏必要的本地化经济以支持例如艺术品生产这样的高度以创新为导向的发展进程。然而，另外，毕尔巴鄂正在采取积极政策来为艺术家提供支持。

毕尔巴鄂艺术网络的凝聚力获得了Bilbao Bizkaia Kutxa（BBK）的大力支持，这是一家由当地政府控制的储蓄银行。BBK作为一家普通银行进行运营，但按照相关法律其部分利润必须直接应用于“社会用途”。对于毕尔巴鄂艺术发展来说，BBK已成为重要的金融平台。BBK支持了毕尔巴鄂的三家艺术展览馆，其中两家是由公共机构直接管理的（Elcano和BBK美术馆），另一家设立于毕尔巴鄂艺术博物馆中并由该博物馆进行管理。此外，BBK对古根海姆博物馆和毕尔巴鄂艺术博物馆下设的教育计划以及毕尔巴鄂艺术博物馆、海事博物馆和矿业博物馆中源自巴斯克郡的永久藏品提供资金支持。最后，BBK还对由毕尔巴鄂艺术馆每年评选出的青年艺术家给予补助金。

毕尔巴鄂另外一项支持艺术创作的重要本地平

台是“市立展览网络”（MEN: Municipal Exhibition Network）。MEN由分布在毕尔巴鄂地区主要大城市的8处展览空间构成，并由市议会管理运营。通过优先申请，MEN提供资金使本地艺术家能够在MEN的展览空间中免费展示其作品，并在毕尔巴鄂地区各处进行巡回展览。

最近又出现了一项支持创意活动的私营行动，即位于毕尔巴鄂的“中央比斯开创造力”（Creativity Zentrum Bizkaia）(Ministerio,2010)。“中央创造力”（CZ: CREATIVITY ZENTRUM）是一家旨在推动比斯开地区创意产业成长的研发企业。它的目标是创立文化经济活动的新中心，在富足、利于社交和世界性的场所中培养具备资格的员工并提供高品质的就业岗位。除此之外，其目标还包括通过建立城市的国际性链接来促使毕尔巴鄂融入国际尺度的创意网络（Creativity Network）之中。 CZ是由经验丰富的创立者组成的，他们从国际合作者那里获得建议和评估，例如戴维·帕里什（David Parrish）或丹麦的Kaospilot学院。CZ已与纽约电影学院、伦敦时装学院、利物浦表演艺术学院、国家影视学院等国际专业机构约定协助组织相关课程和培训活动。CZ在表演和电影导演、时装、工业造型设计、当代音乐和表演艺术、视频游戏开发、广播电视等领域提供专业培训。其活动还包括组织关于创意产业的国际论坛“比斯开创意”（Bizkaia Creaktiva），这是创业者的展示平台或日本“设计之夜”（Pecha Kucha Night）的巴斯克版本。此外，CZ向起步期的创意企业提供创意空间（Co. Lab）和专业建议支持。

最后是一项由毕尔巴鄂商会和迪吉佩恩（DigiPen）理工学院（美国）创立的更为具体的行动方案，即设立迪吉佩恩理工学院欧洲—毕尔巴鄂分校，这是一所致力于推动视频游戏和动画部门创新的院校。毕尔巴鄂分校在2010年9月投入使用，它是迪吉佩恩理工学院在欧洲的第一个分校校园。该校将提供两项学位课程：实时交互仿真模拟科学学士学位课程和动画制作艺术学士学位课程。学院的主要目标之一是促进和发展巴斯克郡的现代视频游戏及其相关产业。这一新机构的成立将促进并强化与行业领先的跨国企业之间的联系，吸引商业活动和技能型工作者，这将促进区域创新发展并鼓励创意创业者。

（8）促进毕尔巴鄂创意经济发展的公共战略

创意阶层理论认为，“区域经济增长受到创意人群与创意资金持有者的区位选择的驱使。他们倾向于富有多样性、包容性和新理念的场所”（Zallo,2004: 223）。因此，对创意产业进行自上而下的规划往往会走向失败。然而，毕尔巴鄂的例子却表明，一些公共部门对新兴创意行动的支持，无论是源自商业性的还是非营利性的考虑，都有可能形成催化剂，经由不同的复杂途径促进创意活动的发展。毕尔巴鄂对创意产业发展的公共支持，所面向的是传统和现代创意产业中的创造型人才，并在企业和人之间建立协作联系。城市发展部门“Lan Ekintza Bilbao”的战略规划中，创意产业属于优先支持的领域，其最终目标是将毕尔巴鄂转变为欧洲中等规模城市中重要的创意“中心”。除市级层面对文化发展的常规支持外，有两项行动正以自己的方式来达成这一目标：

战略层面上，在比斯开省政府的支持下，公私合作团体“Bilbao Metropoli-30”启动了一个计划，旨在拓展并提升“毕尔巴鄂创意指数”。鉴于此，2009年查尔斯·兰德利受邀前往毕尔巴鄂来给予指导和评估。在计划开展过程中组织了很多关于

“创意”的圆桌会议和战略研讨会，参与者包括创意产业以及来自其他社会经济领域的其他利益相关者，例如游客、信息通信技术部门、旅馆和餐饮服务业部门等。

此外，在城市中心区的创意集群阿班多尔巴拉和先锋派的“老毕尔巴鄂”之外，市议会及其地方发展局规划了一处全新的“创意地区”。依照扎哈·哈迪德的总体规划，在废弃的工业半岛地区Zorrozaurre的核心地区，将开发形成全新的以专业服务、知识活动和创意产业为主导的地区。“KREA Bilbao”项目将筹划建成新的创意增长极，并特别面向来自毕尔巴鄂和国外的年轻创意人才。

1.2.3 毕尔巴鄂古根海姆博物馆——创意发展的象征或触发器?

在古根海姆博物馆开馆之前，毕尔巴鄂很少会给人留下创意之城的印象。创意产业仅仅局限于满足本地的需求，主要得益于少量本地艺术家和基于巴斯克语言的文化产品。然而，由于古根海姆博物馆的开馆，这座城市在欧洲声名鹊起，不仅吸引了国际文化旅游者和媒体，也吸引了来自国际社会的创意群体和艺术家。直到今天，对于本地艺术前景，人们仍然无法明确说出博物馆是否具有切实的创意外溢效应，或者是否更多的是因古根海姆博物馆的品牌效应和毕尔巴鄂新的时尚形象而吸引艺术家和创意公司来到这座城市，或者也许两者兼而有之。毫无疑问，古根海姆博物馆在吸引参观者和游客、创建新的城市形象和区域结构转型等方面已大获成功。在开馆13年后，对古根海姆博物馆所具有的直接或间接影响的分析显示，博物馆在城市和经济复苏中发挥了有效的复兴作用。然而必须承认的是，这一结果并非理所当然的，它需要一系列与之配合的经济和政策行动，从而使博物馆能够充分发挥作用并成为推动经济复苏和创意成长的引擎（Haarish, Plaza, 2010）。在创意经济方面，近来私营和公共部门的行动方案为城市创意产业提供了支持，初步效果已经显现。毕尔巴鄂创意经济中的一部分是需要自由精神和灵感的，并因之需要灵活的、创意方面的支持。这已经实现了。成功的要素包括：作为艺术家和创意创业者本地发展基础的活跃社区；可获得的价格便宜的工作空间（大部分是衰落废弃的旧建筑或街区）；用于提供支撑性基础设施和发展机会（教育和培训设施、发行或展览）的基本公共投资；以及鼓励创意性公共—私营合作关系的良好氛围。文化和创意活动已将这座工业城市转变为一座富有吸引力和竞争力的创意城市。

致谢：衷心感谢Liz Leigh（日本大阪城市大学学术英语讲师）对本文早期英文初稿的认真阅读和修改。她无须为作者观点承担责任。

参考文献

[1] ART4PAX FOUNDATION. Scholars on Bilbao. Gernika, 2010.[accessed on 11 August 2010] at http://www.scholars-onbilbao.info .

[2] BASQUE GOVERNMENT. Estudio Analisis de las empresas, empleos y mercados de trabajo del ambio cultural en la CAE. Observatorio Vasco de la Cultura 2010.

[3] BILBAO ARTE. Annual Report. Bilbao City Council, 2008.

[4] BRADLEY K. Regional Renaissance: eight years after the opening of the Guggenheim Museum Bilbao, the art scene in the Basque Country is thriving. Art in America, 11/1/2005.

[5] CREATIVITY ZENTRUM BIZKAIA. Industrias Creativas. Reporte Anual 2009. www.creativityzentrum.com

[6] DEL CASTILLO J, HAARICH S N. Urban Renaissance, Arts and Culture: the Bilbao region as an innovative milieu. // CAMAGNI R, MAILLAT D, MATTEACCIOLI A, et al. Ressources naturelles et culturelles, milieux et développement local, (GREMI VI), Institut de Recherches Économiques et Régionales (IRER). Université Neuchatêl, Neuchêtel, 2004.

[7] FLORIDA R. The Rise of the Creative Class. New York: Basic Books, 2002.

[8] GUGGENHEIM MUSEUM BILBAO. Impact of the Activities of the Guggenheim Museum Bilbao in the Economy of the Basque Country. Official Report. 2006.

[9] GUGGENHEIM MUSEUM BILBAO. General Information. 2010. Website: www.guggenheim-bilbao.es

[10] HAARICH S N, PLAZA B. Das Guggenheim Museum von Bilbao als Symbol für erfolgreichen Wandel - Legende und Wirklichkeit. // Planungsrundschau 16 'Symbolische Orte. Individuelle, gesellschaftliche und planerische (De-) Konstruktion'. Forthcoming, 2010.

[11] HAMMETT C, SHOVAL N. Museums as Flagships of Urban Development. // HOFFMAN L, FAINSTEIN S, JUDD D, et al. Cities and Visitors: Regulating People, Markets, and City Space. Malden: Blackwell Publishers, 2003.

[12] HAMMOND M. Bilbao – Miracle or Myth?. Editorial. World Architecture. 2006, 10(11). [accessed on 4 January 2008 at www.worldarchitecturenews.com]

[13] HOGE W. Bilbao's Cinderella Story. New York Times, 1999, 8(8). [http://query.nytimes.com]

[14] LEE D. Bilbao, 10 Years Later. New York Times, 2007, 9(23). [http://query.nytimes.com]

[15] MINISTERIO DE CULTURA (Spanish Ministry Of Culture). Anuario de Estadisticas Culturales. Madrid 2010. [accessed on 20 August 2010 At www.mcu.es]

[16] MUSCHAMP H.The Miracle Of Bilbao. New York Times, 1997, 9(6). [http://query.nytimes.com].

[17] PLAZA B. The Return on Investment of the Guggenheim Museum Bilbao. International Journal of Urban and Regional Research, 2006, 30(2): 452-467.

[18] PLAZA B. The Bilbao Effect. Museum News Sept/Oct 2007: 13-15. American Association of Museums. Available at: http://www.scholars-on-bilbao.info/fichas/MUSEUM_NEWS_The_Bilbao_Effect.pdf

[19] PLAZA B. On Some Challenges and Conditions for the Guggenheim Museum Bilbao to be an Effective Economic Re-activator. International Journal of Urban and Regional Research. 2008, 32(2): 506-517.

[20] PLAZA B, HAARICH S N. A Guggenheim-Hermitage Museum as an Economic Engine? Some Preliminary Ingredients for its Effectiveness. Transformations in Business and Economics: 2010, 9(2): 128-138.

[21] TIRONI M. Going for Culture: urban regeneration, the Guggenheim Museum and the creative advantage of Bilbao. Master thesis, City and Regional Planning, Cornell University, 2005.

[22] URA - URBAN REDEVELOPMENT AUTHORITY SINGAPORE. Inaugural Lee Kuan Yew World City Prize 2010 Laureate. [accessed 20 August 2010 at: www.leekuanyewworldcityprize.com.sg/home.html]

[23] ZALLO, R. Bilbao y sus industrias culturales: una aproximación. Revista Internacional de Estudios Vascos, 2004, 49(1): 119-143.

1.3 里尔 / Lille

2004年欧洲文化之都

罗朗·德雷阿诺（Laurent Dreano）、让-玛利·埃尔耐克（Jean-Marie Ernecq） 著

赵淑美 译

Lille: European Capital of Culture in 2004

里尔，法国第四大城市，位于欧洲西北部的中心，法国首都巴黎以北，临近布鲁塞尔和伦敦。因与比利时的边界城市弗朗德勒（Flandres）和瓦隆（Wallonie）接壤，里尔是一个拥有200多万居民的跨界都市。在由许多市镇集中组成的里尔大都市圈里，里尔市成为这个拥有400多万居民的跨界都市圈的中心。发达的公路、铁路及水路网络给里尔带来了十分便捷的对外交通联系，使其成为方圆300千米（不到两小时的汽车或火车车程）内一亿多居民的集聚区的中心。

这个区域曾是一个很大的工矿业区（煤炭、冶金与纺织业），最近20年间，法一英英吉利海底隧道的贯通与高速铁路网的建成，给这个旧工业区带来了重要的转型契机，改变了里尔及其周边地域在国内外环境中的地位。特别是以“欧洲里尔”（Euralille）项目为代表的城市改造，史无前例地转变了里尔的城市面貌。那个曾经不得不致力于抵御纺织企业危机的工业首府里尔，几年间由于第三产业和服务行业的飞速发展，变身成为蓬勃发展的大都市圈的心脏。与此同时，随着城市声誉的不断提高，里尔已跻身于欧洲大城市协同体之中，城市人口在最近几年迅速增长。

里尔是人来人往的热闹之地和移民侨居之乡，蕴藏着巨大的工商业发展潜力，具有重要的政治和历史地位。历届的里尔市市长：罗歇·萨兰格罗（Roger Salengro）先生、皮埃尔·莫鲁瓦（Pierre Mauroy）先生，以及如今的玛蒂娜·奥布里（Martine Aubry）女士，都在法国和欧洲的政治生活中起到过或正在发挥着重要作用。

1.3.1 成功举办2004年欧洲文化之都项目

在法国，城市发展通常将创造力、文化方针和文化经济结合起来（如历史遗产、出版和电影等）。从“里尔2004”欧洲文化之都这个具有原创性和多种艺术形式的项目开始，里尔开发出了一系列新型、有创意的城市管理方式，由艺术家发起的城市变革成为激发城市创造性和公民意识的原动力。城市在吸引新的“创意阶层”（即艺术家、设计师、研究人员、时尚创造师等）和高科技企业的同时重获新生，城市也因此产生了发展自身经济的新的强势因素。

“文化”是大区居民发挥创造力与实现革新的重要因素，里尔市所在的北加莱海峡大区（Nord-Pas de Calais）历来重视支持大区民众的文化活动。里尔市抓住担当“欧洲文化之都”的契机，使企业、文化机构、国家行政单位以及各个市镇级政府在合作伙伴关系的基础上不断开创新的文化局面。“里尔2004”文化盛事使艺术家与居民之间、文化机构负责人和已成为艺术赞助者的企业家之间、经济界和政界人士之间，建立起了密切的联系并加速了创造力的提升，其影响力超出了改善城市形象及城市吸引力的传统需求。这次盛事促使城市创办了许多新的艺术活动场所，即在普通居民区创建文化休闲之家（又称为“疯狂屋”），用以开发民间不同种族的多样性文化。“里尔2004”不仅使城市焕发新貌，并将20世纪末工业危机中城市所失去的身份与自尊归还给了居民。

（1）连贯的政府文化方针

许多年来，文化在里尔被视为城市建设、社会和谐的重要因素。这首先得到了北加莱海峡大区的支持——30多年来，大区始终有一个雄心勃勃的文化政策。现任里尔市市长玛蒂娜·奥布里女士在就任之前就非常关注“里尔2004”项目，从2001年当选为里尔市市长起，她在该项目的进展中从始至终地起到了重要的推动作用。在她的主持下，里尔都市区以及毗邻比利时城镇的大都市圈区域逐步制定出了明确的城市文化纲要。政府文件认定的正式规划，确立了里尔独特的文化定位，使里尔迎来了一批又一批文化名人和负责人的光临。

（2）通过文化和创造力带来更好的生活和更显著的欧洲地位

里尔始终期待与重大盛事相约，曾经申请过2004年奥林匹克运动会的举办权（最终由雅典承办）。为了担当好“欧洲文化之都”，里尔市和北加莱海峡大区所有的城市一起，在2004为期一年的时间里成功地承办了欧洲文化年——“欧洲文化之都”的称号每年会授予欧洲的一座大城市，当选城市通过举办节庆活动来发挥艺术和文化在该城市的地位和作用，并为打造欧洲公民意识作出贡献。通常，城市的民众、企业、文化组织以及国家机构和地区行政单位等，会联合起来共同筹备这项重大活动。那些为里尔申办“欧洲文化之都”辛勤工作的人们，诸如里尔市市长、国家和地方行政议员以及企业界领军人物等深深懂得：一座大都市要在欧洲平台上显示出自身价值，需要开发具有国际规模和影响力的重要活动——那些既能提升城市形象和组织结构，还能在旅游和经济范畴内产生引发社会反响的原动力。

梅丽娜·梅尔库丽（Mélina Mercouri）和雅克·朗（Jack Lang）在20年前倡导的“欧洲文化之都”方针坚持“文化、艺术和创造力的重要性并不比科技、商业和经济低”（Mélina Mercouri,1983）。例如，英国城市格拉斯哥和比利时的安特卫普，分别于1990年和1993年通过文化活动找到了促进城市加速发展的要素，确立了它们稳定的欧洲大都市地区（Eurorégion）的形象。“里尔2004”的影响力遍及里尔都市圈以及北加莱海峡大区的各个城市，包括边境另一侧的比利时城镇。这次具有淳朴本色的盛会，充满了浓郁的乡土气息和欧洲特色，在欧洲文化之都举办史上尚属首次。

在国际新闻界和民众看来，2004年里尔欧洲文化之都的盛会，充分展示了这座欧洲中心的理想之城的独特风貌和它那丰富多彩的都市文化生活。“里尔2004”预定的多元目标包括：提高城市的知名度及其魅力；利用文化推动城市建设方针和社会关系发展；创建长期的经济发展活力。这项活动融合了“实用主义”与“可持续发展”的重要思想：

（a）民主建设。对里尔市政府议员来说，这项意义深远的文化活动标志着他们愿意改变社会不平等状况，让所有人都能充分实现自我的发展。

（b）城市复兴。将文化设施改善与里尔街区复兴结合起来的做法，是一个有力的城市建设举措。20世纪90年代中期，里尔市在设想要建设一个欧洲里尔新区（Euralille）的时候，曾经在相关地点开辟了一个剧场（Aeronef）。之后，里尔都市圈和大区内（包括比利时）开创了12所文化休闲之家（“疯狂屋”），这也成为2004年里尔欧洲文化之都的重要标志之一。依据城市更新框架，到2012年，里尔城南街区的居民又将享有一座多功能礼堂和一座“欧洲地区城市文化中心”（图1-4）。

（c）经济带动。2004里尔文化年之际，曾在1980年至1990年期间翻新过的里尔老城区，又经过多处修缮，这些地区遗产的开发和文化活力的注入带来了旅游业的显著发展。文化旅游业同时也是商务旅游业，伴随里尔愈来愈高的城市声望，大型职业会展在这里迅速递增。文化活力是

图1-4　未来的“欧洲地区城市文化中心”（获胜方案）

展现都市魅力和促进第三产业发展的重要王牌。

（d）形象提升。里尔被伦敦《金融时报》评定为“未来之城”，人们在谈论这座城市时称之为“感人的里尔”。由于这次盛会及其活力的继续，里尔市知名度的提升至少提前了15年。

（3）“里尔2004”是欧洲文化之都的转折与传承

无论对于本土居民还是国际平台，里尔已经日渐清晰地显示出其国际形象和地位。里尔在城市各个层面均投注了欧洲文化之都的理念，使之成为促进经济发展、实现长远的领土整治和提升城市形象等的真正动因。为此，里尔市配备了颇具文化艺术才华的责任团队。这个团队筹划和执行了“里尔2004”方案，它的部分成员在活动之后或进入市政府管理机构，或投身到新的协会即“里尔3000”当中。新协会负责城市文化活力的长期维护，开创可重复又便于组织的新颖大型活动。“里尔2004”这种特有的组织结构，有利于活动的灵活开展和横向协商的进行，因此可以说是一项重要的制度贡献。

许多城市偏好在文化场所添加大型新设备，但里尔市却决定，将那些有能力组织聚会、有可能扩大面积供艺术家和居民使用的小型场地整合起来，创建新颖的、利于组织的文化场所——“文化休闲之家”。这类场所是进行创作和推进文化民主化的真正工具，本来就该安置在都市的各街区里。于是，12所文化休闲之家（Maisons Folie）在2004年诞生（图1-5），此后又有另外两家相继开放。每一处文化休闲之家都涉及对现存旧建筑的改造，如旧纺织厂、啤酒厂、农庄、17世纪的修道院等。文化场所结成的网结为市中心及其郊区的文化平衡作出了贡献。这些活动场所犹如设计简约的劳作工具，场所里有设备齐全的剧场、可耕作的花园、组织节庆需要预定的厨房和餐厅、音乐欣赏和录音间、艺术家的工作间和展厅等。

这些文化场所长期存在，这里先行实践的是分享的观念，以及隔代人之间、不同血统人之间相互团结的观念，并期望按照法国哲学家埃德加·莫翰（Edgar Morin）的逻辑，让“民间文化和学识文化”和睦相处。人们来这里既能看到正在进行的艺术劳作或展览并能参加艺术实践，还可购买食品和糕点等。文化休闲之家同时是生活和节庆的场所，从塑造艺术到实用艺术、从现代剧目到多媒体带来的新惊奇，休闲之家的各个方面都持久地见证着两者新的相处方式。每个人都有权利进入这些场所，例如，喜爱造型艺术音乐和园艺的居民等，而不只是给艺术团队专用。文化休闲之家由此成为新的生

图1-5　里尔的文化休闲之家

活艺术的实验室。

街区、当地协会、居民等一起工作和参与筹备的那些文化活动项目都很适宜于民众。同时，由于设立了“活动大使”，每一位希望成为“里尔2004”或“里尔3000”使者的人，都可以向自己周围的朋友、邻居、同事推介活动安排。这对项目的远期成功起到了很大的作用，因为居民们已成为创造性活动的受益人。欧洲事务专员（Viviane Reding）曾这样评价：“里尔2004是艺术的需求与民众热忱的结合。”的确，在向卓越文化和国内外声望不断进取的过程中，里尔没有舍弃倾听民众的期待。

1.3.2 文化作为城市可持续发展的要素

（1）文化项目构成了城市规划建设的基础

作为城市项目的组成部分，文化项目首先是一个政治方案：促进共同生活的艺术；通过公众参与和公民意识来强化城市的多元文化特色；融入可持续发展理念。文化项目同时也是经济项目，因为它促进了辖区旅游业的发展和对企业的吸引力。

（a）城市建设和更新过程中的每个城建项目都需要政策支持。文化设施、新广场、新公园、新居民区及其周边新服务业的建设，这诸多项目源于同一个理想：政府要为城市中的所有人，以及从事不同职业的不同居民，营建一个舒适惬意的生活环境。里尔市市长玛蒂娜·奥布里女士坚持这样的观念：“新的城市艺术是城市发展规划的目标。城市发展规划是我们和居民们依据街区范围一起设计的。发展的地域规模需要自然、合理，在这个规模之下，人们能够识别街区标志、认知城市，并向世界开放。因此，这种规模必须适宜聚居，进一步说，适宜构建公民意识。”

大里尔的变化体现在城市的变化上。大约10年前，从鲁贝（Roubaix）开始，大量城市改造工程就不断进行，至今已经延伸到图尔宽（Tourcoing）——这完全重塑了里尔的城市中心。在市中心的历史遗产完成增值建设之后，城市改造工程主要向城南推进。

城市建设方案中，里尔市政府希望为它的10个街区创建一个真正的公共设施网，使设施供应适合日常发展的需求。为此，里尔需要不断提升城市的文化艺术活动，开辟新的文化空间，增加传播中心和制作优秀作品等。明显体现这个城建方针的项目有文化休闲之家和街区图书馆的开发。

（b）在多元文化的城市中发展共同生活的艺术：市民参与和公民意识。里尔市政府支持并创办了很多大型活动，目的在于宣传城市文化的多样性和公众的广泛参与性。例如，在菲沃城区（Fives）举办的露天舞会和“欢迎到里尔牧兰区来”等活动， 这些都是易于参与的文化集会和联欢活动，质量高而且免费。

在广阔的地域范围内，各种节日计划在互动中进行，给里尔的文化专业人员及观众带来了持久的影响。例如，电子音乐节（NAME）、动画片和电子游戏的“视听会合”、艺术和体育结合的“扭伤半个月”、表达当代舞蹈与新科技的“当代高度”等。不同节日在国内好几个城市中举办，并通过现有文化机制的密集网络来散发和传播节日作品。这种构思旨在围绕共同的主题，将演员和资源有效结合起来，同时促进观众之间（往往是截然不同的观众之间）更为广泛的交流。节日的筹办过程同时为集体工作和相互联系创造了机会。基本上，每次筹备工作都在街区中进行，由各协会、社会服务中心、地方艺术家们主导，并鼓励市民的自由参与。

（c）通过文化政策强化文化可达性，展示年轻一代的才干。里尔市政府通过全球化的教育项目和不断组织活动来保证所有居民都能够享受到艺术教育。这些教育项目强化了教师对课内和课外活动的组织。一些教育方案已经安排就绪，例如在音乐方面确保每个在里尔入学的儿童都可以接触音乐实践，在朗读方面则致力于启发他们的阅读兴趣。教学方案目前都在完善中，戏剧和视觉艺术领域的教育备案也开始起步。

此外，由里尔国家音乐学院承担的音乐计划有力地推动了幼儿园和小学的在校儿童的音乐艺术教育。音乐学院的26名兼职音乐家在里尔的各所学校中流动教学，这样每年约有8000余名儿童能够在校内外获得免费的音乐实践机会。教育活动配合文化活动，让每个里尔人从最幼小的年龄开始就对艺术创造产生了兴趣。

（d）注重生态与环境维度。自2000年以来，里尔市政府坚定地支持着强调可持续性发展的《21世纪议程》。2005年1月，里尔市政府签署了《21世纪文化议程》，文化议程将控制和平衡发展、文化多样性、伦理道德以及地区治理等多种理念协调起来。《21世纪文化议程》是第一部着眼于全球的相关文献，确立了各城市承诺支持文化发展的基本原则。这部文献于2004年5月8日获得了全球其他一些城市和地方政府的同意，他们承诺要在人权、多样性文化、持续发展、民主参与、创造和平环境等方面作出努力。

《21世纪文化议程》的要点是：维护文化多样性，将它视为改造城市现状与社会现实的重要组成内容；城市作为重要的有助于多元创造力发展的空间，让各种差异性（年龄、生活方式、社会或文化根源）在此相遇，让每个人都能充分发展自我；文化既是传统价值的中心，也是通过特殊表达来实现创新的中心；让生命的每一时刻都融入文化世界，可以培养感觉和表达能力，以及建构公民意识。

正如里尔市负责文化事务的副市长卡特琳·居朗（Catherine Cullen）女士所说：“可持续发展，首先是人们行为的改变，即文化的改变。这要求我们在个人福利和集体未来的整合观念中，去重新审视遗产、财富和资源等概念。文化创建了一座城市全部组成部分之间的联系，这就是文化的重要性。”

（2）建设面向世界开放的各种项目和活动

里尔正在成为向世界开放的和向革新开放的欧洲跨界都市。在“里尔2004”盛会之后的2009年，里尔又举办了“特大号欧洲”（Europe XXL）活动，突出介绍了从东欧到土耳其的艺术家们，从更广义的角度赞颂了“大欧洲”的理念。因为此项活动，许多合作伙伴关系得以建立：对于政治界、国家机构的合作者（如劳资双方、社会各方面代表、地方行政单位，民间团体代表等），经济合作伙伴和真正工作在欧洲区域的企业负责人来说，联合起来开展工作已经成为彼此的共同需求。

（a）“里尔3000”：可循环和便于组织的聚会。基于“里尔2004”给里尔市带来的启示，“里尔3000”协会通过组织各种综合性大型活动（大型展览、现代剧目、城市变革、街区规划），使欧洲文化之都的理念在2004年盛会之后继续熠熠生辉。除每年一次的艺术节和每两年一次的大型活动之外，“里尔3000”协会邀请了最现代的艺术家来进行文化探索，同时让最大多数的人能够分享到这些文化活动。“里尔3000”协会对于如何向外部世界实现开放有着强烈的体验：2006年秋天举办的“里尔印度年”引来的参观者高达97.4 万人；2009年春季举行的“特大号欧洲”活动又吸引了90万人前来参观；

从2012年夏季开始的第三项活动将以“幻境”（Fantastic）为主题。

2007年，“里尔3000”协会抓住机遇在里尔市举办了题为“穿越时空”的展览会。这次展览在以当代艺术为标志的里尔“邮件分拣处”举办。最重要的现代艺术收藏家弗朗索瓦·班诺（François Pinault）的作品展吸引了140万名观众。2010年秋季，伦敦画家塞艾契·伽勒理（Saatchi Gallery）的部分作品也在这里展出。

“里尔3000”协会组办的其他循环性专题活动涉及未来和前卫的多重幻觉。2006年秋季，在“邮件分拣处”举办的“未来纺织”展是这一主题的核心展现。该展览曾分别在世界其他地方展出，如伊斯坦布尔、曼谷、卡萨布兰卡、雅加达、上海等。里尔市确立了走向现代化、向世界开放、建设一流文化都市的坚定信念，“里尔3000”协会就是这种信念的写照。

（b）火车站建设：城市更新和新的生活艺术。2009年3月，里尔市为自己装备了新的文化设施：圣·索沃尔车站（Saint Sauveur）（图1-6）。这个旧货运火车站总面积7200平方米，需要修复和整理。圣·索沃尔车站修复工程被纳入城市更新总体规划中，这预示着城市在未来将因此拥有20多公顷的中央新区，并给人们带来新的生活艺术。

图1-6 里尔的圣·索沃尔车站

1.3.3 从生产城市到创意城市

在20世纪最后25年里，里尔大区经历了工业经济向创新经济转型的发展历程。例如，从纺织生产过渡到销售业（如“欧尚”[Auchan]、“瑞德卡”[Redcats]、“三个瑞士人”[3 Suisses]），然后到通讯链，如今又走向工业产品设计（如迪卡农集团[DECATHLON-Oxylane design and power]）和国际互联网。伴随着这个发展进程，国内和国际多种专业会展日益增加，如纺织原材料、VAD展、里尔集市艺术展……这些展会都是就业和增值的良好时机。

大区建立了一些具有竞争力的产业集群。里尔都市圈依靠这些集群来提升应用性研究，改善企业界和实验室之间的衔接。被誉为最具国际影响力的创新陆地交通产业集群（I-TRANS）、可持续使用与应用技术集群（MAUD）、前沿纺织材料及应用集群（Uptex）、信息与通信科技在工商业的应用集群（TIC）、影像集群和营养—长寿—健康集群，这五大产业需要打造成为名副其实的优秀产业，并提供重要的高技能就业平台。

10年来，里尔在城市建设、文化和经济发展上的种种投入，如今已收获了一定的成果。欧洲科技中心、联合发展区、影像集群、纺织业复兴、未来艺术城的声誉等都是最好的例证。里尔市致力于推动各个领域的进步，通过创新牵引城市经济的发展，并不断培养城市的创意性。人文资本、艺术家对观众的吸引力、文化产业、具有创造力的集群、城市的群策群力……所有一切都参与到城市复兴的进程中，促使“创意经济”成为大区和城市发展的重要动力。

不过，这种发展也会引起一些反面效应，例如文化价值的交易、新的社会精英主义、不平等发展等。因此，如何传承艺术和象征的价值、让公民们充分分享、促进城市变化，对于里尔维持城市创造力来说是非常重要的话题。

（1）培育创造力与创新性的新工具

（a）发展科研和里尔“未来艺术之城”。北加莱海峡大区的一个历史性弱点是科研，需要从现在开始迎头赶上。在新城阿斯克和高校园区（特别是里尔科技大学），里尔都市圈开辟出了致力于科技发展的高新科技园。科学创新中心（CIEL）和相关实验单位（l'Inria, l'IRI , l'Ircica）都推动了高新科技园的飞跃发展。

在市郊区域，高等教育的潜力使这里形成了法国的第二大学区，拥有13所工程师学校、8所商校和高校。这坚定了大区的科研抱负，可以借助当地独特的地域特征刺激创业的发展。2002年这里创建的企业不足10 000家，但到2006年，已经有大约有13 000家新建企业入驻，其成果显而易见。地方政府议员公布的未来目标是，在短期内创办16 000家企业。

此外，北加莱海峡大区在信息与通信技术领域拥有4000家企业。为了进一步发挥城市地区在数控方面的能力，自2008年以来，里尔市政府与合作伙伴一道，在跨学科领域中开发了“虚幻的梅迪契庄园”——“未来艺术之城”计划。其合作单位主要包括现代艺术工作室（勒・弗雷斯努瓦 [Le Fresnoy]）和艺术实验室。这个致力于实验“艺术和新科技”的计划，将努力支持和推动那些结合了“艺术”与“创新”的各类项目。艺术创造、产业文化和新的信息通信技术之间存在着密切的联系，里尔“未来艺术之城”的主要任务之一便是强化这些联系：在艺术家、企业和研究人员之间搭建起沟通的平台，方便他们的互相接近，以促进创新作品的产生；同时邀请一些企业有意识地进行某些重要软件的开发（尤其是医疗卫生领域的严肃游戏[Serious Games]和医学影像）。

（b）欧洲科技中心：开发新型的信息和通信技术。里尔都市圈开设的“欧洲科技中心”是个十分卓越的园区，高功率的输出设备和全方位的服务能力，将使它如期成为接待高科技企业的真正中心。“欧洲科技中心”位于里尔的勒布兰-拉丰街区（Le Blan-Lafont），设在整修一新的旧纺织厂内（图1-7），于2009年3月举行了落成仪式。该中心拥有5个主要活动领域：商业集团（E Business）、通过网络销售传统产品或服务的销售企业（Pure Players）、信息系统和软件出品和发行业、远程通讯和网络业（Industrie de contenu）、培训与研究部门。伴随这些领域的飞跃发展，欧洲科技中心已经接纳了84家企业和1400名员工。

欧洲科技中心在鼓励创办和发展高技术专业企业的同时，促成了信息通信技术领域里各项方案、创新力及人才的汇聚。它在产品构思和制作方面具有的特异性成为法国绝无仅有的典范。随着微软在欧洲科技中心的落户，中心与微软结成了良好的合作伙伴关系。显然，里尔都市圈在将地区经济全面联动的同时，着重发展具有欧洲规模的信息通信技术产业。针对从事软件和网络事业的年轻企业，或尚未创办公司的项目持有者们，里尔市发布了让《我们开始IT》（*Let's Start IT*）的欧洲科技中心和微软联合体的项目征集。这可谓是一个创举，通过提供创业指导和财政支持，里尔鼓励人们到软件专业领域创办企业或建立和扩大创新型企业。

（c）联合产业园区：影像技术和动画技术开发。在里尔东部，离比利时边境不远，面积约80公顷的“联合产业园区”坐落在鲁贝、图尔宽和

图1-7 “欧洲科技中心”整修后的建筑

瓦特洛三个城市之间（图1-8）。这个集工业和居住为一体的旧区，曾在1990年至2000年期间，继冶金工业，特别是纺织工业危机后被废弃。如今，联合产业园区作为雄心勃勃的城市更新项目，已经成为当今法国工业废墟改造和城市建设的最大工地，其建设内容包括修建一座大型城市公园。

在参与措施方面，居民团体、都市和乡镇都希望将可持续发展方针及其标准纳入到城市更新规划中。因此在国家的支持下，基于《21世纪议程》框架和里尔都市圈2007年通过的《环保街区宪章》，联合发展产园区定位要建设成为法国最大的生态街区，居住、企业和绿地网络将在这个地区共存共生。联合产业园区接纳了周边的一些艺术中心，如弗雷斯努瓦、游戏和动画影片制

图1-8 里尔东部的联合产业园

作公司（Ankama），业绩显著的录像游戏厂家（Wakfu），以及致力于支持电影制作的大区影视资源中心（CRAAV）。这些企业与实验室和瓦朗谢（Valenciennes）的学校一起，组成了大区最具

潜力的影像产业集群。

（d）纺织业的复兴：从郊区时装到未来纺织。伴随着城市革新进程，艺术家和工艺设计师的魅力充满了里尔城。“时尚区”活动在鲁贝市发起，而后在里尔的城南区推广。这个在平民区进行纺织和时尚革新的活动，得到了时装设计师阿涅丝（Agnes B.）和“时装之家”的赞助。市政府给创造者和设计师提供了两条街道的商业小区空间，人们期待这里能像伦敦的拜特海（Battersea）一样成为佛朗德尔首府的一个时髦之地。手工业因里尔城南区的复苏而聚集起来，改革城市手工业区的方案开始被制定，该方案旨在将大区和省级的手工业公会及其合作组织集中布置在一片面积为4公顷的街区内。与此同时，进行未来纺织展的计划也开始筹备，这开辟了企业和创造者之间开展不同行业协同合作的典范。

2008年，由“里尔3000”协会组办的未来纺织展以预制模块的形式在世界各地巡展。这种生动的“教学”方式可以让公众更好地领会纺织的天地。例如，人们可以在那里了解如何利用玄武石或者甜菜来生产织物（布料）。展览还描绘了高科技纺织在各个领域中的应用，艺术家们（造型艺术家、实用艺术家、服装、工艺美术家）将创新的纺织原料纳入到他们的最新作品中，并勾画出具有艺术性、趣味性和诗意的纺织旅程。这个展会是里尔和比利时库特赖市（Courtrai en Belgique）跨界合作的成果，借助专业企业、不同产业集群和高等技术学校之间的密切合作，经由当代艺术作品、实用艺术和建筑艺术等展示了最创新、最奇特的纺织技术。

（2）欧洲里尔在上海：超越边境与时空

里尔将城市发展的赌注放在创造力这张牌上并在全世界范围推行，其创造性来自文化、艺术创作和经济之间无拘束的结合。2010年以“城市，让生活更美好”为主题的上海世博会期间，里尔都市圈和“里尔3000”在上海市中心开设了“里尔欧洲馆”。里尔还同上海南京路虹庙艺术中心开展了紧密合作，这个创举对一座欧洲城市来讲，是一套异乎寻常的经验（图1-9）。

在为期三个月的展出时间里，里尔欧洲馆作为一个具有亲和力的相约之地，文化、美食、艺术家、企业和里尔都市圈的活力均得到了充分的展现。那些生动活泼的橱窗展示着法国北方优秀的竞争性产业集群所创造的创意性大型活动。在名为“未来纺织”的巡回展上，参观者发现了多样化的艺术装置模块：音乐织布机、香水泡泡、音乐植物倒置和“时尚之家”模型。里尔著名的茶餐厅“米尔特”通过“美食品尝角”的开设，向访客推荐了法国的特色美味。“里尔欧洲馆”还给法国北加莱海峡大区的企业界和中国企业界带来了难得的交流机会。里尔欧洲科技中心及其在上海科技园的分部（D-Park）签订的中法合作协议，与敦刻尔克港口的合作协议等，扩大了双方企业间的交往，并商定进行工商会之间的互访。

就这样，里尔创意城在向世界输出自己的经验。同时，为了吸引全世界访客的到来，里尔继续在家乡创造着自己的未来。可以说，没有“里尔2004”盛事的冲击，里尔很难有如今这样闪光的发展项目和奔放的城市创造力，“里尔2004”同时为大区形象的树立作出了不可磨灭的贡献。

图1-9　位于上海南京路上的里尔馆

（3）联合国矿区遗产：朗斯—卢浮宫博物馆开馆在即

法国北方和里尔的新魅力孕育了新项目的不断实现，朗斯—卢浮宫博物馆预计在2012年开馆，这个项目的特殊意义在于使里尔南部的老矿区重现生气。为使200年来的展出惯例能够焕然一新，卢浮宫博物馆设想了一个新颖的开放形式：不再以通常的出借作品或提供博物馆专有技术展览的方式进行藏品展示，而是远离其根据地建立一个真正的“墙外卢浮宫”，在那里一切创新都将成为可能。于是，朗斯—卢浮宫博物馆被引入到法国最年轻的、在文化方面最具有活力的大区中。展馆选择朗斯市（Lens）十分合适，它有助于确立这片土地对大区整体的文化极点作用。此外，它还是城市建设和经济发展乃至社会和谐的重要因素。

朗斯—卢浮宫博物馆并不是卢浮宫博物馆的

附属品，其全部的组织要素，在艺术、社会和教育方面负有的所有使命，以及它的多元化活动，都显示出这个展馆其实还是卢浮宫博物馆本身的重要部分。在这里，展品的更换和重新组合将给予卢浮宫博物馆藏品以全新的含义。它更重要的目标在于培养和引发公众对艺术作品的重视。为方便参观者对作品的理解，藏品将以纵横向的方式展出，给参观者提供一些打开理解之门的新窍门。信息产业先进媒体新技术的引进使得这一切都可能实现。

此外，北加莱海峡大区的煤炭盆地如今备受关注，成为世界文化遗产的申请提案。法国政府于2010年2月提交给联合国教科文组织的申请材料目前正在审核中。煤炭盆地将与朗斯—卢浮宫博物馆一起，为里尔的创新经济补充进新的活力，并营建出文化遗产和创意象征之间的联系。

1.3.4 结论

创意城市里尔的城市规划建设，致力于在都市圈和跨界大区中通过多元途径确保城市的经济发展条件。里尔坚信，文化、体育、高品质城市环境、创新经济和互助经济的发展、创造共同生活的艺术以及组织大型活动的能力等，都是大都市发展的重要动力，城市可以通过它们来增强城市发展能力和提高自身声望。里尔用客观实践证明，它是一座公众积极参与、面向所有居民、实践城市复兴的创意之城。这正如里尔市市长、里尔都市圈主席玛蒂娜·奥布里女士所说："一座有吸引力的城市是一座创意城市。在那里，社会的各个阶层都融合在一起。"

在欧洲大城市之间的竞争中，城市具有上述动力是重要的竞争筹码。这些筹码赋予了里尔和它所在的大区超出其人口比重的地区威望。里尔市在吸引并迅速壮大城市经济部门的同时，进一步思考着打造"创意城市"的确切意义。在里尔，文化让公众分享到了更加美好的生活，并为城市在国际领域的迅猛发展创造了机会。

两位撰稿人向承担本文翻译工作的赵淑美女士致谢！

参考文献

[1] http://www.mairie-lille.fr
[2] http://www.lmcu.fr
[3] http://www.apim.com
[4] http://www.locatenorthfrance.com
[5] http://www.lille3000.com
[6] http://www.agenda21culture.net
[7] http://www.euratechnologies.com
[8] http://www.lefresnoy.net
[9] http://www.ankama.com
[10] http://www.crrav.com
[11] http://www.louvrelens.fr
[12] http://www.bmu.fr
[13] http://www.lille3000.eu/pavillon-lille-europe-shanghai2010/en/exposition.php
[14] http://www.lilleeurope-shanghai2010.com/cn

1.4 安特卫普 / Antwerp

一座再创造和再度活跃的城市

热夫·范登布勒克（Jef Van den Broeck）、德里·威廉斯（Dries Willems） 著
邢晓春 译

Antwerp: A Re-creative and Re-active City

安特卫普是比利时第二大城市，有着光辉的历史和可预期的未来。早在16世纪，它就是一座重要的城市、主要港口以及国际化的商业与文化中心，许多“佛兰德画派”的著名画家发现这是一个具有创意的空间和适合生活与创作的场所。

安特卫普的发展得益于其位于斯凯尔特河沿岸的优越地理位置：在狭长凹进的河流转弯处的最高点，右岸逐渐发展成天然的船只停泊处。在港口周边，渐渐发展出聚居地，并随着繁忙的港口活动发展成为一座世界级城市（图1-10）。

长期以来，港口和城市作为一个整体而发展起来：港口加强了城市的实力。港口的发展意味着财富与日俱增，随之吸引新居民来到这座城市。在15世纪初期，安特卫普有2.3万居民。港口的稳步发展使城市更具有吸引力。在16世纪50年代中期，安特卫普有8.4万居民，如今这一数字大约为50万。这座城市是比利时核心区（Belgian Core Area）的根基。该核心区是一个多中心的城市区域（大约60平方公里），拥有人口约500万人，还包括其他大型城市如布鲁塞尔、根特和勒芬。而这个城市区域自身是西北欧大都市区巨型城市（North West Metropolitan Megacity）的一部分，后者包括了安特卫普和鹿特丹这两大港口、“欧洲之都”布鲁塞尔、阿姆斯特丹、里尔和一些德国西部的大城市。

第二次世界大战之后直到20世纪80年代，安特卫普都在努力应对许多问题：（富裕人群）搬迁到郊区、交通问题日益严重、建筑物利用不足和年久失修、被忽视的公共空间……一些小规模的城市更新干预项目无法阻止这座城市的衰败和

图1-10 河滨之城

非常消极的财政状况。只有港口借助于一个“十年”战略行动计划得到快速发展，如今成为欧洲的第二大港口。

1.4.1 新的推动力

在20世纪80年代末期和90年代早期，公民社会以及随后的市政当局开始采取行动应对这种负面状况，这给新的空间政策出台带来了推动力。

（1）“全面的空间结构规划”

1989年，在外来专家的支持下，安特卫普市设计出城市空间发展的远景，从而得以实施连续一致的空间政策。在这一规划中表达出的远景旨在恢复城市与河流的关系，沿着位于市中心附近的高速公路创建大片绿色区域、改造和复兴19世纪的城市带以及对郊区的改造等。尽管这一规划被市政厅接纳，但是并没有获得实施，这是因为缺乏实质性的政治支持。但是这些理念和概念激励人们行动起来，反对政客的不作为。

（2）“城市与河流”

一批来自空间规划学院（Institute of Spatial Planning）——一个文化和经济部门，归属于城市管理机构——的“普通”人组织了一次国际竞赛（1990年至1993年），以挑战这种不作为的局面，并吸引了城市当局和公众对于安特卫普独特的空间资产尤其是老港口地区的关注。曼纽尔·德·索拉·姆拉莱斯（Manuel de Sola

Morales）设计了“码头”区和前港口区“小岛”的方案，伊东丰雄（Toyo Ito）设计了南部的一块棕地，即一座老铁路站场的方案（图1-11）。“河滨之城”项目由于缺乏政治支持而遭遇搁浅。但是这些理念在百姓心中仍旧活跃着，后来的“新”政客重新捡拾起了这些理念。

（3）安特卫普：“欧洲文化之都”

安特卫普被欧盟选中组织了“1993年安特卫普文化之都”活动。这次事件也在不同层面对城市施加了具有创造性的推动力。在1993年，该市组织了许多高端文化活动，其场地就选择在城市中具有历史意味、同时也带来严重城市问题和机遇的特定场所。在整个计划中，特别关注了“19世纪城市带”地区，这是一个贫穷并受忽视的城市片区。该市邀请了来自世界各地的艺术家、作家、哲学家、城市规划者、城市主义者、建筑师和学生，为这一地区的城市和社会更新出谋划策。

将这些理念转变成具体而持续的政策又用了很多年。“新”政策基于两个支柱：发展和实施不同的战略项目以及设计了可以确定远景、空间概念、战略地区和行动计划的“战略性空间结构规划”。这两个支柱，即远景的制定过程（既是充满创意也是充满分歧的过程）和具体项目的实现（将空间转变为现实的过程）彼此平行发展，互相影响。这两种过程都在2003年得以加速实施，因为当时“学院派”（市政府）上台，新的市长帕特里克·让森斯（Patrick Jansens）也已到任。

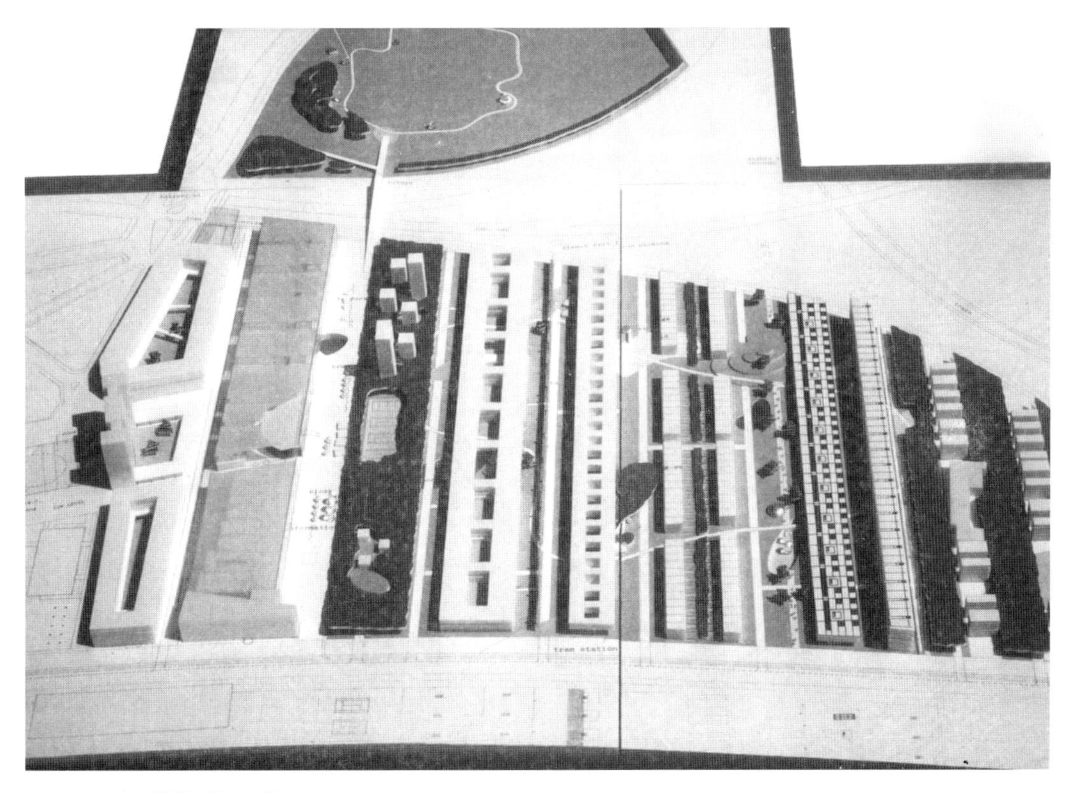

图1-11　伊东丰雄设计的新南部地区

1.4.2 战略性项目

（1）中央火车站片区

1994年，欧盟启动了“城市1”（URBAN 1）计划，旨在为欧洲城市中的问题邻里带来经济和社会方面的复兴。诸如巴塞罗那、马尔默、米兰这些城市，也包括安特卫普纷纷仿效，充分利用这些来自欧盟的资金。该市在19世纪城市带的东北部选择了一个项目区域。该片区占地总面积为500公顷，居住着6.6 万居民。当地周边地区的特征是空置的建筑物、住房状况恶劣、（当地）经济衰退、社会问题严重、高失业率、被忽视的公共空间以及负面的形象（色情业）。大约1700万欧元的资金投入到该计划中，其中17%来自欧盟的资助，17%来自佛兰德的资金（佛兰德是比利时的一个地区），66%来自该市自身的资金。在这笔资金扶持下，“城市1”项目应该能够给予城市新的推动。计划的主要策略基于以下四个互为补充的措施：

（a）强化地方经济以及仍然存在的重要经济活动（钻石业）；

（b）升级改造公共空间；

（c）培训和教育；

（d）社会和文化复兴。

这一计划涉及了以下重要建设案例：

（a）前“福特”公司加油站“Permeke”经过改造，如今容纳有城市中央图书馆、城北市政办公设施，并且为“创新”项目提供了所需的物流和空间（图1-12）。

图1-12 改造后的加油站“Permeke”内部的中央图书馆

（b）安特卫普唐人社区项目对片区内的一条主要街道进行了复兴，这个项目采取了一些小规模的实质性措施，如在每个街角布置大理石狮子，恢复一个设有顶盖的市场。这些措施正在强化该片区和地方经济的品质。

（c）在该地区的另一个重要建成项目是“地图大厦”（Atlas building）。自从2006年以来，这座大厦成为社会融合、与新居民（移民）交流的中心，以及多个非政府组织的总部，以此解决社会和文化问题。

（d）设计中心是新成立的具有创新性的创意产业的商务中心，创意业务涉及设计师、建筑师、多媒体专家、产品开发人员等（图1-13）。

（e）最后一个项目是NOA商务中心，为该片区的当地新创办企业提供办公空间和物流支持。它位于先前的一所学校旧址之上。

由联邦政府出资的中央火车站改造工程和南北火车隧道的建设无疑成为该地区令人瞩目的项目。从18世纪延续至今的宏伟壮观的建筑全部得以修复，按照高铁系统（RTS: Rapid Train System）的要求进行改造，列车穿行于现有建筑的地下。火车站地下3.86千米长的隧道为城市南北两部分建立了新的连接。该项目将一座先前的火车终点站转变为一个国际化的高铁交通节点，并将其容量扩充了2.5倍（图1-14）。

安特卫普市还利用来自“欧洲目标2”

图1-13　设计中心发挥着激励创新型创意产业的作用

图1–14 改造后的中央火车站成为公共交通的“大教堂”

（European Objective 2）和“城市2”（URBAN 2）项目的资金以及其他政府资源来发展“城市路标”。其中的两个重要路标项目包括“北部公园”（North Park）和“船员之角”。

（2）“北部公园”

这座公园位于19世纪城市带的东北部。2001年，安特卫普市启动了一个规划程序，旨在重新利用位于城市北部边缘的废弃的铁路站场。这一片站场总占地面积为24公顷，跨越了1.6千米长的土地。这块地隶属于比利时公共铁路公司，几十年来用于列车的停放、维护和维修。自从1873年以来，这片站场相当于一片无人区，将这一城市边缘区与周围的行政区隔开。基于研究和内部辩论，安特卫普市倾向于选择将这一片区建造为一座城市景观公园。2002年城市举办了国际设计竞赛，评委会经过匿名投票，选出了“村庄和大都市”（Villages and Metropolis）方案，由Studio 3（Secchi/Vigano）、布罗·克鲁姆维克（Buro Kromwijk）、马腾斯/斯特芬斯（Meertens/Steffens）和艾里斯（Iris）顾问公司联合设计。18公顷的土地将依此被改造成一座可持续公园，带有运动休闲和娱乐空间以及自行车和步行小径。如今已经建成的这座公园极富吸引力，这一片区的多元文化邻里和整个城市区域的居民都可以使用（图1-15）。

（3）“船员之角”

几个世纪以来，距离河流和港口不远的“船员

图1-15 “北部公园“

之角”是一个色情业集中的邻里，正如世界上许多海员聚集地一样。居民们发动了请愿活动，抱怨这里坑蒙拐骗和色情业猖獗，随后安特卫普市发展了一个更新该片区的整合性远景，口号是“红灯区——城市的诱人部分”。新政策的目标是寻找旨在使居民和色情业共存的途径。该政策基于以下四个主要理念：红灯区是“城市的一个有趣的部分”、一个“适宜居住的场所”、一个“可管理的窗口色情特区”以及“吸引投资者的邻里”。如今大多数街道已经更新，色情从业人员有了一个“卫生中心”，邻里也有了自己的会议中心。该项目的过程——基于多个市政部门和服务部门之间的合作以及新的地方社会肌理的创造——目前成为以整合式片区为基础的城市更新的范本（图1-16）。

（4）“小岛”项目

“小岛”曾经是市中心北部港口区的一个活跃部分，周围有许多船坞，眼下正在进行着总体改造。通过一系列雄心勃勃的项目，这个地块从一片港口区转变为一个充满生机的邻里。其目标在于将占地452公顷的土地转变成人们安居乐业的中央行政区以及带有商业和文化活动的邻里。如今很多项目已经建成，或者即将建成。溪流博物馆（MAS: Museum of the Stream ）是一处宏大的展示场所，展现安特卫普市集体记忆中的许多重要标志。这座建筑将成为穿越小岛、由北向南的文化轴线的一部分。该博物馆在2010年建成开幕（图1-17）。沿着其中一座码头还建造了6座高层公寓楼，并建有一座地下停车场来保证周围公共空间的开放性。

图1-16　为色情从业人员而设的卫生中心以及一座会议中心

图1-17　溪流博物馆

该市也投资于圣费利克斯（Saint-Felix）楼的改造，这里先前是一座仓库。该建筑从2006年以来开始容纳市政档案馆、一个小型会议中心以及档案研究室等等。这座建筑引人注目的特征之一是70米长的有顶街道，将市中心和小岛连接起来（图1-18）。

此外，其中一座码头被改造成“船坞散步道”，建成一座地下停车库，更新了公共空间，从周边吸引来了许多餐馆和酒吧。

很多其他项目正在进行中，例如，由北向南对驳岸进行改造和重建（大约3000米×100米）。该项目非常复杂，因为它应当保护城市免于洪水侵袭，同时还要成为一个公共空间，将城市与河流联系起来。另一个极为重要的项目是有轨电车网络的改造和扩建。这一网络将使城市有可能将更多的小汽车交通流量阻挡在市区以外，为行人和骑自行车者提供更多的公共空间。最后一点，我们要提到“歌剧院广场”的重建，这个项目由曼纽尔·德·索拉·姆拉莱斯（Manuel de Sola Morales）担纲设计。

1.4.3 安特卫普的空间远景：战略性结构规划

新政策的第二个支柱就是战略性空间规划的详细编制。

安特卫普的“学院派”选择支持一份战略性文件，为各种不同的项目发展提供连续一致的框架。该市委托意大利规划/设计师塞基（Secchi）和维加诺（Vigano）来起草这份文件。城市发展部

图1-18 圣费利克斯仓库

（Urban Development Department）和城市规划署（Planning Unit of the City）也参与到该项目的发展中，此外还有外聘的顾问范·登·布勒克（Van den Broeck）。2003年11月，安特卫普战略性空间结构规划（s-RSA: Strategic Spatial Structure Plan Antwerp）获得批准。2006年12月，佛兰德当局颁布了最终的批准文件。

这份规划的编者将安特卫普描述为“一座精彩的城市，但是同时也是一座非常复杂的城市。它是欧洲第二大港口，‘佛兰德钻石’（Flemish Diamond，多中心的比利时核心区）的支柱。它沿着一条重要的河流分布，是一座世界级城市，有着悠久而神秘的历史。但是，与此同时，尤其是几年前，它也是一座废弃的城市，一座经历着衰败的城市……今天，安特卫普正在寻找着聚居的当代途径。这份结构规划将这一议题置于核心地位，与此同时还考虑到生态议题、住房议题、与福利和城市设施以及经济活动相关的议题，并最终涉及关于城市可达性的议题”。

编者采用了不同的意象或隐喻来表达这一远景：

（a）安特卫普将成为一座“水城”和一座“生态城市”，旨在把更多的空间留给水域、保护和增进城市水体和水体网络，使之成为城市最重要的生态结构，并且强化城市和斯凯尔特河的关系；

（b）安特卫普将成为一座“港口城市”，力图克服港口和城市之间的隔离；

（c）安特卫普将成为一座“轨道城市”，以减少小汽车交通流量和拥堵，影响交通模式的转型，为行人和骑自行车者提供更多的空间，将城市发展与轨道网络更紧密地联系起来，避免城市蔓延；

（d）安特卫普将成为一座“多孔的城市”，旨在影响“开放与建成”空间之间的定性关系，保护开放空间，反对纯粹房地产性质的政策；

（e）安特卫普作为“村庄和大都市”，强调将一个个独立的村庄融入大都市之中，希望在现有的村庄与大都市之间产生新的关系，呈现新的形态，即巨型城市；

（f）安特卫普呈现的“巨型城市”形态，关注于在巨型城市（大型城市区域）之中该市的作用；这一意象暗示着在大型城市基础设施、大片绿色空间和景观方面的积极政策。

这一战略性规划（图1-19）通过在城市层面定义不同的“战略区”给予城市一种新的结构：一条体现中心场所的“硬脊”，一条与水体、植被和休闲娱乐相关的自然动态的“软脊”，一条可供重新

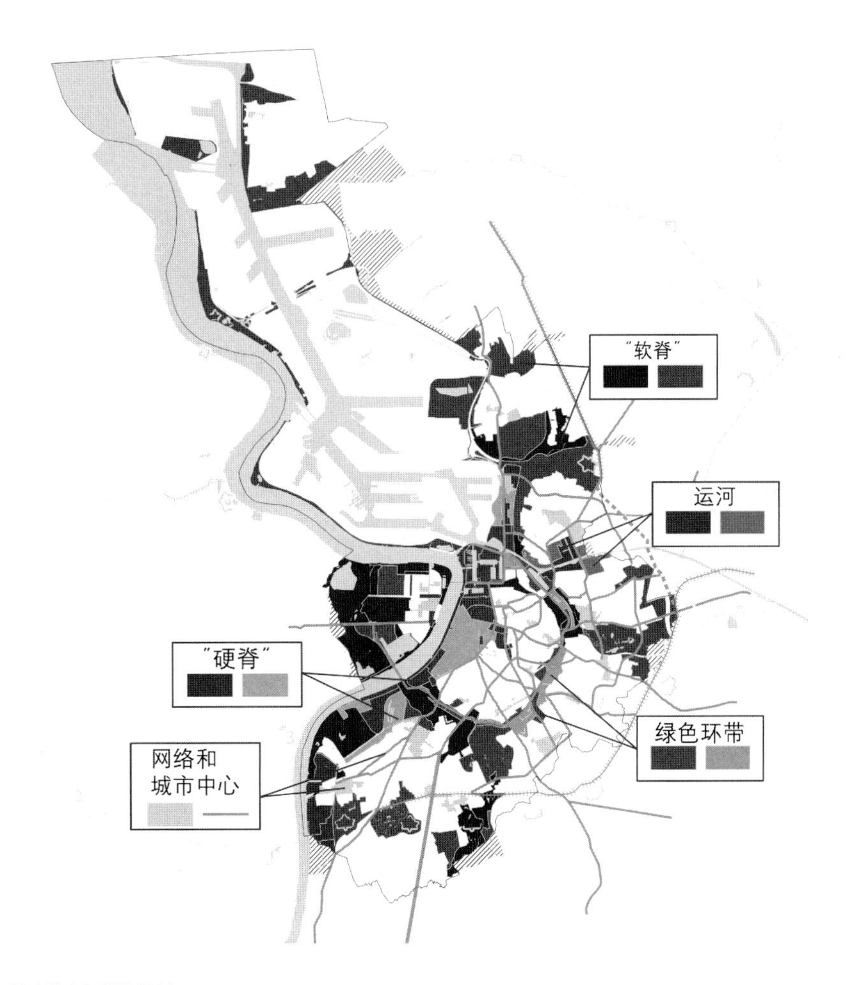

图1-19　战略性空间结构规划

思考工业和其他活动之间关系的运河，一条替代公路的绿色“城市林荫道”，最后是一个低等级的网络，由林荫道、街道、有轨电车道和小径组成，像海绵一样吸纳城市中的运动。该规划最终包括了可能的行动与项目清单以及实施战略。

这份战略性空间结构规划也改变了城市行动者对城市发展的投入和责任。2006年，城市重建部（Urban Renewal Department）进行了结构重组，以优先履行该规划，并任命了项目管理者、工程管理者和工程团队，对规划的实施负责。

1.4.4 安特卫普：在创意和知识上的创新

早在“创意城市”的概念家喻户晓之前，安特卫普已经由于许多极具创意特征的经济活动而拥有了显赫的声誉：这就是钻石工业和时尚设计。数个世纪以来，未经加工的钻石都是在安特卫普进行切割的，如今安特卫普已成为全世界钻石工业的领军中心。不久之前，一个家族企业开发出一种创新的切割技术。钻石区以其众多的商店吸引着全世界的商家和游客。安特卫普艺术学院也因为“安特卫普六君子”（Antwerp Six）而享有盛誉，该团体的6位设计师均于20世纪70年代毕业于该学院。他们为依赖于创意的新经济领域奠定了基础，并赢得了国际声誉。正如钻石工业一样，这一变革也影响了空间发展。围绕着时尚博物馆产生了一批与时尚相关的活动，促进了（旧）邻里的更新。

然而，安特卫普并不是那种躺在荣誉簿上睡大觉的城市，更准确地说，不是一个只看重已有活动的城市。为了维持世界领先的地位，安特卫普采取了积极的姿态，旨在尽力促进城市的创意经济。2007—2012年的联盟协议包括一份带有远景的政策计划和一份行动计划《安特卫普——在创意和知识方面的创新》。该市通过许多战略和行动来扶持创意经济：

（a）通过详细描述创意性来明确所有种类的已有和潜在的创新企业，并将它们集结成“创意俱乐部”；

（b）将这些企业与其他功能组织在一起，让它们有更高的曝光率和知名度；

（c）通过革新者、商人、知识中心、学校、大学和投资者之间的交流，以及网络事件、高端展览和会议的组织来促进产品的市场营销，为交流创造适宜的环境；

（d）鼓励和扶持创意经济方面的培训；

（e）通过一个设计、建筑与当代文化方面的国际“双年展”活动（如Experimenta Design）来推进国际化发展；

（f）开发一个化学方面的知识园区，这自然有赖于安特卫普的港口地位（欧洲排名第二，世界排名第五）；

（g）在市中心南部进行棕地再开发，将其作为工业园，实施具有生态效益和创新的物流活动；这将成为一个“蓝色门户”，强化“蓝色”生态创新型经济；

（h）为具有创新精神的新企业提供可负担的工作空间。

安特卫普意识到这一事实，即“空间”以及这一空间的品质对于吸引和发展创意与创新来说是重要的资产，有必要创造出不同类型的场所和各种工作空间。在需要更新的地区中，老建筑常常是非常便利和具有吸引力的。雅各布斯这样描述：“过时的观念有时需要利用新建筑，而新的理念有时需要利用旧建筑。”传统意义上的城市是人们聚集、发展想法并发展自身的场所。一个包容和愉悦的环境是激励这一进程的先决条件。

因此，创意经济、社会更新和城市发展必须同步实施。在这座城市中，有一些片区完美地符合“孵化器”类型的稠密城市环境特征，能够允许不同的城市功能发生互动。原港口区、火车站周边的邻里、具有古朴意味的19世纪城市带等都是不错的候选片区。该市的房地产公司（VESPA）和私营的房地产行业正在系统地寻找适宜的场所，提供给创意企业和新兴公司，这也能鼓励社会和空间更新。

最后一点，该市很重视重新设计公共空间和与公众相关的功能，尤其是它们的品质。这些空间就是许多非正式和正式交流发生的场所：街道、广场、咖啡馆、图书馆等，它们有助于形成对空间的积极感知，鼓励交流和互动。在这一政策计划中，城市规划被明确地视作安特卫普未来发展为创意中心的重要工具。

1.4.5 结语

安特卫普应对空间的方式在这些年发生了改变，主要表现在规划过程中的行动者以及规划过程实施的方式。

在行动者层面，安特卫普发挥的功能与其他城市无异：在这一过程中，越来越多的参与者被分配了不同的角色。这大部分是出于从“管理到治理”（government to governance）全球性演变的结果。

随着规划循环的进展，地方政府开始发挥越来越积极和直接的作用。20世纪80年代早期，地方政府以非正式的方式参与其中，如今的市议会则倾向于将自己定位为一个正式的指导性实体。而且尽管最初的关注点在于短期实施的一些小项目，而当今的重点——作为佛兰德地区和联邦当局颁布的强制实施法律和法令的结果——却关注于整合性的长期远景。2006年的战略性空间结构规划将这一远景写入法定文件。

这份规划表明，城市开发项目可以在这一空间框架下实施。现任和继任的地方政府必须证明它们会认真看待和尊重这一战略性空间框架。城市发展部的重组以及采取更具创意性和积极的措施，对于实施这一规划的目标来说是重要而必需的因素。现在该部门有三个任务：

（a）发展一个总体空间政策，创设行动框架（也是法律框架），同时考虑到社会的动态发展；

（b）为战略性结构规划所确定的战略地段发展出以片区为中心的战略性政策、计划和规划；

（c）最后一点，也是最重要的一点，即战略性项目的实施；针对这一任务，设立了一个特别法律机构，以出台和实施土地政策，并且拥有手段和权力来实施项目。

在这些不同的任务之内，尤其要关注的是一种特定的、非普遍性的、创意性的研究，即“通过设计来研究”（research by design）。实际上，这种研究“能够揭示另一种空间知识，并且有力量来整合不同的（部门的和片段的）方方面面”。

然而，城市更新得以实施的结构并不是这一问题的本质。问题的核心是一份清晰的远景，能够得到政界、居民和投资者的支持，并且明确城市中哪些地段想要完成这种更新。此外，给予城市更新机遇一些成功要素也很重要：强有力的推进、健康的决策机制、抓住创新的机遇、广泛性扶持的形成；所有行动者的参与、人员的灵活调度和专职专用；彼此达成一致的个体、清晰的责任划分；尤其还要拥有足够的、可供支配的财政资源。当然，重要的不仅仅是物质空间的更新。在物质的背后，还有必要转变和更新社会、经济和政治环境。物质性的战略项目有可能成为创造性的社会一空间变革的“催化剂”。

安特卫普已经为未来的城市更新做好准备：时机、环境和必要的承诺已经就绪，工具也已齐备。该市现在所必须做的一切，就是以具有创意的和积极的方式成功地继续前进，当然这并非轻而易举。

参考文献

[1] FLORIDA R. The Rise of the Creative Class. And How It's Transforming Works. Leisure and Everyday Life. New York: Basic Books, 2002.

[2] GATZ S, VAN ROUVEROY S, LEYSEN C. Stadsvlucht maakt vrij, Cultuur en/in de Stad (City Air makes Free, Culture and/in the City). DE BACKER M, STOUTHUYSEN P (eds.). Brussels: VUBPRESS, 2011.

[3] JACOBS J. Death and Life of Great American Cities. New York: Random House, 1961.

[4] LANDRY C. The Art of City Making. London: Earthscan, 2006.

[5] OOSTERLINCK S, VAN DEN BROECK J, ALBRECHTS L, et al. Strategic Spatial Projects, Catalysts for Change. London: Routledge, 2011.

[6] SECCHI B, VIGANO P. Antwerp, Territory of Modernity. Amsterdam: SUN, 2009.

[7] VAN DEN BROECK J. Spatial Design as Strategy for a Qualitative Social- Spatial Transformation // OOSTERLINCK S, VAN DEN BROECK J, ALBRECHTS L, et al. Strategic Spatial Projects, Catalysts for Change. London: Routledge, 2011.

[8] VAN DEN BROECK J. What Kind of Spatial Planning We Need? An approach based on visioning, action and co-production // KUNZMANN K R, SCHMID W, KOLL-SCHRETZENMAYR M, et al. China and Europe. London: Routledge, 2010.

[9] WILLEMS D, VAN DEN BROUCKE T. The Spatial Policy Quest in Antwerp: 1970 - 2006 // LA GRECA P, ALBRECHTS L, VAN DEN BROECK J, et al. Urban Trialogues, Co-productive way to relate visioning and strategic urban projects. ISOCARP Review 03. The Hague: ISOCARP, 2007.

1.5 马斯特里赫特 / Maastricht

从“创意城市”到“创意城市区”

菲利普·劳顿（Philip Lawton） 著

郭磊贤 译

Maastricht：From a “Creative City” to a “Creative City Region”

1.5.1 引言

马斯特里赫特位于荷兰最南端的林堡省，是一个人口不到12万人的边境小城市，立足于文化和创意要在城市和城市地区中承担重要角色这个不断发展的理念，马斯特里赫特努力寻求自我更新。这座城市的历史可以追溯到古罗马时代，直到12世纪以后才逐渐成为繁荣的商贸城镇。近代以来，尤其是从19世纪到20世纪晚期，马斯特里赫特始终处于钢铁、陶瓷、采煤等工业的核心地带。近年来，随着世界经济的变化，城市开始试图在区域、国家和全球尺度上重新定位自己，其主要内容是促使城市向知识经济转型，包括注重“文化”和“创意”的作用。

马斯特里赫特市域面积仅60平方公里，市政当局由民选议员和市长组成，每四年选举一次，但经济和城市政策却受到不同层级管理机构的影响。该市所在的林堡省在促进区域经济方面发挥着积极的作用。此外，它也处在欧盟制定的马斯-莱茵欧洲地区中，这一地区包括荷兰林堡省的南部、比利时的列日和哈瑟尔特以及德国的亚琛。目前该地区的头等要事是马斯特里赫特申办2018年欧洲文化之都的工作，申办口号是“通向2018（VIA2018）”。在构思竞标的过程中，各种符合文化和创意城市形象的元素被置于突出位置，包括文化的愉悦性、创意产业以及旧工业建筑的再利用，希望能以此彻底改变马斯特里赫特和周边地区的形象。

创立于1976年的马斯特里赫特大学也在城市演变的过程中扮演了重要角色。它的学生数量从建校之初的50余人增长到了2011年的14 500人，显示出它快速增长的城市影响力。大学的扩张在很大程度上受到新增课程（例如欧洲学学士学位）向国际学生大量开放的驱动，目前国际学生已占到学生总人数的40%以上，而城市也因此更加关注国际和世界性问题。

马斯特里赫特相对紧凑的城市形态，以及它蜿蜒的卵石街道和有着500多年历史的建筑有助于其“创意城市”形象的经营。然而，城市已经发生的变化使得它必须竭尽全力才能提升城市的创意形象，这包括在过去20年中为减少城市中心的机动车交通流量所付出的共同努力。作为一座相对孤立的小城市，减少机动车交通的焦点落脚在如何确保小汽车尽可能少地被见到，而非建设大尺度的公共交通基础设施。为此，城市在紧邻市中心的位置建造了四座大规模地下停车库，方便人们通往餐厅、酒吧和购物区。此外，城市还借鉴巴塞罗那滨水区的成功经验，对马斯河西岸的主干路进行上盖工程改造，提供出一片可用作户外餐饮的开放空间。目前仍在实施的A2高速公路改建工程也标志着人们开始逐步关注提高日常交通联系和消除交通阻碍等问题。随着高速公路隧道的建成和“2号林荫道”的开发，城市的东部地区将被打开并与城市其他地区再度联系起来，从而提升了人口密度较高的市中心的机动性。

虽然在某种程度上，马斯特里赫特城市形象的组成要素可以被认为是“创意城市”的某种象征，但是随着区域机制不断扮演日益重要的角色，现实情况要更加复杂。而且，新涌现的区域机制利用了传统意义上与“创意城市”相关的特殊参照和意象。创意产业工作者和相关组织对这一做法的推动则进一步表明“创意城市”的概念具有不断变化的特性。

1.5.2 “创意城市”中的城区开发

自20世纪80年代后期以来，马斯特里赫特出现了在“文化”、“文化规划”和“创意”等理念影响下的城市干预现象。陶瓷厂区是90年代以后城市从工业向后工业转型的最早标志之一，这片城区位于城市东南部，由Vesteda房地产公司（其前身是ABP住房基金）和马斯特里赫特市政府共同开发。[①]为了在新开发的城区中实现更高水平的多样性和混合功能，开发者十分明确地向“居住”和“工作”的概念中添加“文化”要素（Nai，2006），这可以从陶瓷厂区的规划设计和设施安排中看出来。作为对主导20世纪中期的郊区半独立住宅和“花园城市”的回应，陶瓷厂区的形态和平面为了顺应城市规划的“文化转向”，或者更确切地说追随以巴塞罗那为代表的“欧洲城市”思想，大量吸收了城市街区、广场和街道中的历史理念。虽然荷兰建筑师雅·柯伦（Jo Coenen）的总体规划提供了一个基本框架，但城区的适应性和多样性还是要通过各个部分的开发来实现。每个部分的设计方案由来自欧洲各国的建筑师完成，包括葡萄牙的阿尔瓦罗·西扎、瑞士的马里奥·博塔以及意大利的阿尔多·罗西。“欧洲城市”的理想更是因“塞维利亚庭院”、“意大利城堡”等项目名称而被强化。

陶瓷厂区包含若干文化设施，其中最著名的两处是之前提及的意大利建筑师阿尔多·罗西设计的博尼范登博物馆，以及坐落在位于新区和老城区之

① 胡博·施密特斯（Huub Smeets）先生是陶瓷厂区的城市开发执行官，目前也是马斯特里赫特申办2018年欧洲文化首都的执行官。

间的1992广场北侧的陶瓷厂区中心项目，后者包括图书馆、展览馆、新闻中心和咖啡馆等公共设施。城市开发重点的转移还表现在对旧工业区各个部分的整合和场地现状的保护上，不过陶器厂区中最为激动人心的地方遗产保护案例还是Wiebengahal厂房的改造。这是场地中一座纯正的20世纪初期工业建筑，因为最早使用了现浇混凝土而在1991年被正式列入工业遗址名录，目前由陶瓷厂区开发者Vesteda房地产公司以及2006年后迁入的马斯特里赫特荷兰建筑学研究院（NAIM）欧罗巴办公室共同使用。

为适应陶瓷厂区建筑的多元性，马斯特里赫特荷兰建筑学研究院从一开始就注重使建筑的使用方式能够反映出区域发展动态：

“马斯特里赫特荷兰建筑学研究院也是一座属于欧洲的研究机构，希望能将该建筑和街区奉献给跨越国界的建筑学。未来的物质形式不仅仅表现在建筑中，同时在更广泛的文化领域里，艺术、设计和其他媒体将在其中扮演日益重要的角色。”（Nai，2006：32）

马斯特里赫特荷兰建筑学研究院的建立意味着这样一个新理念的诞生，即艺术和设计将有助于重新确立马斯特里赫特在跨国界地区中的形象。

马斯特里赫特音乐和戏剧演出场所数量之多也说明了文化和创意理念对于这座城市的重要性。这些演出场所规模从可以容纳855名观众的弗莱特霍夫 (Vrijthof)剧院，到200座的德隆（Derlon）剧院，再到更小规模、只有47座的佩斯特斯（Pesthuys）剧场不等。此外，在尝试使历史建筑焕发新机的过程中，马斯特里赫特形成了另一个突出特点：对过去的宗教建筑进行改造，让曾经的修道院和教堂承担新的功能。例如一家叫做权杖酒店的“设计型酒店”就位于一处经过改造的15世纪修道院内，而林堡历史中心也曾经是一家方济各会修道院，另外还有由旧教堂改建而成的卢米埃艺术电影院。然而如果从核心地段和对公众的开放性角度来看的话，瑟莱克斯教堂书店也许是最佳案例。该书店位于马斯特里赫特市中心一座建于13世纪的教堂内。为了满足书店和咖啡馆的使用功能，建筑师迈尔克·吉罗德（Merkx Girod）在教堂中央置入了一个三层高的独立式自承重书架，实现了夺目的新装置和教堂历史建筑相互对比的美学效果。瑟莱克斯教堂书店可被视为历史遗产和消费两种体验的结合（Zukin，1991），人们可以在许多欧洲城市中观察到这种趋势。

2008年以来持续不断的金融危机对马斯特里赫特的物质形态产生了显著的影响，许多影响围绕着“空缺”问题，与如何利用那些曾经为开发预留的空房空地紧密相关，这或许并不令人惊讶。位于马斯特里赫特市中心西北的斯芬克斯工厂就是这一现象的代表。在2008年经济崩溃以前，这片地区计划建设职住两用、功能混合的中密度城市街区，并起名为“观景楼”。尽管其中一片叫做“脸盆”的小码头已经转型为餐厅和咖啡馆区，但经济下滑迫使人们必须重新思考这片地区的定位。于是在过去数年里，斯芬克斯旧厂区中启动了许多临时项目。虽然一些项目集中在一个设想能够作为通用空间使用的大型工业厂房“埃菲尔大楼”中，但其卓越之处还是那些被清理出来的开放空间。通过马斯特里赫特荷兰建筑学研究院欧罗巴办公室在2011年和2012年夏季的努力，这片地区被改造成名为“斯芬克斯公园”的公共空间。总的说来，斯芬克斯厂区的工作多少可以被视为当前马斯特里赫特所面对挑战的缩影。一方面，人们共同努力通过创意知识经济促进旧建筑的再利用；另一方面，当前的危机又引发了对如何以创意导向的方式利用空置建筑的再思考。

在斯芬克斯厂区边上，近年来还有一座叫细木工厂（Timmerfabriek）的后工业建筑被用于举办大型活动。其中最大的活动之一是名为“走出仓库”的展览。在2011年到2012年间，那里展出了北加莱海峡地区当代艺术区域基金会（FRAC）收藏的艺术品，包括安迪·沃霍尔、马克·渥林格和布鲁斯·瑙曼等艺术家的波普艺术、新现实主义和概念艺术。细木工厂区也是之前提到的卢米埃电影院未来的场址。马斯特里赫特市政府的目标是要让“脸盆”和细木工厂区的电影院成为未来“马斯特里赫特艺术区”的核心地区，同时也设想使这一地区能成为荷兰南方大学戏剧学院、音乐学院和美术学院等院系的互动场所。

1.5.3 马斯特里赫特申办欧洲文化首都：通向2018

目前，马斯特里赫特主要的转型行动都围绕2018年欧洲文化之都的申办工作而展开。从20世纪80年代初的雅典开始，欧洲文化之都就被视为“文化”在城市演变中重要作用的早期证明。这一计划的最初目标是以文化为纽带促进欧洲不同文化间的学习与互动，然而数十年过后，它已然成为一种激发多种城市发展要素的途径。格拉斯哥就是一个常被人引用的案例，它利用被选为1990年欧洲文化之都的机遇，把这一称号变为城市更新的工具。自此，人们便开始将欧洲文化之都用作吸引其他形式投资进而使城市获利的手段。

尽管申办工作的主要推动者是马斯特里赫特市政府，但同样也得到了来自比利时的列日、亨克、哈瑟尔特、德国的亚琛以及荷兰的斯塔德-格林、海尔伦等周边城市的支持。荷兰林堡省、比利时林堡省和比利时德语区也参与其中，可见申办工作充分利用了将马斯特里赫特提升为马斯-莱茵地区中心的期望。在该地区中，国界线逐渐失去了意义，跨境活动已是日常生活的一部分。最新的一份申办报告显示，流动性正日益成为区域生活的重要组成，年轻一代（生于1992年以后）对这一体验显得尤其坦然：“马斯特里赫特的这一代人乐于跨越边境进行学习、购物或是听音乐会。他们学习共同的语言，相互交流经验，追随同一种潮流。这些年轻人具有国际化的生活方式和流动性。”（VIA 2018：4）

如果从研究角度来看，那么追溯区域整合这一重要理想的源头就变得十分重要。在某种程度上，马斯特里赫特的申办工作清晰地体现了利用欧洲文化之都促进城市更新的意图。不过，申办工作还是想借助“软性”理念来撬动未来的投资，2012年3月的第一轮申办书就强调：

“马斯特里赫特与马斯-莱茵地区希望通过2018年欧洲文化之都重新激发人们对国际项目的热情。要做到这一点有很多方法，例如创造思考和行动的新文化、挖掘新行动的视角和愿景、探寻未来在城市和跨境地区共同生活的形式、发展艺术性和精神性的网络化联系，以及为语言和视觉要素创造跨境空间等。所有这些都是为了能够产生一座动态的文化实验室，使之成为明日欧洲的样板。”

为此，当地启动了许多项目来协助申办，通过不同的文化导向的活动促进区域交往，这也体现出不同城市的文化部门在申办工作中的核心地位。舞蹈演出“爱的记忆”就是其中的一个代表。这部舞蹈已经在全域各大乡村教堂中上演，希望能在区域层面上促进文化的发展。另一个正在实施的区域主题项目是“铁路计划”。考虑到构建景观联系的需要以及铁路作为未来机动方式的潜力，这一项目旨在促进人们重新思考废弃铁路线的意义，并在马斯-莱茵的不同地区之间建立新的联系。一个叫做Artgineering的组织正在为这一项目绘制图纸。

尽管重新树立区域形象的核心目标呼应了“软性”要素的概念，突出了文化理念，申办书中的隐含逻辑却以寻求更广泛的区域统一性为重点。以交通网络为例，申办书中写道：“城乡水平的提升将为每个人带来更好的生活质量，但在欧洲基金的支持下，人们对解决公共交通等弱点问题的需求也有了更多认识。”（VIA 2018，2012：94）此外，为了使人们注意到创意城市的形象，申办书也提出要推进后工业地区更新为创意和知识城区。凭借在陶瓷厂区开发项目和马斯特里赫特更大范围规划和开发计划中的工作，现任执行官胡博·施密特斯（Huub Smeets）先生的丰富经验在申办书里得到了突出。因此最早一版申办书的第5章涉及了很多已开发地区的案例，例如亨特的C-Mine创意园和前文提到的马斯特里赫特瑟莱克斯教堂书店，它们共同显示出马斯特里赫特正在向“创意城市”转型。同样，申办书也强调了斯芬克斯厂区等马斯特里赫特特定地区的再开发，以及创意和知识产业中心亚琛工业大学的扩建等项目。虽然申办书还处于撰写的早期阶段，但已勾画出了一个正在浮现的创意城市地区的理想轮廓，它利用并树立了与愈加高密开发的城市中心区显著相关的形象。

1.5.4 马斯-莱茵欧洲区域中创意产业的角色演变

在过去的数年中，创意产业已经成为林堡省和马斯特里赫特市日益重要的政策关注点。在林堡省层面，创意产业在2006年到2009年间增长了19个百分点，增加了43 000个就业岗位。尽管增长遍布整个创意产业，但媒体和娱乐业的增幅尤其显著，达到22%。此外，媒体和游戏业的规模从2003年的250家公司大幅增长到2005年的540家公司（Provincie Limburg，2010）。区域和城市层面都希望继续推动创意产业的增长。

官方对于区域的关注是通过申请欧洲文化之都来推动的，与此同时，在过去的数年里还出现了一些关于创意城市地区理想的提议。其中一个重要的例子是将马斯-莱茵地区重塑为“欧洲大都市区（Eutropolis）”。

尽管这个方案刻意突出了趣味性，“欧洲大都市区”一词还是成为在一个边界渐失的区域中增强网络化和互动水平的理想的核心要点。此外，虽然这个概念主要由那些创意产业工作者提出并为他们服务，但人们也希望利用这个想法进一步促进区域的未来一体化进程。创意产业工作者极大地推动了该地区在区域层面增进互动的理想，诠释了创意城市相关理念的灵活性。

“欧洲大都市区”一词是由马斯特里赫特的建筑师马克·莫尔提出的。它来源于将马斯-莱茵地区画成伦敦地铁图的想法，充分借用了伦敦大都市区的国际公认的符号力量。在地图上，伦敦的帕丁顿站变成了马斯特里赫特，银行/纪念碑站变成了亚琛，温布尔登站则变成了列日。这个想法试图使人们重新思考马斯-莱茵地区的意义：

“这就是‘欧洲大都市区’。你会发现，当你身在伦敦的时候你认为自己是在一座城市、一座大都市中，但在这里你却是在不同的城市里。这里有马斯特里赫特、列日、亚琛、海尔伦、斯塔德-格林、迪伦、哈瑟尔特，它们和伦敦有着相同的尺度。看着这幅地图，你也许会认为这里甚至比伦敦还要有意思。这里有人说德语，也有人说法语，有人吃华夫饼，也有人喜欢别的。这里还有许许多多的制度，这完全是一座欧洲的大都市区，而且这就是一座‘欧洲大都市区’。马斯特里赫特和其他周边城市想得到欧洲文化之都的称号，但我认为事情还远不止这些。这里绝对是欧洲的心脏，因此我才把它叫做‘欧洲大都市区’。”

“欧洲大都市”暗含的意义或是期望的影响是要表明，马斯-莱茵地区若能够拥有伦敦地铁那样易达的交通，就能变得更加一体。

“欧洲大都市区”一词吸引了大量的目光。例如在2012年年初，该地区创办了一份名为《欧洲大都市区》（*The Eutropolitan*）的报纸，它最为重要的目标在于宣扬“非已有城市（non-existing polis）”这一区域概念。“欧洲大都市区”的核心理念是要让人们认识到网络化的作用并思考区域的未来，就如范・特姆（Van Houtem，2012：4）所评论的：

“我坚信如果能够全面思考‘欧洲大都市区’的思想并利用欧洲大都市TEDx、创意世界论坛、设计师交流夜、哈瑟尔特TEDx、狂躁星期一、创意驱动、i_beta、跨境时尚和所有其他大大小小的活动的话，我们可以创造一个真正属于未来的乌托邦。”（Van Houtem，2012：4）

于是主办各类活动成为通过创意产业实现区域互动的关键要素。比如最近几年里在马斯-莱茵地区已经举办了两场TEDx展示会，一次是2010年在荷兰，另一次是2012年在哈瑟尔特。这些TEDx活动的重要目的之一是要产生区域性的影响，TED的广告语“思想值得传播”在这里更是变成了“思想让边界消失”。各种组织的汇聚、“欧洲大都市区”等思想的传播和TEDx等活动的推广，一起推动了以网络化和形象塑造为核心的区域理想的发展。在这里，对鲜亮有趣的符号与图标的使用在引导区域形象方面起到了主导作用。虽然在某种程度上区域很难被概念化，但推广与创意城市相关意象的做法似乎还是让这个地区变得更加团结和一体化。

与“非已有城市”相对应，另一个正在被推广的概念叫做“新都市或者非都市（New or Notropolis）”，它由艺术与文化组织Schunk在2012年3月到5月间提出。Schunk来自荷兰的海尔伦，旨在将各种形式的艺术活动与当前热点话题相结合。荷兰的海尔伦、德国的亚琛和比利时的哈瑟尔特这三个地方均围绕这一概念开展了活动，以促进相关区域议题的讨论。每场活动都邀请了建筑师、规划师等从业人员和相关领域的学者，以及来自创意产业的代表展开对话。除此以外，他们也参与运作为各种创意组织提供推介活动机会而举办的“信息市场”。“信息市场”中充满了不同类型的创意机构，例如来自荷兰斯塔德的一群名为Labforyou的建筑师们，他们尝试标记出活动的每一位参与者来自的地方，从而制作出能显示区域网络关系的地图。另一个创意机构是亚琛的Designmetropole，他们试图提升设计在区域中的角色，提出了关于跨境时尚的重要倡议，以此促进本地区的时装产业发展。

“新都市或者非都市”等核心活动的议题都与不同创意产业间的网络化联系有关，而网络化需要一些人在不同个人和组织间承担多重任务。例如提出“欧洲大都市区”思想的建筑师Mauer也是荷兰欧洲设计行业平台（DDDE）的重要活动者。DDDE的目标是帮助那些创意产业工作者在荷兰以外的国家拓展市场。之前提到的来自亚琛的Designmetropole也在《欧洲大都市区》报中强调，这样一些网络化导向的计划具有重要的市场引导功能：“能够使当地人、产业界和政界意识到区域中有着强大的、不可忽视的艺术和设计潜力。”（Designmetropole Aachen，2012:45）尽管该地区采取了“软性”方法，但幕后推手仍然是推动政府之间的高水平互动交往的强烈愿望，以及促进设计业增长的隐含目标。

1.5.5 结论

在过去数十年中，马斯特里赫特从工业城市转变为后工业城市，日益重视文化和创意理念。在这个全球化的世界里，城市和城市地区的内部联系对于吸引和留住人才的方式有着重要影响，尤其在创意和知识经济领域中更是如此（Evans et al., 2011）。欧洲文化之都的申办工作显然是要在区域层面实现这样的理想。

近年来，人们越来越关注马斯特里赫特所在的更大的城市地区在宣扬与“创意”相关的理念上所扮演的角色。这种思维方式集中了各种有关“创意城市”的理想，但违背了与这一概念常常相关联的紧凑型城市形态理念。因此，马斯-莱茵地区若要在一段时间内为实现更广泛的互动而努力的话，就必须就一些问题开展对话，并且必须战略性地思考在更加核心且充满活力的地区中提高就业与改善居所的意义（Lawton et al.，即将发表）。

另外，该地区在更加基础的层面上似乎潜藏着危险，对创意产业的重视在当前的环境之下看似是一种“权宜之计”，但实际上可能无法带来预期的效果。例如斯芬克斯公园等一些自下而上的土地再利用现象，则显示了其他形式的创意在应对当前危机中的作用。这些行动暂时填补了经济衰退带来的空白，指明了其中的许多关键因素。一方面，它们有助于重新思考土地和建成环境的未来潜在用途；另一方面，它们也暗示出了该地区目前面临的基本问题。因此，马斯特里赫特也许已经具备了能使人联想起创意理念的城市形象，同时它也说明了当前时期对城市和城市地区的作用进行新的思考是如何迫切而又必要。

参考文献

[1] DESIGNMETROPOLE AACHEN. Design-Metropole Aachen, in Eutropolitan. HERMANS M (Ed). Neimed Publications, 2012: 44-45.

[2] EVANS G L. Cultural Planning: An Urban Renaissance? London: Routledge, 2001.

[3] EVANS G L. Creative Cities, Creative Spaces and Urban Policy. Urban Studies, 2009, 46 (5&6) : 1003–1040.

[4] EVANS G, DE WILDE R, PETERS P F, et al. VIA2018: Maastricht as Knowledge and Learning Region. Report for the VIA2018 project office in preparation for the bid book Maastricht European Capital of Culture 2018, 2011a.

[5] EVANS G, PETERS P F, VAN DEN BOOGARD P. Via 2018 – Knowledge, Learning & Creative Region, Memo for the VIA2018 project office in preparation for the bid book Maastricht European Capital of Culture 2018, 2011b: 23.

[6] EVANS G, Maastricht: From Treaty Town to European Capital of Culture, in Carl Grodach and Daniel Silver, The Politics of Urban Culture. Routledge, forthcoming.

[7] FLORIDA R. The Rise of The Creative Class And How It's Transforming Work, Leisure, Community And Everyday Life. New York: Basic Books, 2002.

[8] FLORIDA R. Cities and the Creative Class. London: Routledge, 2005.

[9] KUNZMANN K. Culture, Creativity and Spatial Planning. Town Planning Review, 2004, 75 (4) : 383-404.

[10] LAWTON P, MURPHY M, REDMOND D. “Residential Preferences of the Creative Class?” Accepted for publication, Cities, March, 2012, forthcoming.

[11] LAWTON P, MURPHY M, KEDMOND D. The Role of “Creative Class” Ideas in Urban and Economic Policy Formation: the Case of Dublin, Ireland. International Journal of Knowledge-Based Development, 2010, Volume 1, No. 4: 267-286.

[12] MUSTERD S, MURIE A. Making Competitive Cities. Wiley-Blackwell, Chichester, 2010.

[13] NAI. Een Industrieel Monument als Cultureel Laboratorium/An Industrial Monument as A Cultural Laboratory: Wiebengahal Maastricht, NAi, Rotterdam, 2010.

[14] OAKLEY K. The Disappearing Arts: Creativity and Innovation after the Creative Industries. International Journal of Cultural Policy, 2009, 15 (4) : 403-413.

[15] PECK J. Struggling with the Creative Class. International Journal of Urban and Regional Research, 2005, 29 (4): 740-770.

[16] PECK J, THEODORE N. Mobilizing Policy: Models, methods, and mutations. Geoforum, 2010, 41 (2) :169-174.
[17] PLOEG T. Eutropolis as Identity Shaper: (Real) Identity is Always Local, in The Eutropolitan, HERMANS M (Ed). Neimed Publications, 2012: 20-21.
[18] PROVINCIE LIMBURG. De Economische Waarde van de Cultursector in de Provincie Limburg en de Buuregio's. Maastricht: Provincie Limburg, 2008.
[19] SCOTT A. Entrepreneurship, Innovation and Industrial Development: Geography and the Creative Field Revisited. Small Business Economics, 2006, 26: 1-24.
[20] SUNLEY P, PINCH S, REIMER S, et al. Innovation in a Creative Production System: the case of design. Journal of Economic Geography, 2008, 8, (5): 675-698.
[21] VAN HOUTEM E. Utopia Is in Our Blood, in Eutropolitan. HERMANS M (ed.). Neimed Publications, 2012: 4.
[22] VAN HEUR B, PETERS P. VIA2018. University: Emancipatory Practices, Regional Strategies, and a Research Program. Maastricht: Maastricht University.

1.6 苏黎世 / Zurich

从保守的银行总部到时尚创意之都

卡萨瑞娜·佩尔卡（Katharian Pelka）、玛蒂娜·考-施耐森玛雅（Martina Koll-Schretzenmayr）著
周勇 译

Zurich: From Conservative Bank Headquarter to Creative Metropolis

1.6.1 凤凰涅槃：苏黎世在浴火中重生

在33年前的那个夏天，苏黎世经历了一场变革之火的历练。1980年5月30日晚，在鲍勃·马利（Bob Marley）在苏黎世歌剧院的演唱会结束后，剧院门口已聚集了数百名激进主义青年，抗议政府拨给该歌剧院的一笔高达6100万瑞士法郎的专项津贴。示威活动一直持续到第二天，这些年轻人还要求政府出资筹建真正属于他们自己的艺术中心——一个具有包容性的艺术交流场所——不仅可以承载那些长久以来统治着歌剧院和音乐厅等大雅之堂的主流艺术形式，更重要的是，也要为那些不起眼的非主流文化提供生存空间。抗议者最终将矛头指向了一个残酷的现实，即在这座城市中，总会有数以百万计的投资划给“主流艺术”，而那些“非主流艺术”却罕有人问津。

1980年5月30日的这场抗议活动最终升级为一场激进青年与警方的暴力冲突，这就是历史上有名的“歌剧院骚乱事件”。最终，市政府作出妥协，答应将位于火车总站旁的一座废弃的厂房改建成青年文化中心，并由年轻人自己管理；但遗憾的是，两年之后，这座艺术中心再次被政府关闭并最终难逃被拆除的厄运。至于原因，市政府将其归咎为艺术中心内屡禁不止的毒品交易现象——部分艺术家行为不检点，把艺术中心变成藏污纳垢的毒品中心。类似的例子还有“红厂”艺术区（一个曾经的工业区，1974年的一场民权运动迫使政府将它改建成文化中心），艺术家们在那里建立自己的工作室，并组织了不计其数的艺术展演活动，后来由于种种原因，还是被市政府关闭并收回管理。1980年10月，“红厂”再次被政府批准临时作为文化中心

向公众开放；7年之后，它最终正式成为多元化的艺术中心，并得到了官方的资金支持。

“歌剧院骚乱事件”从根本上撼动了苏黎世清教徒式的传统文化价值观。这一非同寻常的事件后来被拍成纪实电影《燃烧苏黎世》，它将人们对于艺术和文化的传统取向引入了一个全新的时期。正是得益于此，苏黎世早在20世纪初就发展成为一个繁荣的艺术之都。在第一和第二次世界大战期间，大批文化名流为了躲避战争浩劫，纷纷选择苏黎世作为避难所。他们无一例外地在这座城市留下了自己的印记，并在其后相当长的一段时间不断影响着苏黎世的文化氛围。纵览20世纪，人们也会发现一长串旅居苏黎世的文学家和艺术家，其中包括托马斯·曼（Thomas Mann）、贝托尔特·布莱希特（Bertolt Brecht）、詹姆斯·乔伊斯（James Joyce）、桑顿·怀尔德（Thornton Wilder）、赫尔曼·黑塞（Hermann Hesse）、荣格（C. G. Jung）、格奥尔格·毕希纳（Georg Büchner）、高特弗里德·凯勒（Gottfried Keller）、马克斯·弗里希（Max Frisch） 和马克斯·比尔（Max Bill）等。在老城中的伏尔泰咖啡馆（Cafe Voltaire），1916年前后诞生了文学艺术方面的著名思潮——达达主义。从20世纪60年代开始，苏黎世拥有的艺术画廊数量甚至一度超过了巴黎和纽约（Billeter, 2005: 91）。然而，苏黎世的传统文化格局丝毫没有受到1968年前后出现的一系列颇具影响的艺术思潮的冲击，仍然执着地坚守着保守主义艺术取向——这部分是由苏黎世在金融市场中的传统地位，以及由此产生的固有的城市形象所造成的。传统的经典艺术备受青睐和追捧，而新兴的现代艺术却无人问津，更不会得到长期稳定的资金支持（Billeter, 2005: 90）。此外，各大银行也左右了每年的艺术展览计划和艺术品交易市场的走向（Billeter, 2005: 90）。在市政府的文化政策中，歌剧院、演艺剧院、音乐厅和艺术博物馆这四大文化机构受到优先扶植（Stadt Zürich Präsidialdepartement, 2007:19）（图1-20），它们无一例外都是在19世纪末、20世纪初出现的。来自官方的投资流向了那些成气候的，更确切地说，应该是经典艺术领域——因为人们普遍认为，文化从某种程度上是为城市的精英阶层服务的——而正是这种狭隘的想法曾试图抹杀“歌剧院骚乱事件”对城市的影响。苏黎世——一个重要的国际金融及保险机构所在地，已经远不再是一个单纯的金融中心了，现在的它是一个引领国际潮流的时尚之都——传统经典与前沿思潮在这里相互碰撞与交融：这座城市拥有享誉欧洲的顶级博物馆，歌剧院里上演着首屈一指的德语剧目；频繁举办的音乐会和戏剧演出丰富了公众的文化生活，名目繁多的文化休闲项目和公共活动（如街道巡游、长街庆典、“卡林特节”和“苏黎世节”），为苏黎世和瑞士塑造了积极正面的国际形象。

在“歌剧院骚乱事件”过去32年后的今天，在提升苏黎世的国际知名度方面，它应当算做是一个具有积极推动作用的因素。一个广泛扶持、保护创意产业①的环境在苏黎世逐渐形成，创意型产业不仅仅是城市经济增长的一个有力支撑点，还使苏黎世完成了一个华丽的转身——从之前保守沉闷的金融中心转变成一个国际时尚城市，从而吸引了大批海外人才到这里创业。20世纪80年代末和90年代初

① 指出版发行、音像制作、艺术创作、建筑设计、广告宣传、信息及多媒体等具备创见能力的产业为代表的经济力量。

图1-20 苏黎世市区内部分文化与创意场馆分布图

政府推行的限制工业化政策的过程中，出现了大量闲置的工业厂区，然而由于种种原因（其中也包含不合理的政策导向因素），那些空荡荡的工业建筑始终不能完全被地方消化吸纳，由此出现了大量的废弃和闲置现象，而那些热衷于非主流文化的艺术家们正是抓住了这一机遇，利用这些废旧厂房，作为他们工作生活以及交流思想的场所。这些厂房多临近城市中心，且设施便利、房租相对低廉，这些有利因素使艺术家们更专心于艺术创作而不必为生计发愁，从而使他们的创意产品迅速占领市场，并发展成为一股新兴的经济力量，最终催生了上述苏黎世的蜕变过程。

在城市间的国际竞争中，创意经济所发挥的决胜作用不断增强，苏黎世城市建设、经济发展的策略与方针也逐渐明晰：大力扶植创意产业的发展。

1.6.2 激活创意空间

"歌剧院骚乱事件"引发了非主流文化在苏黎世的繁荣发展，20世纪80年代初，大量新兴的文化形式很快为公众所接受，并在短时间内拥有了庞大的"粉丝团"。艺术和文化环境的形成大概分为三个平行发展的过程：文化政策的转变、餐饮服务业的自由化以及限制工业化。

（1）文化政策的转变

1980年的青年运动使城市管理层不得不承认，除了主流的艺术之外，众多非主流艺术同样需要人们的关注及扶植。从前只扶植经典艺术形式的观念应当转变，因为艺术发展多元化的趋势是不可逆转的。为了保护艺术形式的多样性，一方面要继续支持现有的艺术研究机构，同时也要扶植新生力量。就这一点而言，对于文化领域的投资应理解为“对于传统和新兴艺术的经济支持”（Stadt Zürich Präsidialdepartement, 2007：19）。

（2）餐饮服务业的自由化

作为餐饮服务业的自由化改革的重要举措，1997年苏黎世废除了“必需品供给制”，餐饮服务企业的数量随之成倍增长，而在这之前城市中餐饮服务企业的数量是处于政府的严格控制之下的。为了满足人们不断增长的社交需求，休闲娱乐、特色餐饮、消费购物等商业设施逐渐兴起，夜生活成为时尚，越来越多的人在城市的广场、街道等公共空间享受闲暇时光。

（3）限制工业化

文化生活兴旺的同时，政府也在逐步推进限制工业化的各项政策。今天，苏黎世更多的被视作为金融中心，然而很少有人知道，历史上的苏黎世也曾是一座实力雄厚的工业基地。在20世纪80年代的10年间，近四分之一的产业工人失去了他们的工作。迫于政策的压力，许多工业企业不得不裁员，搬离原有的厂区，向城市边缘甚至是国外转移，这种现象在城市的工业西区和北部的奥立康（Oerlikon）工业区尤为明显。产业结构的调整导致失业率激增，百姓的生活成本越来越高，政府税收额显著下降（Wehrli-Schindler, 2006: 10)；此外，20世纪90年代初酒店服务业的畸形膨胀和毒品交易活动的日益猖獗，使相当数量的人选择了离开。

尽管苏黎世在这些年的城市发展中遇到了这样和那样棘手的问题，政府还是坚定地执行工业产业结构调整的各项措施，同时收紧基础服务设施与住宅的新建项目数量。直到1996年6月，情况才发生了改变，州政府颁布了一项城市建设和区域规划草案，允许在工业区引入基础服务功能。与此同时，“城市论坛”——一种新兴的城市发展管理模式——逐渐为人们所接受，因为它能够摆脱烦琐的官僚程序，更直接有效地解决城市发展中的诸多问题。

政府首先在城市北部的奥立康工业区内的几个闲置地块开发了住宅项目，而在西工业区，由于与土地所有者存在分歧，开发建设计划被暂时搁置了，然而，可以预见的是，像奥立康工业区那样大规模的开发建设迟早会在这里重现。对于苏黎世来说，尊重文化、崇尚创意的大环境赋予了城市空间功能的多样性和使用的灵活性。那些工业时代遗留下来的庞然大物不仅可以作为创意产业的工作场所，其高大的室内空间，灵活的平面布局，很好地满足了艺术品的展示陈列所需的空间尺度及环境氛围。工业区中一座20世纪90年代中期投入使用的多功能影剧院就是这方面的范例，这幢旧工业建筑在改造后重新焕发了活力，吸引了大量的观众。在那些原本空荡荡的厂房里，陆续出现了艺术工作室、画廊以及小型剧院；有趣的创意项目、迷人的艺术会所、沧桑的工业建筑，以及韵味十足的Loft住宅等等的一切，都吸引着城市的年轻一族，塑造了该区域的崭新形象。

在业内人士看来，工业西区已经成为城市中非主流文化群体的聚集地，在这里，没有政府庞大的资金支持和统一开发建设，仅仅依靠土地所有者同每个企业或艺术家本人之间签订的私人契约，一个个项目也能顺利实施，这正是该区域特色鲜明的主要原因。

多功能影院建成后，周边随之开设了众多的餐厅、酒吧和夜总会，名目繁多的主题派对使奥立康名声大振，成为整个城市乃至周边地区休闲娱乐的好去处。2000年，同样是对旧工业建筑的改造利用，苏黎世剧院的扩建工程——“船坞”（Schiffbau）正式对公众开放，投入使用的还有一个具有复古风格的爵士乐酒吧（Jazzlokal Moods），大量的访客纷至沓来（Wehrli-Schindler, 2006: 10）（图1-21）。

随着经济的发展，中心区闲置的办公空间越来越少，在一定程度上促进了城市西区的基础建设。然而，那些富有创意的旧建筑改造项目，显然无法在政府主导的大规模开发建设中生存；尽管这样，旧建筑改造项目在工业区内不断涌现，举例来说，越来越多的画廊、艺术工作室（最初是临时的）通过这种方式在狮牌啤酒厂区内安家落户，使苏黎世在现代艺术界的知名度迅速提升。

综上所述，对于工业西区，在政策上长期抑制其发展的阶段，崇尚文化和创意的大环境氛围为其带来了生机，并顺利完成了从城市孤岛到城市有机体的蜕变。西区的发展也影响了整个城市，苏黎世的文化环境变得更加开放、包容，这也是瑞士的传统意识形态与全球文化影响和挑战之间的交流和融合的结果（Koll-Schretzenmayr et al., 2008: 57）。

1.6.3 **文化创意产业——一个新兴的经济力量**

在苏黎世，文化创意产业发挥着不可低估的经济作用，已不能以收益率和销售额等数据简单地衡量了。这一产业不仅提供了数量可观的全职和半职的工作位置，还带动了相关产业的发展；更重要的是，它重塑了苏黎世的城市形象，使其在

图1-21　苏黎世西部用原工业厂房改造的新剧院——“船坞”工程

与其他城市的国际竞争中保持优势；此外，积极的城市形象和丰富的文化生活，也促成了旅游及房地产市场的火爆。

在过去的数十年中，苏黎世逐渐成为全球创意产业发展的重要策源地之一。这是诸多因素共同作用的结果：多样包容的文化环境、潜力无限的创新团队、地方经济（金融机构）的蓬勃发展，以及城市高收入阶层对文化艺术和基础服务产业的诉求。

正如《苏黎世创意产业研究报告（第二版）》所指出的那样，文化和创意企业为苏黎世带来了可观的经济收益。2005年，创意企业共计4800个，提供了29 100个工作岗位，其中包括24 800个全职岗位；营业额近92亿瑞士法郎，利润约为29亿瑞士法郎（Söndermann/Weckerle, 2008: 29），这一切都是与其独立的市场运作密不可分的。与苏黎世支柱产业——金融业相比，创意产业显然已经具备了与之抗衡的实力与地位：在整个苏黎世州，前者提供了43 500到50 800个就业岗位，而从事创意产业的人数竟达到了45 000人（Söndermann/Weckerle, 2008: 3）。

1.6.4 支持创意产业发展的公共政策

1997年以来，苏黎世的常住人口一直保持着增长趋势，究其原因有三个方面：整个瑞士人口规模增长的大趋势，苏黎世强大的城市吸引力，以及新一轮的城市化运动。人口的持续增长直接影响了房地产市场，空闲的办公空间和住宅越来越少，这对创意产业（也包括其他产业）来说，是一个不可忽视的问题（Statistik Zürich, 2009; Friedrich, 2004: 86）。与金融和保险业相比，创意企业的商业利润变得越来越小，因为在过去几年中，能够租到经济上可以负担的工作与居住场所已经不再是一件容易的事情了。在内城新一轮的建设大潮中，寸土寸金的中心地段往往要承受超高的开发强度，那些原本可供小企业使用的犄角旮旯大多难逃被推平的厄运。通过不同的方式，创意产业曾使城市的多个区域重新焕发生机，而如今——在经济繁荣时期——城市的发展却迫使人们流离失所。目前的形势是否会朝着有利于创意产业的方向改变，还无法预料。

类似的情况在苏黎世从未出现过，因此，对于那些20世纪90年代中期就被创意企业改造，并一直使用的空间所面临的生存危机，一开始政府的态度有些暧昧。这是因为，对于创意产业在经济结构性变革过程中所扮演的角色，人们的认识是逐步清晰的：全球经济一体化意味着更多的国际性分工与协作机会，从前国家之间的竞争已经演变成城市之间经济地位、综合实力的博弈（Dangschat, 2004: 615；Läpple, 2003: 67）；在欧洲企业从工业制造型向科技服务型转变的过程中，其经济驱动力和从业者的知识结构也在做出相应的调整；国际竞争中，专业知识、创新能力以及相关的科技软实力对于企业、城市乃至地区来说，都是至关重要的（MWME NRW, 2007: Artikel 1）。2005年发布的首份《苏黎世创意产业研究报告》中将其定义为一种独立的经济形态，而之前业界在这一问题上存在较大的分歧。

苏黎世市政委员会编制了城市2025年的发展纲要，规划了未来城市发展的目标和方向。基于以往的经验和教训，苏黎世将发展创意产业确定为整个纲要的核心内容，其地位不言自明：作为一个潜力无限的朝阳产业，必将得到政府的大力支持（Stadtrat Zürich, 2007: 7-12）。

此外，纲要明确地规定了享受政策优惠的对象——政府和民间的创意企业，以促进其向高层次和多样性方向发展，成为经济发展的原动力；支持专业教育培训机构的发展，加强与企业间的横向联系，培养实用型人才；城市应提供创意产业的生存空间，并加强产业内部的联系交流（vgl. Stadtrat Zürich, 2007: 9）。现阶段的发展原则和示范项目包括以下四个方面：

（a）通过政府的资金支持，实现创意产业规模化、集成化发展；

（b）提供媒介平台，促进创意产业的商业化运作；

（c）保护工业西区中狮牌啤酒厂区内的画廊、博物馆和艺术工作室（图1-22）；

（d）规划建设莱腾（Letten）火车站及啤酒厂区，供文化和创意企业团体使用（Stadtrat Zürich, 2007: 9）。

在城市不同的发展阶段中，纲要分别对上述四个方面进行了详细的阐述和界定。

从2006年开始，苏黎世政府主动出击，谋求其战略合作伙伴——特别是各大金融财团——的帮助，并达成多项协议，落实了政策性资金的来源（Stadt Zürich Stadtentwicklung, 2007: 6）。同时，政府还开通了“创新苏黎世”（Creative Zürich Initiative）和“创意星期三”（Creative Wednesday）两个网站，创意企业可以在这里向外界展示自己的产品和理念；网站还提供本地各类

图1-22　狮牌啤酒厂被改造成当代艺术场馆

创意项目的信息，即时的文化交流活动安排及相应的网址链接（参见 “Creative Zurich” 的网页）；总之，网站的启动为创意产业搭建了一个交流平台。今后，为了更好地发挥其媒介作用，最好能允许企业在上面设置自己的个性空间（Interview Wirtschaftsförderung, März, 2010）。“创意星期三”是业内人士的专属论坛，从2006年年底开始，网站每3个月举办一次专题研讨会，大家有机会就彼此关注的焦点问题直抒己见，加强了业内的交流与联系（参见 Webseite “Creative Zurich”）。这些活动规模有限，相信通过专业的包装与宣传，将来应该会有更多的人参与进来（Interview Wirtschaftsförderung, März, 2010）。位于狮牌啤酒厂区内的博物馆、画廊和工作室，曾一度被既定的开发项目所危及，通过政府的积极运作和协调，这些艺术空间最终得以保留，也保住了苏黎世在国际艺术品交易行业多年经营所赢得的威望与地位。而对于莱腾火车站的娱乐休闲区，按照公众的意愿，应提供给创意产业更多的发展空间，相应的规划方案还处于概念阶段，需要进行反复的研究论证（Stadt Zürich Stadtentwicklung, 2007: 6）。

除了上面提到的，还有更多未提及的政策措施发挥着积极的作用。其中包括“建立发展科研机构”，“规划保护工业区的可持续发展”，“强化城市品牌效应，承办国际会展活动，吸纳更多的观光客”等。此外，激发城市活力的各种途径，保护城市工业和商业活动场所，加快高校科研成果向生产力的转化等等，都是有益于创意产业经济发展的积极举措。

1.6.5 **创新环境的不断变化影响着城市的发展**

由于其自身有限的经济实力，迫使创意企业不断寻找城市中的“闲置空间”作为它们的办公场所，而这些被重新定义的空间所具备的文化价值与发展潜力又吸引着那些财大气粗的租用者和投资客的目光，往往又使他们所在的地块面临“被更新”的命运。上述创意产业所触发的“城市精英化”现象，在新一轮的城市更新运动中抬高了地块的区位价值与地产开发价值。从这个角度看来，创意产业几乎是自己把自己挤出了当初作为开拓者发现并赖以生存的城市空间。就这样，它们不停地在城市中迁徙，一次又一次地开辟新的“占领地”（Heider 2007, 2010）。苏黎世南部的宾茨（Binz）——一个与城区通过轨道交通联系方便的区域，就是这样的一个例子（图1-23）。在过去的几年中，通过其自身或与相关领域联合发展，创意产业推动了该地区商业地产的发展，提升了宾茨的区位价值。其中的一座废旧的工业仓库——“超级油轮”（图1-24），经过现代建筑技术的改造和更新，同时被20家创意企业——包括时尚创意、建筑设计和广告制作等企业——租用（Fischer Liegenschaften, 2008: 2）。然而，从20世纪80年代开始，亚文化人群和青年艺术家为他们的生存空间所进行的抗争一直延续至今，为了解决城市急速发展过程中的住房短缺和闲置空间消亡等问题，工业区一直以来都是创意产业青睐的聚集地。在新的建设项目开始之前，这些工业建筑应当暂时保留，并允许其作为工作场所、创作空间、生产作坊继续使用（参见网页 Binz bleibt Binz）。废旧建筑改造项目——“基地”也是利用新项目开工之前的时间差实施的。“基地”是一个可移动的集装箱聚落，通过与土地所有者的协商，改造工程得以最终实施。从2009年到2011年，它为近200位青年艺术家和文化人提供了廉价的工作生活空间，并为形形色色的专业展览和研讨会议提供了活动场地（Webseite

图1-23　宾茨项目

图1-24　“超级油轮”

Basislager; Angst et al., 2010）。可以看出，创意产业在城市中寻找其落脚地的过程中所面临的问题依然严峻，需要继续发挥其“创新”的特点，在城市中开发新的属地。

1.6.6 创意性的城市发展政策：来自政府的支持

政府应帮助创意企业、团体甚至个人寻找合适的处所，以使其持续、健康发展。由于创意企业对于区位的选择有着特别的偏好，如喜欢扎堆以便于交流和相互间的灵感启发，这就要求政府必须掌握相关的专业知识，了解技术细节问题，才有可能建立正确、合理的产业网络分布。因此对于特定的空间，首先应进行不间断地使用状况调查，观察人们在其中的各种需求以及由此做出的行为反应，为政府提供准确、客观的决策依据。同时，政府在推进城市更新项目时一定要保持与创意产业的密切联系，认真听取他们的意见和建议。在项目运作中，政府应积极充当中介者的角色，加强创意产业内各个企业团体以及个人间的联系沟通、主流文化与非主流文化间的联系沟通、专业机构和老百姓间的联系沟通，以及创意产业和其他产业（如金融服务业）间的联系沟通。

从苏黎世的例子可以看出，围绕着城市创意产业的生存空间所产生的矛盾与冲突，是一个政府与公众之间的交流互动和协同合作的过程。也只有这样，对于创意产业的政策倾斜，如保护其生存环境，鼓励旧建筑的改造利用等等才有可能真正发挥作用。

苏黎世西工业区和宾茨区的发展都证明了创意产业强大的策动力，因此政府不能过分沉溺于细枝末节，而应在核心问题上——支持和维护产业内部的交流与合作——发挥其职能优势。

思考未来苏黎世的发展趋势，是时尚城市还是金融之都，还有待时间证明。过去的30年中，这座城市发生了翻天覆地的变化。只有当人们理解了那些支持创意产业发展的政策的积极意义时，他们才会作出正确的选择：是在城市中为创意产业保留一席之地，还是修建更多高大、气派的“中央商务区”，将他们赶出城市?

参考文献

[1] ANGST M, PHILIPP K, MICHAELIS T, et al. Zone imaginaire. Zwischennutzungen in Industriearealen. Zürich: 2010.

[2] BILLETER F. Der Aufbruch. Die Kunst der Siebzigerjahre in Zürich. In: NÜESCH S, et al. 2005: 89-104.

[3] DANGSCHAT J. Creative Capital– Selbstorganisation zwischen. zivilgesellschaftlichen Erfindungen und der Instrumentalisierung als Standortfaktor. In: REHBERG, 2004: 615–632.

[4] FISCHER L (Hg.). BL23: Supertanker. Zürich, 2008.

[5] FREY O, KOCH F (Hg.). Die Zukunft der Europäischen Stadt. Stadtpolitik, Stadtplanung und Stadtgesellschaft im Wandel. 1. Aufl. Wiesbaden: VS Verlag für Sozialwissenschaften, 2010.

[6] FRIEDRICH S. Stadtumbau Wohnen. Ursachen und methodische Grundlagen für die Stadtentwicklung mit Fallstudien zu Wohngebieten in Zürich. Band 1 der Schriftenreihe des Netzwerkes Stadt und Landschaft NSL der ETH Zürich. Zürich: Vdf, 2004.

[7] GESTRING N, GLASAUER H, HANNEMANN C, et al (Hg.). Jahrbuch StadtRegion, 2003. Opladen: Leske & Budrich.

[8] HEIDER K. Der Einfluss der Kreativwirtschaft in Zürich auf die Entwicklung von Stadtquartieren. Dortmund: 651260, 2007.

[9] HEIDER K. Kreativwirtschaft und Quartiersentwicklung: Strategische Ansätze zur Entwicklung kreativer Räume in der Stadt. In: FREY O, KOCH F, 2010: 136–152.

[10] KOLL-SCHRETZENMAYR M, KUNZMANN K R, HEIDER K. Die Stadt der Kreativen. Was Stadtplanerinnen und Stadtplaner schon immer über das Leben und Arbeiten der kreativen Klasse im urbanen Milieu wissen sollten. In: disP, Jg. 2008, H. 175: 57–72.
[11] LÄPPLE D. Thesen zu einer Renaissance der Stadt in der Wissensgesellschaft. In: Gestring et al. 2003: 61-78.
[12] MWME NRW (Ministerium für Wirtschaft, Mittelstand und Energie des Landes NRW) (Hrsg.) Essener Erklärung II -10 Leitsätze zur Kulturwirtschaft. Düsseldorf: Selbstverlag, 2007.
[13] NÜESCH S, ROTH B, SENN M (Hg.) Raum für Räume. Interlokal - eine Ausstellung in der Shedhalle Zürich. Zürich, 2005.
[14] REHBERG K (Hg.). Soziale Ungleichheit, Kulturelle Unterschiede. Verhandlungen des 32. Kongresses der Deutschen Gesellschaft für Soziologie in München. Teilband 1. München: Campus Verlag, 2004.
[15] RENNER S. In der Kunst ist es überlebenswichtig, selbst tätig zu werden. In: NÜESCH S et al. 2005: 11-24.
[16] SÖNDERMANN M, WECKERLE C. Zweiter Zürcher Kreativwirtschafsbericht. Empirisches Portrait der Kreativwirtschaft in Zürich. Herausgegeben von Stadt Zürich. Zürich, 2008.
[17] STADT ZÜRICH STADTENTWICKLUNG (Hg.). Bericht über die Tätigkeit im Jahr 2006. Zürich, 2007.
[18] STADT ZÜRICH PRÄSIDIALDEPARTEMENT (Hg.). Leitbild der städtischen Kulturförderung 2008-2011. Zürich, 2007.
[19] STADTRAT VON ZÜRICH (Hg.). Strategien Zürich 2025. Ziele und Handlungsfelder für die Entwicklung der Stadt Zürich. Zürich: Publikation der Stadt Zürich, 2007.
[20] STATISTIK STADT ZÜRICH. Leerwohnungs- und Leerflächenzählung 2009. Online verfügbar unter http://www.stadt-zuerich.ch/content/dam/stzh/prd/Deutsch/Statistik/Publikationsdatenbank/LWF_2009.pdf, zuletzt aktualisiert am 25.09.2009, zuletzt geprüft am 29.07.2010.
[21] WEHRLI-SCHINDLER B. Vom Niedergang der Stadt zu ihrem Revival - die neue Lust am Urbanen. In: WEHRLI-SCHINDLER B, 2006: 10-15.
[22] WEHRLI-SCHINDLER B (Hg.). Wohnen in Zürich. Programme, Reflexionen, Beispiele 1998 - 2006. Sulgen, Zürich: Niggli, 2006.
[23] WEHRLI-SCHINDLER B. Kulturelle Einrichtungen als Impulsgeber für Stadtentwicklung? Beobachtungen am Beispiel Zürich West. In: disP, Jg. 2002, H. 150: 4-10.
[24] Website Basislager: www.basis-lager.ch
[25] Website Binz bleibt Binz: http://binzbleibtbinz.ch
[26] Website Creative Zurich Initative: http://www.creativezurich.ch

第二章

中欧和北欧的创意城市

Creative Cities in Central and Northern Europe

柏林 / Berlin

莱比锡 / Leipzig

里加 / Riga

赫尔辛基 / Helsinki

斯德哥尔摩 / Stockholm

汉堡 / Hamburg

镜头里的创意实践

柏林（087页、090页）
斯德哥尔摩（088页、089页）

aum
LUNA
SOL
ABFÄLLE ZUR
VERWERTUNG

WIR
BLEIBEN
ALLE
ACAB
"British
Shorts"
SPUTNIK KINO
SCHAUBÜHNE
-Party
Karaok
mit
Michi & M
LIFE

2.1 柏林 / Berlin

冉冉升起的欧洲创意之都

克劳斯·昆兹曼（Klaus Kunzmann） 著

郭磊贤　译

Berlin: Emerging Creative Capital of Europe

2.1.1 **柏林：创意的愿景**

随着1989年“铁幕”的崩塌和1990年东西德的统一，柏林需要寻求新的属性。对于这座城市来说，新首都的名号是远远不够的，因为德国联邦政府一半左右的部门仍然保留在过去的临时首都波恩中，首都职能无法为城市里的350万居民提供足够的就业岗位。40余年的政治冷战使孤岛一般的柏林背负着沉重的历史负担。作为昔日欧洲最大的工业城市，柏林在第二次世界大战后经历了“去工业化”的进程，同时由于众所周知的政治原因，东西德政府都曾给这座城市提供了大力的资金援助，从而导致了城市的长期的依赖心理，阻碍了创业精神的孕育。

德国经济的重要引擎都位于柏林以外的其他城市中。比如银行主要集中在法兰克福和杜塞尔多夫，公司总部大都位于慕尼黑、科隆、汉堡和16个州的其他大城市。此外，在有意的政治安排下，联邦政府的所有机构也均匀地分布在全德境内。事实上，在首都并没有多少选择可以建立起繁荣的地方经济。至今为止，受复杂的社会政治治理结构和共识体系的影响，柏林还没有形成关于如何促进发展地方经济，以及如何在国际层面提升其竞争力的有说服力的战略。另外，城市本身也背负了可观的债务，这使得它很难发起或执行能吸引内向投资的长期策略。所有这些都解释了为什么首都柏林没有成为德国具有统治力的繁荣的经济中心。

经过了一段时间之后，有责任的政治领袖们才意识到，成为德国首都并没有真正改变柏林疲软的地方经济。接着，几乎在一夜之间，创意城市的热潮提供了将柏林提升、宣传成为创意中心的机遇，这一热潮由国际上对创意经济（Perloff，1979；Myerscough，1988；Scott，2003；Howkins，2001；Krätke，2002）、创意阶层（Florida，2006）和创意城市（Andersson，1985；Zukin，1988；Kunzmann，1995；Landry，2004；Montgomery，2007）的研究论述所引发。这个新机遇几乎受到了所有对创意经济感兴趣的人的重视，包括政治人士、媒体、文化与市场团体、旅游行业、规划师、时尚和设计产业以及房地产市场等。柏林的市长是一位来自波希米亚的文化人，也是艺术行业的资深人士，他频繁宣称柏林虽然很穷，但很有魅力。他为此多次提及柏林丰富的文化生活和世界性的娱乐氛围。在这样一位著名领导人物的支持下，柏林很快就宣称自己是欧洲的文化首都。这一名号吸引了大量的创意人士来到柏林，享受那里自由的环境、丰富的文化娱乐氛围、对国际人士的热情以及买得起的住房。

2.1.2 柏林：一座创意城市

柏林的目标是成为德国的创意之都，至少它已经把自己提升为欧洲的创意中心，全世界创意人士和创意产业的目的地。受惠于其丰富的文化历史、地理位置、国际化氛围和城市从分裂状态到重新统一的特殊背景，柏林成为训练有素的年轻创业者的理想去处。这些人在柏林做着世界性的工作，但依然可以享受低廉的居住成本，并且城市为他们提供了高品质的负担得起的居住环境和能够激发创造力的文化氛围。柏林的政治领袖们意识到城市的创意形象可以为城市创造面向未来的经济基础提供机遇，在他们眼里，这恰恰证明了大力推广创意产业的合理性。经过十年左右的时间，柏林变成了一个具有创造力和吸引力的地方。新老市民虽然都知道城市的创意标签仅仅反映了城市中有限的经济成分和城市生活，但他们都对此表示接受和认可。

那么什么是创意城市？整个城市有可能变得有创造力吗？为什么一些城市可以被认为具有创造力，而另一些却没有？答案多种多样。创意城市确实对创意人士和最近发现的“创意阶层”具有吸引力吗？创意城市是不是文化/创意产业和知识经济的中心？抑或只是一个拥有地方政府，并且为创意行动开放的城市？创意城市能不能从具有有创造力、创新性和弹性的地方行政中获益？还是它最后仅仅是一座因为各种目的而被赋予创意形象的城市，不过是被嗅觉敏锐的市场机构、有声望的民意领袖和名人们贴上了标签而已？查尔斯·兰德利（Charles Landry）在他影响广泛的著作中通过参考创意环境的意义提供了以下对于创意城市的定义：

“无论是一组建筑、城市的一部分、整座城市还是一个区域，创意环境指的是一个容纳了能够不断产生思想和发明的软硬件的场所，它们是创意的必要前提条件。在这一物质环境中，具有批判性的创业者、学者、社会活动家、艺术家、官员、经纪人或是学生能够以开放的思维在国际化的环境下工作，并且通过面对面的交流产生新的思想、人工产品、服务和制度，最终有利于经济上的成功。”（Landry，2000：133）

然而这个措词完善的定义并没有说明使城市变得具有创造力的路径。一项更早的研究解决了这个问题，成为上述著作的研究基础（参见Bianchini et al.，1996）。这项研究涉及了以下这些评估城市创造力的准则，或者可以说是创意城市成功的要素：释放创造力的潜能是硬性前提；历史起着重要作用；拥有能够代表并促进地方文化发展的个体被认为非常必要；国际化的自由氛围以及城市中的言论开放是必需的；行业中的成员网络扮演了重要的角色；拥有组织能力；要有能吸引文化团体的文化事件；媒体和参观者必须能够扮演植入性触媒的角色；最后，例如文化区、博物馆区等决定城市创意形象的实体文化空间的存在也十分必要。

除了这些评判创意城市的准则以外，还有更多有关创意城市政策的组成要素，它们在15年前就已形成，远远早于创意热潮席卷欧洲城市，以及受此影响的规划师和政策制定者在许多城市中启动创意城市开发的时间。这些要素是：业已确立的全国甚至国际性文化形象；文化产业集群；著名的先锋艺术和媒体教育机构；大范围的创新和高科技环境；娱乐精神；以及能支付的工作室和住房。

毫无疑问，柏林具有上述所有要素。对于那些正在寻找能发现工作灵感、能找到工作、能谋生、能进入地方和全球创意网络的地点，同时还希望住在一个宜居、激动人心、娱乐的城市里的创意人士来说，柏林具有极大的吸引力。这同时也吸引了那些只是想生活在创意环境中或接近此类环境的人们。

2.1.3 **柏林：文化首都**

柏林是一座文化首都，它与巴黎、伦敦等其他首都城市没有什么不同。其中，历史的影响不容小觑（Hall，2002）。柏林在1871年成为德国首都以前就已经是一个文化中心了。普鲁士国王早在17和18世纪就确立了这座城市的文化传统。为了表明普鲁士和奥地利、法国或英国等君主国家一样具有文化观念，普鲁士王室对建筑、艺术和高等教育进行了投资。普鲁士艺术与科学院就是在那个时期在王室的资助下建立起来的。这些行动为柏林丰富的文化奠定了基础，尤其是普鲁士国王、著名的腓特烈大帝（1712—1786）在使柏林发展成为一座能与维也纳、巴黎、罗马和伦敦匹敌的文化之都方面起到了关键的作用，在他的统治下建设了许多重要的巴洛克建筑。

之后，柏林在19世纪初逐渐演变为一座繁荣的工业城市，铁路技术（波尔西克公司）和电气技术（西门子公司）的创新使柏林成为工业的创新和生产中心。1870年法国在普法战争失败后支付的巨额赔款为德国首都的经济增长和富足作出了巨大的贡献。经济上的富裕也润及科学的发展，城市文化也繁荣起来。到了20世纪初的时候，所有这些因素都促使柏林成为德国新的文化中心。第一次世界大战的失败不仅终结了德国的君主统治，同时也是城市的一个历史转折点。战后的经济大衰退引发了高失业、贫困以及政治对手间的地方暴动，他们的目标是将德国变成一个社会主义国家。虽然政治骚乱不断，但不过十几年时间之后，柏林再次成为文化生活的中心。以莱因哈特（Reinhard）和布莱希特（Brecht）为代表人物的戏剧艺术，以都柏林（Döblin）、图霍夫斯基（Tucholsky）和海因里希·曼（Heinrich Mann）为代表人物的文学艺术和以格罗皮乌斯（Gropius）和陶特（Taut）为代表人物的建筑艺术繁荣了起来，海森堡（Heisenberg）、博施（Bosch）和爱因斯坦（Einstein）等科学家获得了诺贝尔奖，柏林郊区巴贝尔斯堡（Babelsberg）的UFA电影公司也生产出了《卡里加里博士》（*Dr. Caligari*）、《大都会》（*Metropolis*）和《蓝天使》（*Blue Angel*）等许多经典影片。国际股票市场的崩盘终结了这次短暂的文化高潮，为希特勒的上台铺平了道路。幸运的是，他在阿尔伯特·施皮尔（Albert Speer）的帮助下形成的使柏林变成新首都“Germania”的巨大重建计划从来没有实现，仅仅建成了如奥林匹克运动场、滕伯尔霍夫机场等重要建筑。在第二次世界大战期间的1944年和1945年，柏林受到了英美军队的猛烈轰炸和苏联军队的破坏。

第二次世界大战以后，根据1945年的波茨坦会议（影响一直持续到1989年），柏林被划分为法国、英国、美国和苏联占领区。1961年修建的柏林墙使城市分裂了近40年，两侧的城市建设、经济和文化并行发展。在西柏林，战后的重建遵循田园城市的思想，并且受到1957年战后第一个建筑和城市设计创新展“INTERBAU”的强烈影响。而东柏林在苏俄的影响下，勒·柯布西耶式的功能主义建筑统领了住房设计和城市开发。20年之后的1987年，另一场国际建筑展览展示了现代柏林的示范性建筑，以及体现社会责任的内城衰败区复兴计划的组织方式和途径。还有一场国际建筑展将在2017年举行，计划展示马灿（Marzahn）地区的社会住宅如何能够转变为具有社会均衡性的绿色城区。

在21世纪的头十年里，柏林的文化生活在某种程度上受惠于城市曾经的分裂状态。市政府、联邦政府和各种基金会资助了3家拥有常驻艺术家和管弦乐队的歌剧院、7家爱乐乐团、大约170家博物馆和256座公共图书馆。城市统一后又建设了犹太博物馆等新的博物馆，并且改造更新了部分博物馆，如博物馆岛上的所有场馆。博物馆岛建筑群是一组独一无二的博物馆，可以与巴黎的卢浮宫和马德里的普拉多美术馆相匹敌（Gresillion，2002）。

柏林为人们提供了大量的文化消费选择：古典音乐会和歌剧全年上演，古典与现代的戏剧和舞蹈娱乐并启迪了游客与柏林市民，尤其是中产阶级。地方性的剧院和后院工场上演着具有创新性和有创造力的戏剧。从国际大腕、地方明星到更年轻的一代，表演着从乡村到硬石摇滚等各种风格的音乐。还有超过1000家画廊为不断增长的艺术消费者提供市场服务，涵盖从国际先锋艺术到家庭装饰艺术的各个方面。他们是艺术团体的商业臂膀，希望能从中分一杯羹，沾一点名声或赚一些钱维持生计。

2006年，柏林成为联合国教科文组织指定的第一座设计之都。这个称号让城市增光添彩了不少，也帮助柏林的设计产业为创意部门的发展赢得了更多的公众支持。设计之都的称号并不能真正使公众印象深刻，但是有助于全球市场的扩大。

2010年，城市相关部门公布的1 100亿欧元预算总额中，约有3%用于投资性或消费性文化基础设施和柏林电影节等大型活动。较于除巴黎以外的其他欧洲城市而言，这个数字是比较高的，但如果和地方道路基础设施支出相比较的话，这座想要成为创意城市的首都对文化的投入就不那么令人赞叹了。

2.1.4 创意经济

在21世纪开始前，创意经济还不在德国地方经济发展机构的议事日程之上，这部分地方经济份额被认为可以忽略不计。即使是在为了应对结构转型而探索新经济的时候，人们关注的重点也在信息和通信技术，而不是文化和创意经济。与此相似的是，文化团体如此依赖于公共部门制定的文化政策对文化基础设施和活动的支持，以至于任何与之相关的私人部门都被抛弃和排斥了。受到关于创意经济对城市和区域作用的学术讨论的启发，并且为了应对经济结构性变化带来的就业影响，城市和区域开始探索这个长期受到忽视的部门。

2004年，柏林借鉴德国其他联邦州早前委托其他机构进行文化产业研究的做法，发表了第一份创意经济报告（Senate，2004）。北莱茵-威斯特法伦州政府是德国第一个在官方层面对创意经济予以关注的州政府（Ebert/Kunzmann，2008），然而柏林的报告则标志着公共部门开始采取行动促进城市的文化经济。

这份报告提供了柏林关于创意经济的坚实定义，并对城市形成使创意经济成为柏林特征的新战略起到了一定的作用。四年以后，柏林城市/州政府发表了第二份报告。这份报告记录了工作进展并提出了对城市未来经济发展道路的建议。城市规划部门十分欢迎这项倡议，委托其他机构探索创意经济对城市空间的影响，并研究了城市中的创意空间，为将来的发展做好准备（图2-1）。而反过来，柏林的文化部门对此类开发并不抱有热情，他们没有热烈欢呼市场对文化的突然发现。他们宁可将文化经济视为威胁，也不愿意将它看做是城市文化环境的机遇。他们主要还是担心当文化的娱乐性逐渐占据上风的时候，追逐经济利益的理性会代替高层次文化所处的地位。虽然有此类担忧，官方还是将创意经济认同为城市的宝贵财富，柏林的创意经济开始繁荣起来。甚至柏林传统的商会也将这一领域视作政治行动的角力场。另外，联邦政府和欧洲委员会的自发宣传行动也对创意经济在城市中的推广作

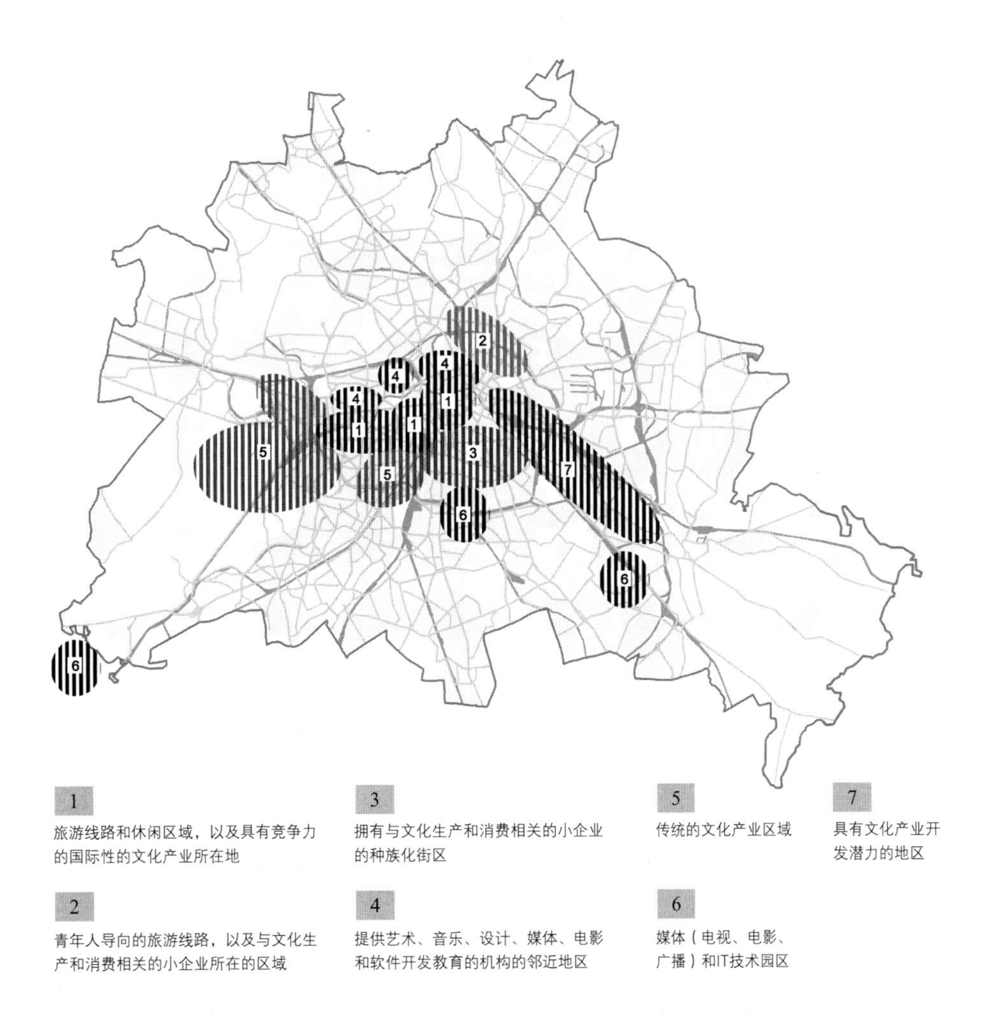

图2-1　柏林创意产业的空间类型

出了贡献。欧洲各个城市在启动面向未来的计划、委托研究和举办会议等方面展开了竞争，竞争的主题正是创意这个积极的概念。

2008年，柏林的创意经济达到了160亿欧元的规模，创造了超过15万个就业岗位。这些数据使政治圈和城市中更加广泛的利益相关者产生了深刻的印象，于是他们开始为新的计划、战略和政策着手准备基础性工作。根据上文提到的第二份文化产业报告，柏林有10%的雇员都在为创意经济工作，这个比例要比其他德国城市高出很多，它们的平均数字只有3%。2006年柏林的创意经济对经济总量的贡献达到了210亿欧元，占据城市约10%的经济总产值。城市中有65%的艺术家和创意工作者都是个体经营者，这个数据显示了创意经济的特殊性，因为在其他行业中只有约17%的从业人员是个体经营者。

城市对于创意经济的巨大兴趣引发了大量的行动倡议。仅就创意经济这个单一市场而言，这些倡议包括：

设计：促进设计产业的计划（CREATE）；诸如DMY的当代产品设计国际网络平台；国际设计节；向国外介绍柏林设计师和设计产品的市场手册；

时装：诸如时装大奖等平台；梅赛德斯-奔驰时装周；不同语言的市场手册；向国外介绍柏林的时装；

影视：柏林-勃兰登堡媒体集团；媒体周；电影电视节目临时资助计划；视觉效果竞赛；

音乐：柏林音乐委员会；流行音乐产业和相关音乐服务的集市（POPKOMM）；2010年柏林音乐周；向国外介绍柏林的音乐；

建筑：2017年马灿国际建筑展的准备工作；城市中关键地点的建筑竞赛；

游戏：互动柏林平台；游戏日；名为“Digital Content”的引导计划；重要的游戏网络；集市上的推介。

此外，跨越单一市场的项目和倡议也得到了支持，例如创意城市柏林网站（www.creative-city-berlin.de）、创意指导中心、支持柏林创意产业和企业的风险投资、关于柏林的竞赛“Made to Create”、对专业教育和训练需求的研究，以及便于个体经营者和小企业申请的小额贷款。

创意产业的支持机制是由柏林市政府的经济开发部门组织的，它与利益相关人士有着紧密的合作关系。所有措施的预算额度并不大，因此这些仅有的诱饵逼迫着参与者要付出更多的时间和努力才能从公共支持中受益，从而在竞争日益激烈的地方市场中生存下去。

最新的一份文化产业报告指出了促进柏林创意产业发展的九个行动领域：

（a）加强创意产业、行政管理、利益团体和特殊创意集群间的网络联系；

（b）利用支持单个项目和艺术家的计划提升创意环境；

（c）促进国际网络；

（d）使更多适合于创意产业的生产空间进入市场；

（e）通过提升文化市场和市场合作提高创意产品和服务的消费量；

（f）建立数字公司并提升这些公司的企业模式；

（g）创建包括创意指导服务在内的教育和训练机构网络；

（h）创建促进创意经济的真实和虚拟平台；

（i）通过城市规划识别并保护创意空间。

这份清单表明促进文化和创意产业发展已经成

为城市行政管理中的常规工作。

2.1.5 创意城市的挑战

以创意城市的称号来赞誉柏林以及促进创意和文化产业发展的做法仍旧带来了许多问题。绅士化是地方政府需要面对的第一大挑战；紧接着是许多地方创意阶层的不稳定的处境；第三则是市民社会对城市中创意空间投机性改造的抗议。

（1）绅士化

如果在国际范围内比较的话，柏林内城的住房价格在过去和现在都不是很高。两德统一后，城市中心区大量的衰败住宅吸引了擅住者、学生和艺术家来此安顿，这些在第二次世界大战后被东德的社会主义政府没收的住宅正等待归还。归还财产是一个确认没收财产的所有权并且复归原主的法律程序。许多住宅的所有者早已不在人世，他们的后代也不知道该如何要回财产。这个亟待解决的所有权问题创造出地方的转型氛围，引来了城市中居无定所的人们。过去东柏林的几个街区成为年轻人追逐的对象。他们的邻里有着标准稍次的住宅，位于城市核心地段，公共交通服务便利，生活成本较低，氛围也与众不同，并且充满了实验性的功能和具有实验精神的使用者。经年累月，许多住房逐渐实现了现代化。潮流小店租用并翻修了空置的地下室，餐厅和精品店选中了这些时髦的地段来服务当地居民、夜猫子和好奇的游客，而这些新的顾客也招来了画廊和设计商店。年轻的开发商买下了战争给城市肌理留下的空地，在建筑师的帮助下建设了青年旅店和艺术空间，填补了城市的空隙。这一绅士化进程为柏林的中区（Mitte）、普伦茨劳贝格区（Prenzlauerberg）、弗里德里希斯海因区（Friedrichshain）和潘科区（Pankow）等地带来了可观的价值，地价和租金上涨了好多年，但是随着城区物质环境的改善，那些发起绅士化进程的城市先锋人士和在社会上处于弱势的老龄家庭由于财力有限被迫离开了这些地区（图2-2）。市政府和地产市场为城市演变而欢呼，但却无法真正控制演

图2-2　柏林中区（Mitte）的创意空间

变的过程，更无法采取措施缓和地方绅士化进程的社会影响。只有在最近，市政府才宣布要在未来几年里建设新的社会住宅以应对柏林对廉价住房不断增长的需求。然而，这类实惠的住房已经无法承受内城的高地价了，但身无分文的创意阶层需要的是廉价的工作室和公寓。

（2）无产者

创意经济为柏林带来的喜悦似乎让人民忽视了城市中许多创意人士的无产状况。创意阶层的分化现象十分严重，能够在柏林的城市创意经济中舒适生活的人数较为有限。虽然诸如个体经营者、自由职业者和次级分包商等在创意经济的不同领域工作的人们都十分享受他们的工作，但他们经常不得不需要找第二、甚至第三份工作来维持生计。统计数据无法表明柏林的16万创意工作者中有多少处于无产状态，但众所周知的是创意人士每天和每周的工作时间都比别人更长一些。为了能够享受工作，他们常常会接受巨大的自我剥削，也很少加入工会组织。他们甚至常常不让自己为未来的命运和没有养老金而烦心，而一旦他们老去或者离开工作网络，没有养老金就无法保证固定的收入。这些都让创意阶层变得十分脆弱。2006年，四分之一的柏林创意经济工作者处于无产状态，这丝毫不令人惊讶。人们也不清楚位于收入阶梯末端的个体经营者究竟有多少，但这一数据估计并不使人乐观。和安保、清洁服务等其他地方经济部门相比，创意经济的平均收入也比较低。在某种意义上，创意工作属于典型的城市后福特经济，有着先锋的工作模式和风格。

（3）创意空间的投机性改造

为了吸引创意产业落户柏林，城市规划部门在市中心东部的施普雷河两岸发起了一个名为“Media Spree”的雄心勃勃的城市开发项目，旨在通过对沿河的废弃仓库和生产设施的再利用发展媒体产业。城市开始向对这片位于东柏林的靠近城中心的地段感兴趣的私人开发商出售公共地产，在新建或翻修的工业建筑中开发媒体产业的办公空间。在开发过程的第一个阶段里，该地区成功地吸引到了世界著名的音乐公司环球集团落户，而其他一些公司也相继进驻。而在当地市民意识到这个项目将彻底改变这个地区的特征并切断通向河岸的道路的时候，他们开始联系媒体，组织抗议活动，发出自己的呼声。他们的抗议加上几年前德国经济停滞不前的状况使得市政府叫停了这个雄心勃勃的项目，更改了规划，同时也与已经在那里购地的财产所有者展开谈判，推迟了实施工作。这个项目仍然处在争议之中，等待进一步的调节和共识。

以上仅仅是柏林发展创意经济的过程中出现的三个相对明显的地方政策冲突案例，它们在促进创意城市发展和支持地方创意和文化产业中具有共性。这些项目虽然由公共部门掌控，但他们仍需与利益相关的私人部门共同协商应对问题，并且也要与公民团体不断保持紧密的合作关系。只有当不同的参与者之间建立起信任的时候才能实现对城市的共同治理。

而很显然还有更多的挑战需要在经济、文化、社会和城市开发四个政策角力场中加以应对。并且当人们希望把这些政策角力场进行整合的时候，又会出现关于共同治理的额外挑战。到最后，最为关键的挑战并没有改变，那就是如何保持城市的创造性。创意城市总是经历着跌宕和起伏，对于柏林来说也同样如此。

2.1.6 结语

柏林的创意城市理想在未来有哪些挑战？这场创意热潮总有一天会消退，又有新的发展战略将会赢得公众的支持。因此，创意城市政策最大的挑战是保持发展势头，在文化、社会和城市开发政策的支持下将相关经济政策转变为地方的常规工作。与此同时，城市必须要冷却创意城市团体的热情，那些新发现的地方经济部门不可能为每一个柏林人提供就业岗位。市场的吸收能力是比较有限的，创意经济的发展还依赖于其他产业的增长，来自亚洲的竞争者将进入到市场中。因此语言仍将成为文学、戏剧、影视等大多数创意部门的重要支撑。而柏林公开自由的言论环境也依然是创意城市政策能否成功的关键因素。另外，创意柏林还存在一个威胁：随着全球金融危机引发地产投资的进一步增长，柏林的地产价格以及生活成本也将会不可避免地持续上升。这也许会迫使创意阶层迁移到欧洲的东部或东南部，寻找其他合适的工作生活地点。

那么除了创意之外，柏林还可能有哪些经济亮点呢？它无法说服法兰克福的银行家们搬到首都地区来；它没有港口，无法同汉堡竞争；并且它也不可能吸引位于波恩、杜塞尔多夫、科隆和埃森的公司总部。总有一天，剩下的六个还位于波恩的政府部门将会搬入柏林，结束两个城市之间长达20年的政治往返穿梭。最终，柏林还是得依靠自己悠久的历史、伟大的文化、丰富的言论环境，以及能够从上述资源中获益的创意经济。创意热潮为停滞不前的城市提供了复兴的机遇，使其回到昔日的荣光之中。在经历了创意所带来的多种社会经济和物质环境的影响后，柏林已经成为后福特主义城市经济的试验场。

参考文献

[1] ANDERSSON A E. Kreativitet: StorStadens Framtid. Stockholm: Prisma Regionplankontoret, 1985.

[2] BIANCHINI F, EBERT R, GNAD F, et al. The Creative city in Britain and Germany. Study for the Anglo-German Foundation for the Study of Industrial Society. London, 1996.

[3] EBERT R, KUNZMANN K R. Kultur, Kreative Räume und Stadtentwicklung in Berlin. In: disP: The Planning Review, 2007, 171-2007: 64-79.

[4] EVANS G. Cultural Planning and Urban Renaissance? London: Routledge, 2001.

[5] FLORIDA R. Cities and the Creative Class. New York: Routledge, 2004.

[6] FLORIDA R. The Rise of the Creative Class. And how it is transforming work, leisure community and everyday life. Basic Books, 2002.

[7] GNAD F, KUNZMANN K R. Kultur- und Kreativwirtschaft in Nordrhein-Westfalen 15 Jahre Berichte zur Kulturwirtschaft. In: Jahrbuch für Kulturpolitik 2008. Band 8 Kulturwirtschaft und Kreative Stadt. Essen: Klartext, 2008: 83-90.

[8] GRÉSILLON B. Berlin, Métropole Culturelle. Paris, Belin, 2002.

[9] HALL P. Cities in Civilisation. New York: Panteon Books, 1998.

[10] HOWKINS J . The Creative Economy. London: Penguin, 2001.

[11] KRÄTKE S. Medienstadt: Urbane Cluster und globale Zentren der Kulturproduktion. Opladen: Leske + Budrich, 2002.

[12] KUNZMANN, K R. Strategien zur Förderung regionaler Kulturwirtschaft. In: HEINZE T. Kultur und Wirtschaft. Perspektiven gemeinsamer Innovation. Opladen: Westdeutscher Verlag, 1995: 324-342.

[13] LANDRY C. The Creative City: A Toolkit for Urban Innovators. London: Earthscan, 2003.

[14] MONTGOMERY J. The New Wealth of Cities. City Dynamics and the Fifth Wave. Aldershot: Ashgate, 2007.

[15] MYERSCOUGH J. Economic Importance of the Arts in Merseyside. London: Policy Studies Institute, 1988.

[16] PERLOFF H, URBAN INNOVATIONS GROUP. The Arts in the Economic Life of the City. New York: American Council for the Arts, 1979.

[17] SCOTT A J. The Cultural Economy of Cities. London: Sage, 2003.

[18] ZUKIN S. Loft Living: Culture and Capital in Urban Change. London: Radius/Century Hutchinson, 1988.

[19] COLOMB C. Staging the New Berlin. Place Marketing of Urban Reinvention Post 1989. London: Routledge, 2012.

[20] GRÉSILLON B. Berlin. Métropole Culturelle. Paris: Editions Belin, 2002.

[21] HÄUSSERMANN H, KAPPHAN A. Berlin: von der geteilten zur gespaltenen Stadt. Opladen: Leske & Budrich, 2000.

[22] EBERT R, KUNZMANN K R. Lulurwisrtschaft, Kreative Räume und Stadtentwicklung in Berlin. disP: The Planning Review, 2007, No.171: 64-79.

[23] EBERT R, KUNZMANN K R, LANGE B. Kreativwirtschaftspolitik in Metropolen. Detmold: Rohn Verlag, 2012.

[24] KRÄTKE S. Medienstadt Urbane Ccluster und global Zentren der Kulturproduktion. Opladen: Leske&Budrich, 2002.

[25] KRÄTKE S, BORST R. Berlin Metropole zwischen Boom und Krise. Opladen: Leske&Budrich, 2000.

[26] LANGE B. Die Räume der Kreativszenen- Culurpreneuers und ihre Orte in Berlin Bielefeld, Transcript. 2007.

[27] MACDONOGH G. Berlin. A Portrait of Its History, Politics, Architecture and Society. New York: St. Martin's Press, 1998.

[28] RICHIE A. Faust's Metropolis. A Histoty of Berlin. New York: Carroll & Graf, 1998.

[29] TILL K. The New Berlin: Memory, Politics, Place. Minneapolis: University of Minnesota Press, 2011.

[30] VAN HEUR B. Creative Networks and the City. Towards a Cultural Political Economy of Aesthetic Production Bielefeld, transit. 2010.

[31] WELCH GUERRA M. Hauptstadt Einig Vaterland: Planung und Politik zwischen Bonn und Berlin. Berlin: Verlag Bauwesen, 1999.

2.2 莱比锡 / Leipzig

“自下而上”的城市里创意经济的演变

巴斯钦·兰格（Bastian Lange）著

许玫　译

Leipzig: Understanding the Evolution of Emerging Creative Economies in a “Bottom-up” City

2.2.1 莱比锡介绍

很多世纪以来，莱比锡都是一个重要的商业中心。2010年莱比锡的人口约为50万人。在20世纪80年代末，恐怕在东德（民主德国）没有哪个更大的城市像莱比锡那样处境窘迫（Nuissl，Rink，2003b）。1989年两德重新统一后，莱比锡致力于城市开发的进程，振兴历史中心地带，整修了主要的火车站、旧的商用仓库以及内城的购物街等。同时，莱比锡也经历了剧烈的“去工业化”进程，制造业的工人数量从1989年的约8万人缩减到1993年的不到1.7万人（Nuissl，Rink，2003a: 28）。

在20世纪90年代，即使有3/4的旧建筑得以更新，但还是有很多人搬离了莱比锡。2010年，莱比锡的32万套住房中依然有5.5万套是空置的（尽管空置率在缓慢下降）。除了严峻的经济和社会问题，居住区和工业区的闲置也使得莱比锡的城市结构不太稳固。20世纪90年代中期，新建但未使用的办公空间有80万平方米，空置的公寓有6万套，莱比锡成为德国东部地区空置率最高的城市。

莱比锡内城的“一环”出现了最严重的经济衰退，而零售店铺在“二环”周边不断发展，这造成了莱比锡城所谓的“穿孔城市”（perforated city）结构（Lütke-Daldrup, 2004a）。1999年至2000年，莱比锡流失了10万居民，约占其总人口的18%（Lütke-Daldrup, 2004b: 12）。当地政府在1998年至1999年期间将周边的村庄和区域整合进来，使得其官方人口数字得以稳定。根据《莱比锡2030》这份研究报告的保守预测，到2030年莱比锡地区还将流失7万居民（约占总人口的8%）。

不过，从2001年起，居民人数重新开始增长，人口数量下滑的趋势基本得到控制（Lütke-Daldrup, 2004b: 13）。图2-3显示了2000年至2005年莱比锡城居民迁移的情况。从图中可以明显看到，很多年轻人（主要是学生）移居到了莱比锡，对于人口流失来说是个（暂时）补充。

但是，与德国东部的其他城市一样，莱比锡的人口流失与郊区增长同步进行。从20世纪90年代初以来，在郊区仅仅是半独立式的房屋就建造了3.4万套。那里近一半的企业是从内城搬过去的。在城市的边缘，全球化的现代经济要素开始显现，出现了新的机场、货运中心、新的莱比锡贸易展览中心以及由扎哈·哈迪德（Zaha Hadid）设计的新宝马车辆厂等（图2-4）。

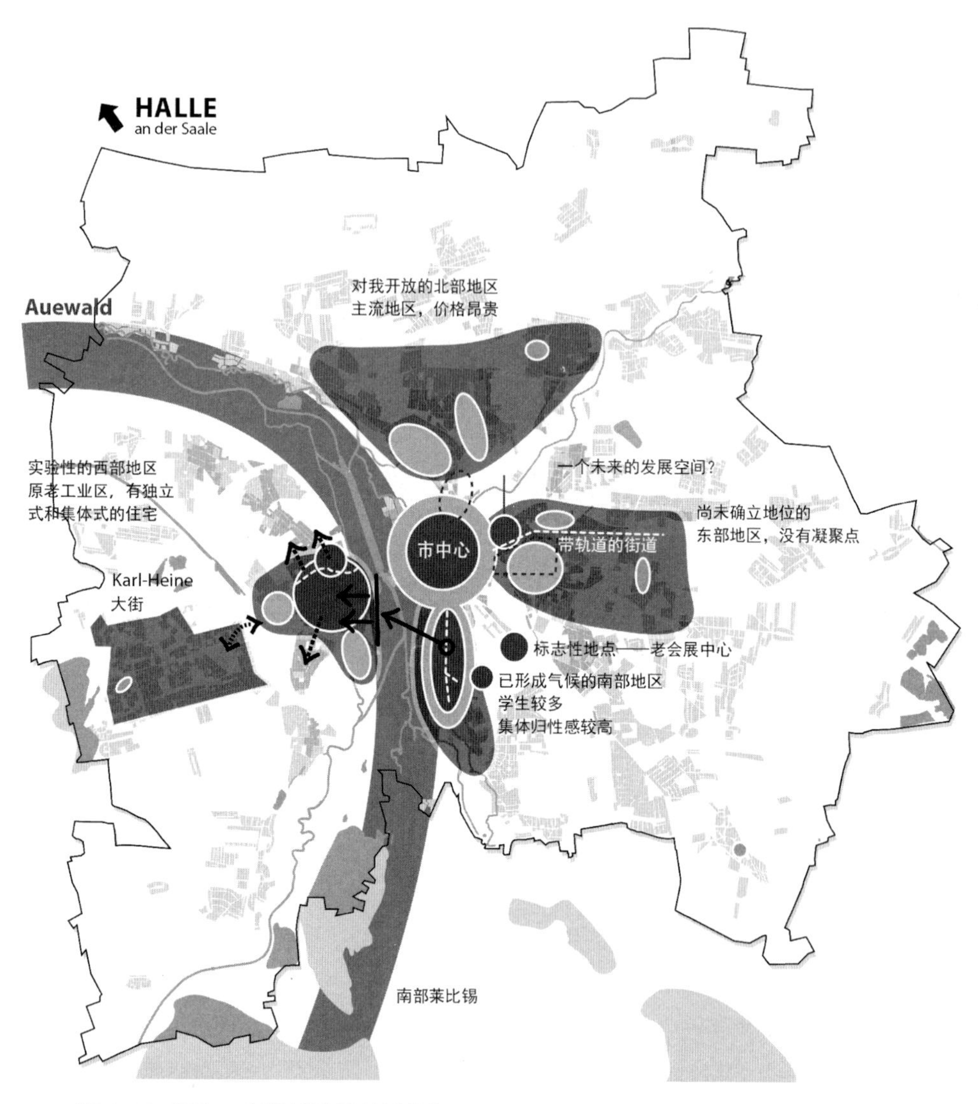

图2-3　2000年至2005年莱比锡城居民迁移情况

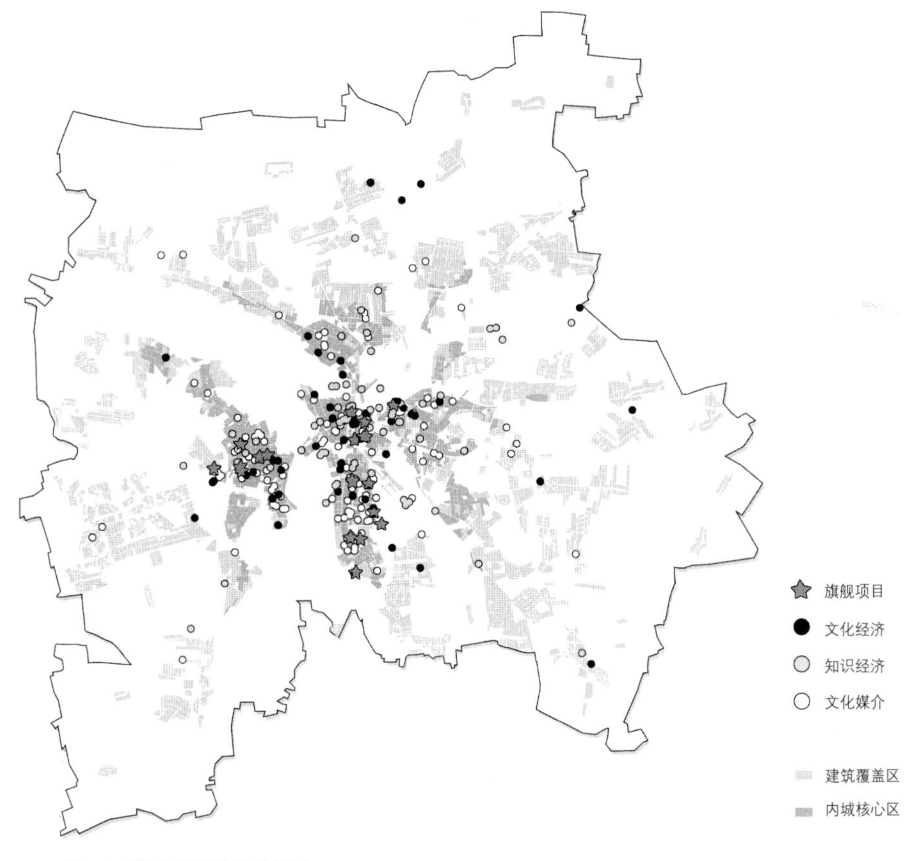

图2-4　莱比锡经济发展的概要

2.2.2 莱比锡依靠政治努力重获经济实力

两德统一之后，莱比锡付出了极大的努力来重获其经济实力。这主要体现在四个方面：配置价格合适的住房和零售业基础设施，修补社会空间碎片，吸引有发展前途的产业以及城市再生等。

（1）提供充足的住房和零售基础设施

两德统一之后，提供充足的住房和零售基础设施成为决策者的当务之急。在乐观的经济和良好的人口发展预期的基础上，莱比锡市政府为几乎所有愿意在城区投资的商人提供了便利。1989年后直到今天，莱比锡建造了82.2万平方米的零售空间，其中48%位于内城，52%位于城市边缘。然而，20世纪 90年代中期，由于对经济整体增势、劳工增长以及贷款下降等预测不够准确，新建的办公楼、零售店和住房的空置率不断上升，这也成为失败和误导性的城市政策的一个表征。莱比锡市政府开始重新思考其政策，产生了新的“软”管制手段和网络，并建立了政策制定者、规划者与公众联盟。

（2）修补社会空间碎片

尽管直到20世纪90年代末，经济和人口都在下滑，但莱比锡政府制定的大部分有组织的规划活动着手实施，以期恢复经济增长和繁荣。应对经济、人口下滑和城市萎缩现象并作出规划是一个未知的专业和管理领域。为了将来的经济增长，规划法案为郊区扩张提供了决策基础。大量建造开发方案得以通过，引发了大规模的实际和潜在的住宅与零售业郊区化的进程。地方和区域政府如何应对这种城市蔓延问题？尽管在20世纪90年代的上半期，城市蔓延在德国东部地区并不受重视，但随后政府采取了各种措施试图阻止这一现象。联邦政府及其规划部门、区域规划部门和一些地方当局（主要是大城市）如今都在与城市蔓延抗争。在萨克森（Saxony）区域性改革之下，莱比锡的地域范围在2000年到来之际几乎翻了一番。这项改革的目标之一就是要让核心城市能够更好地控制郊区的土地利用。因此，从法律意义上讲，城市蔓延的问题至少部分得到解决，郊区很多居住区和企业区以及零售设施重新进行整合，并再次回归中心城区。

（3）吸引有发展前途的产业

制造业快速下滑，而有发展前途的新兴产业不断崛起。莱比锡市政府为此在不同层面上做了工作。除了以欧盟补助（EFRE、ESF）等形式进行财政补贴，市政府还以“莱比锡来了！”（Leipzig is coming!）为口号引导市场，试图改变过去民主德国时代灰色的工业城市的负面形象，促使生物科技、媒体、通信科技等新兴产业和基础设施在这里扎根。为了给市场营销的新起点铺平道路，市政府还对其行政机构进行了重组和更新（Glock, 2006）。

在公共和规划部门进行地方重组之际，莱比锡、开姆尼斯（Chemnitz）、哈利（Halle）和德累斯顿（Dresden）的市政府也同意合作（不用为争夺日益减少的投资额而火并），以应对经济资源减少、东欧地区合并后出现的地域优势以及恶劣的劳工市场等问题。1994年，萨克森州发展规划中包括了最初的都市区构想。1997年，该州空间规划部门将该地区整合成了一个欧洲都市区。2005年公布了一套导则，紧接着各市市长联合宣布建立一套组织性框架，以协调各方的行动。正式的合作涉及科技、交通、贸易和旅游等领域（Staatsministerium, 2003）。

（4）城市再生行动

为了应对经济、人口和空间的萎缩，“穿孔城市结构”（Lütke-Daldrup, 2004a）以及大量废弃的棕地，市政府将重点放在了城市空间的更新上，以期改善空间质量。规划师和决策者认为，就莱比锡同时发生的城市蔓延和城市衰退问题，需要对城市开发和城市规划的新视角作进一步研究。

首先，在莱比锡这样的衰退城市中出现城市蔓延，带来了一种特殊的城市形态：内城和邻近的“一环”地区出现某种“穿孔”结构。空间碎片化和城市脉络的“穿孔”将来会是一种负担。不过从另一方面看，内城空地的增加也为城市空间的环境质量改善带来新的机会，使得内城（再次）成为适宜居住的场所。

新的袖珍公园、新的绿地、住宅区更新等大量工程，试图重塑一种新的程序和规划模式来应对这种新兴的城市集群（urban constellation）。尽管最初的设想已经实现，衰退和蔓延的城市中浮现出新的城市形态，但更多的注意力还是应该放在城市再生问题上，这对于将来工业化世界中的更多城市来说都很重要。

莱比锡的城市规划部门在大量竞争中成功地获取了经济资源，分析和发展出适宜的策略来应对城市萎缩和增长问题。另外，城市规划部门很早就开始公开测试新的规划工具，以消除其东德时代贫困城市的形象。

如今，莱比锡尽管还存在大量的经济和社会问题，但已经是两德统一后的相对赢家之一。该市保留了高规格的莱比锡贸易展（Leipzig Fair），甚至其传统的莱比锡图书展也能与对手法兰克福一争高下。2003年，莱比锡成功地入选为德国申办2012年奥运会的城市，尽管最终还是输给了伦敦、马德里、莫斯科、纽约和巴黎。

2.2.3 创意经济在一座萎缩城市的出现

2008年，根据德国对于创意产业的定义（BMWi, 2009），莱比锡在创意产业领域有12 374名员工。2005年至2008年，创意产业的规模基本保持不变。但这并不能弥补2000年至2008年莱比锡其他经济部门失去的39 660个岗位；这相当于2000年约12.07%的劳动力，与萨克森州失去的岗位数量相当（下滑幅度为12.73%）。创意产业主要出现在城市的核心地带以及城西部的普拉克威茨（Plagwitz）等区。2005年至2007年岗位下滑最高的专业领域是电影业和电台广播业，最高的增长率出现在软件和游戏业、图书市场和设计业。

除了正式组织的和政策上引导的危机应对政策，莱比锡的文化意识也体现在各种方式的自我组织形式当中。即便正式的劳工市场被视作疲软、门槛高或者不具吸引力，但很多文化活动还是开展起来，尤其是在结构性危机中涌现出来的新兴企业。这种非正式的网络是应对经济收入减少、风险投资稀缺等问题的中坚力量，也配合了其他类似的正式和可知的支撑结构（Bismarck, Koch, 2005; Steets, 2005）。

在东德时代之后，现存的文化资本（如绘画、摄影和设计等）呈现出越来越清晰的文化景象，不仅对于文化生活的多样性和文化消费来说非常重要，也为文化行业带来了机会。建筑企业、艺术收藏以及新兴的媒体和与电影相关的创意领域出现在20世纪90年代中期剧烈的改革进程中（Bismarck, Koch, 2005）。结构性的危机引发了各种创意行动，也推动了各种知识机构的成立，如视觉艺术学院（Academy of Visual Arts）。这些机构根据行业的发展形势重新定位了自己的课程、在城市当中的参与度以及它们在城市改造进程中的角色（Bismarck, Koch, 2005）。

这当中，比较突出的是世界知名的“莱比锡学派”，它代表着现代绘画的一个新的潮流，并对莱比锡的创意城市形象贡献颇多。根植于20世纪60年代莱比锡艺术流派当中的画家，如伯恩哈德·海西希（Bernhard Heisig）、沃尔夫冈·马特豪恩（Wolfgang Mattheuer）和沃纳·蒂布克（Werner Tübke）都来自于莱比锡的美术学院。他们是莱比锡学派的主要创始人，其独特的个人表现力使得莱比锡成为现代艺术世界中的“麦加”圣地。作为海西希、马特豪恩和蒂布克的学生，西格哈尔德·吉列（Sighard Gille）和阿尔诺·林克（Arno Rink）都曾在东德时代的莱比锡艺术学校讲学，也都像尼奥·罗施（Neo Rauch）、提姆·艾特尔（Tim Eitel）、马丁·科比（Martin Kobe）和马赛厄斯·魏斯（Matthias Weischer）一样获得了国际盛誉。莱比锡的艺术团体有两个中心：一个是市中心的美术学校；另一个是位于普拉克威茨区的美术馆区。

长期以来，莱比锡被视作东德的神秘文化之都，也是多种文化和创意行动者的一个大熔炉（Farin, 2002: 154）。莱比锡的形象和氛围由作家、艺术家和朋克一族所塑造（Bismarck, Koch, 2005）。与其他地方一样，在1989年的政治变化后，莱比锡也趋向于重新组织文化创造者的网络和领域。非正式的沟通网络对于应付这些变化十分关键。2006年，在莱比锡文化和创意产业中运营的中小型公司超过1996家，营业额在15亿欧元以上，雇佣的人员有10 500人，是当地劳工市场中的一个重要组成部分。莱比锡成为萨克森州文化和创意产业的中心。在萨克森州，35%的出版公司、23%的广告公司、36%的电影公司以及34%的编辑加工公司都设在莱比锡（SMWA, 2008: 17）。

在复杂的经济变化当中，自上而下的计划经济和大量的补贴经济是失效的，而创意产业对于莱比锡的就业来说是个非常积极的增长因素，发展十分迅速。从数量上而言，媒体业和其分支部门对增长率贡献最大。媒体业与软件游戏业、广播业、表演艺术以及音乐界是莱比锡创意产业的中坚力量。这一形势同样见于广泛的知识领域和教育界，大学、学院和研究机构以及各种艺术、音乐和技校等纷纷涌现。具有吸引力的城市特色、思维开放的社会环境、积极的市民团体和文化设施等都促进了经济上的竞争力。

不过，直到最近创意产业才总体上被莱比锡市政府视为战略领域。尽管采取了扎实的行动，特别是在媒体业、软件游戏业、广播业、表演艺术和音乐界，但教育机构、研发机构、文化产出机构之间的公司合作战略以及一致性的城市与经济政策还没有制定和注册。直到最近，现有的“媒体集群”（Media Cluster）才被扩展和重新命名为“媒体与创意产业集群”。

2.2.4 莱比锡作为创意城市崛起的因素和前提条件

三个因素推动了莱比锡作为创意城市的崛起：良好的制度环境、活跃的草根运动和开放的设计贸易展。

（1）制度环境

过去几年，除了媒体部门，几乎所有的创意产业分支都没有明确的公共资金来源或其他直接的创意产业政策。莱比锡的案例表明，大量创意领域（设计、艺术、绘画、时尚、电影、音乐、建筑和摄影等）在日常生活以及城市经济的构成方面扮演着重要的角色（Lange, Ehrlich, 2009）。此外，数量众多的艺术机构（如现代艺术馆、美术学院、艺术博物馆）、“自下而上”的文化活动（如naTO）以及临时性的主题商贸展会等（如“设计师开放日”［Designer' Open］），都成为以项目为基础的沟通和知识交流的场所。

（2）草根运动

莱比锡的很多创意机构都有着世界知名度，在城市公共生活和工作中的地位越来越显著，形成了创意热点。它们呈现出来的是多少有些分散化的形态——临时分配它们的企业资源并在项目中形成合作关系，而传统上具有代表性的“重要”的经济体都是更加集中在稳定和持久的场所当中。

伴随着最近的创意产业发展，原先的工业场所如Tapetenwerk、Werk Ⅱ、Delikatessenhaus和Westwerk都为创意产业行动者提供了进入市场、降低企业和经济风险的可能性。这些场地的大部分位于莱比锡的西部，那里的文化和创意活动日益增多。直到最近，东部地区因为更接近城市核心地带而受到行动者的关注，尤其是刚创业的企业家，他们认为东部地区比西部地区的市场门槛更低（例如Pöge-Haus艺术屋和创业中心以及用于文化活动和网络的Des Geigers Rätsel俱乐部/会所）。

（3）设计贸易展“设计师开放日”

莱比锡的文化和创意产业的微观空间的实践应

该放在“穿孔城市”的背景之下来看。莱比锡的城市景观被逐步加剧的住房空置率，尤其是内城的现代化所主导，已不再是传统的密集结构的欧洲城市形象（Steets, 2008: 167）。莱比锡设计产业的微观空间实践可在设计贸易展“设计师开放日”和原棉纺厂改造中反映出来。2004年，设计师简·哈特曼（Jan Hartmann）和安德烈亚斯·纽伯特（Andreas Neubert）受到科隆设计贸易展（Kölner Designmesse）的启示，发起了“设计师开放日”活动，目标是在萨克森州创立起设计交流平台。如今，这个活动已经成为设计产业的一个焦点，为年轻的国内外设计师提供了起步的跳板，也是他们进行交流的一个论坛。设计产业的行动者所采用的策略也应对了莱比锡不稳定的空间形势：2007年，设计师开放日的主要展览空间是空置的百货商店或者内城和中心地带的展览馆；2008年，他们改变了空间使用的分散化，寻找分布于内城的新的小型活动地点，将整个内城改变成展览空间。这种空间概念表现出基于网络的合作，在设计领域中有着重要作用。此外，采用莱比锡中心地带来做活动，也是为了在更大范围内界定城市的形象。通过在媒体上投放广告、发送传单和邮件以及市场营销等手段，“设计师开放日”吸引了更多的追随者、参展商和大众，激发了人们对莱比锡设计产业的兴趣，增加了对产出的需求量。

与莱比锡设计产业中最近发生的分散化趋势相比，艺术部门则更早地应对了城市的空间形势，在空间和场地的使用上采取了不同的策略。几年来，位于莱比锡西部的棉纺厂已经成为空间利用的一个范本，影响着莱比锡的其他创意产业以低价购买原工业用地，并与社会网络建立起创意空间。棉纺厂地区崛起的一个重要标志是新莱比锡学派的兴旺发达。如今，有80位专业艺术家在此工作。2005年，莱比锡最重要的艺术场馆和各类企业都搬到了这里（Stees, 2008: 174-177）。到目前为止，该地区的工作和展览场地还只是根据工作需求才进行更新，因而场地的本来面目和标示性得以保留。创意人员和参观者会感到场地的建设尚未完成，还可以灵活和自由地加以利用。除此之外，这种“未完成”的特性也表明，这里的场地和房屋是临时占用和购置的。

2.2.5 莱比锡的矛盾特性

“创意莱比锡”是一个矛盾体：一方面，“去工业化”、居民迁出和人口变化导致了很高的空置率；另一方面，正是开放后的新空间可用于各种实验：展馆、画室或临时性的工程都设在那里，创意人群在此举行各种企业活动，将这些空间重新引入到经济循环当中（Steets, 2005: 108-112）。这些场所是创意人群的社交网络，在全球经济危机、产量下滑、缺乏创意和管理功能以及对个性化的要求逐步上升等情况下，年轻的创意人群要求新型的合作和集体（经济）活动（Friebe, Ramge, 2008; Lange, 2009, 2010）。这不是经济收益，而是关乎个人利益在集体层面的实施，并进一步获取在实践、社会交往和标志性收益方面的自主权。

这些混杂的企业现象和创意环境可以被视作多样化的文化维度，对于莱比锡的文化经济吸引力及其特定的“自下而上”的连接性作出了贡献。相较于自上而下的规划程序来讲，莱比锡相对低廉的租金和生活成本以及去往工作地点的易达性更加吸引和推动了创意产业的发展。缺乏强有力的文化经济发展政策使得创意产业反而兴旺发达，比任何自上而下的政策所能达到的效果还要好（Lange, Kalandides et al., 2009）。

关于莱比锡更深层次的实证研究显示，创业通常是基于社会—空间差异化的实践。但是，它们并没有遵循寻常的规则，而是显示出城市当中固有的逻辑（Löw, 2008）。每座城市都有其独特的规则和必然的事物，并以一定的形式和思想体系运行。固有的逻辑可以被形容为一座城市或场所的“语法”，决定了在城市当中什么是可能的，在寻常事物当中的不寻常又在哪里（Löw, 2008: 43）。这对于文化和创意经济的场所和工作背景来说尤为切实。场所则通过社会和沟通过程展现了自身。

因此，社会稠化（densification）和从业人员的实质存在是必要的，因为行动者之间可识别的关系是使得莱比锡成为大众所知的重要场所的必要手段之一。但是，对于从业人员来讲，这些场所是在文化网络基础上进入市场的途径。创意行动者组织的展会、报告和聚会等活动，换句话说，都是组成社会空间的小型活动。主导行为和语言的规范是很重要的，有助于进入这些生活场所和活动。对于一个场地的“外观”和“感受”（Helbrecht, 2004: 200）决定了活动是否成功。场所因此有着固有的地方特殊性，并不总是与集体性相当。活动场所如同处于城市土地上的社会领域。这些活动的目标是获取社交关系和行动的确定性，产生了社会密集性，吸引了人们的关注，并引领着潮流、时尚和规范。简言之，将标志性的产品引入社会网络。这主要体现在设计、音乐、文学和时尚界，其空间策略侧重于测试文化和创意产业的产品是否有效，如声音、图画、文字、技术、图像等。这一检验过程发生在创意领域临时和变迁的空间里。

参考文献

[1] BURDACK J. A Place in the Sun. Cooperation, competition and Leipzig's quest for a size of European importance. // GIFFINGER R, WIMMER H (Hrsg.). Competition betweeen Cities in Central Europe: Opportunities and Risks of Cooperation. Hannover: ROAD Bratislava, 2005: 136-147.

[2] FARIN K. Generation-kick.de. Jugendsubkulturen heute. München: Beck, 2002.

[3] FRIEBE, HOLM, RAMGE, et al. Marke Eigenbau: der Aufstand der Massen gegen die Massenproduktion. Frankfurt/Main {[u.a.]: Campus-Verl, 2008.

[4] GLOCK B. Stadtpolitik in schrumpfenden Städten: Duisburg und Leipzig. 1. ed, Stadt, Raum und Gesellschaft, 23. Wiesbaden: Vs, 2006.

[5] HELBRECHT I. Bare Geographies in Knowledge Societies - Creative Cities as Text and Piece of Art: Two Eyes, One Vision. Built environment, 2004, 30, Vol. 3: 194-203.

[6] LANGE B. Markets in Creative Industries—On the role of culturepreneurs, professionalisation and their social-spatial strategies. In: PECHLANER H, ABFALTER D, LANGE S (Hrsg.). Culture Meets Economy. Bozen, 2009: 11-36.

[7] LANGE B. Scene Formation in the Design Market – Comparing Berlin and Leipzig. Regions Magazine, 1367-3882, 277, Vol. 1, 01 Spring 2010: 16-17.

[8] LANGE B, EHRLICH K. Geographien der Szenen – Begriffsklärungen und zwei Fallvergleiche im Feld der urbanen Kultur- und Kreativwirtschaft von Berlin und Leipzig. In: Sociologia internationalis 2, 2009: 1-25.

[9] LANGE B, KALANDIDES A, STÖBER B, et al. Fragmentierte Ordnungen. In: LANGE B, KALANDIDES A, STÖBER B, et al (Hrsg.). Governance der Kreativwirtschaft. Diagnosen und Handlungsoptionen. Bielefeld, Transcript, 2009: 11-32.

[10] LÖW M. Eigenlogische Strukturen - Differenzen zwischen Städten als konzeptuelle Herausforderung. In: BERKING H, LÖW M (Hrsg.). Die Eigenlogik der Städte. Neue Wege für die Stadtforschung. Frankfurt am Main: Campus, 2008: 33-54.

[11] LÜTKE-DALDRUP E. Die perforierte Stadt. Eine Versuchsanordnung. In: Bauwelt, 2004a 24: 40-42.

[12] LÜTKE-DALDRUP E. Plus Minus Leipzig 2030: Stadt in Transformation. Wuppertal: Müller und Busmann, 2004b.

[13] NUISSL H, RINK D. Urban Sprawl and Post-socialist Transformation: the case of Leipzig (Germany). Leipzig: Ufz, 2003a.

[14] NUISSL H, RINK D. Urban Sprawl and Post-socialist

Transformation: The case of Leipzig (Germany). UFZ Berichte 4/03, Leipzig: UFZ Umweltforschungszentrum Leipzig-Halle GmbH, 2003b.

[15] SMWA. 1. Kulturwirtschaftsbericht für den Freistaat Sachsen. Dresden: Sächsisches Ministerium für Wirtschaft und Arbeit, 2008.

[16] STAATSMINISTERIUM: Landesentwicklungsplan Sachsen. Dresden: Staatsministerium des Inneren, 2003.

[17] STEETS S. Doing Leipzig. Räumliche Mikropolitiken des Dazwischen. In: BERKING H, LÖW M (Hrsg.). Die Wirklichkeit der Städte. Baden Baden: Nomos Verlagsgesellschaft, 2005: 107-122.

[18] STEETS S. "Wir sind die Stadt!" Kulturelle Netzwerke und die Konstitution städtischer Räume in Leipzig, Interdisziplinäre Stadtforschung. Frankfurt am Main: Campus, 2008.

[19] VON BISMARCK B, KOCH A. Beyond Education. Kunst, Ausbildung, Arbeit und ökonomie. Leipzig: Revolver - Archiv für aktuelle Kunst, 2005.

2.3 里加 / Riga

灵感之城

海伦娜·古特曼尼（Helena Gutmane）、艾维亚·扎卡（Evi jaZača）、乔纳斯·布歇尔（Jonas Büchel）著
陶一兰　译

Riga：City of Inspiration

2.3.1 里加的历史发展和文化身份

里加是拉脱维亚共和国的首都，有着70万居民和将近100万人的服务范围，也是波罗的海国家中最大的城市。里加位于道加瓦河河口，这条河是通往波罗的海腹地、俄罗斯和白俄罗斯地区的传统要道；同时，它也处在从波兰和立陶宛向北到达爱沙尼亚、俄罗斯、芬兰的南北路线的主要交叉口上。里加和它的海港安全地坐落在里加湾，几个世纪以来为它的居民们创造了建设东北欧主要经济和文化中心的机遇。

这座城市的历史可追溯到1201年。由于其所处的地理位置，许多文明曾经统治或者试图统治它的发展。尽管建成时是一个德国城市，在其800年的历史里，里加曾是瑞典、波兰和俄国统治者的据地。中世纪时，里加向具有区域和国际影响力的城市迈出了第一步，成为汉萨同盟的城市之一[①]。与塔林类似，在这个时期里加就已经形成了城市独立和自由的理念。

在沙皇俄国统治的19世纪，里加变成帝国最重要的工业中心之一。由于里加是波罗的海国家中兼具国际性和地区性的主要港口，它在这个时期形成了富于灵感的多文化属性。在里加，俄语、德语、

① 汉萨同盟是德意志北部城市之间形成的商业、政治联盟。汉萨（Hanse）一词，德文意为“公所”或者“会馆”。汉萨同盟在13世纪逐渐形成，14世纪达到兴盛，加盟城市最多达到160个，15世纪转衰，1669年解体。——译者注

意第绪语、拉脱维亚语、波兰语、爱沙尼亚语等其他波罗的海语言都被使用。俄罗斯帝国整体上以一种开明的态度来对待里加的城市政府和社会，这在当时相当罕见，也给城市社会环境贴上了一张文化自由和宽容的特殊标签。

拉脱维亚在20世纪20年代的第一次独立持续时间不长，随着第二次世界大战的开始，里加和拉脱维亚沦为欧洲历史上被严酷打击的对象。纳粹和苏维埃军团的两次占领使里加在战后沦为知识和文化的荒漠，经过多年的恢复，里加社会才从这次冲击中走出来。

不过在苏维埃时期，里加城又一次成为重要的技术和生产基地。里加是苏维埃城市中闻名遐迩的“欧洲”城市，它为一些艺术家和文化活动者提供的相对自由的氛围在多种历史见证中被经常提及。

2.3.2 今日里加的世界和文化发展日志

苏联的解体是里加跨入未知前景的又一步，这座城市再次成为一个独立国家的首都。拉脱维亚共和国获得了新生，政治、经济以及文化界都试图将里加再度建设成一个独立的欧洲城市。

这次，里加的建设开展于城市主要的规划指南得以重建之后，主要由开发者和投资者控制，而不是城市的职业规划师、居民或者政治人员。房地产的繁荣成为都市发展的主要力量，因此城市亟须对那些产生抵触的地区提出解决方案。1991年后不久，里加1995—2005发展计划得以起草，它的作者安德里斯·罗茨（Andris Roze）十分关注从工业化的社会城市向后工业化扩张的城市聚集区的转变问题，并因此促成了里加重大的城市结构转型。（Redberg, 2011）

这个时期里，里加的多个地区被完全更新和改造或被重新规划和建设。里加进入了一个大规模并且迄今为止独一无二的过渡时期，这不仅着眼在建成环境上，同样还影响着社会和文化环境。就在十年前，波罗的海国家，特别是塔林和里加还被称作蓬勃发展的中心，并被冠以“猛虎经济”的称号；仅仅若干年之后，失控的房地产市场，伴随当时世界范围的建设和投资热，使拉脱维亚变成为重新控制经济稳定而寻求国际援助的第一批国家之一。

里加的城市发展也因此完全停顿，不仅找不到投资者和必要的资金流，那些适应力强、头脑灵活的年轻居民也离开了这个国家。他们进入欧洲劳动力市场，以期能在中欧或西欧地区摆脱个人经济困境。这给城市造成的后果是巨大而又根本性的,全部的街道和地区都被废弃，并且这次的“废弃”不仅仅是文化上的，也是经济上的。

2008年第二次经济危机对拉脱维亚和里加的打击首当其冲——足以证明这个城市的经济发展建立在一个多么不稳定的基础上——艰难冷酷的经济“壮举”开始了。社会各方面均危机四伏，郊区和城市中心地区的人口在减少，居民破产，因此大家都认为里加及其文化氛围会终将消失殆尽。但是，与所有的预料相反，新的机遇以及创意和转型需要的充裕空间涌现出来，进而改变了城市的命运。可见，里加正如官方标语所宣传的那样，是一个真正的灵感之城。

2.3.3 富有创造力的里加

（1）以文化资源缔造城市个性

文化人力资源在城市生活中总是扮演着非同寻常的角色。历史上，多元的文化团体和它们之间的交流联络机制创造了里加今天依然独一无二的城市个性。

第一共和时期的“黄金二十年（20世纪20年

代）”已经在里加历史里逐渐暗淡。这座城市有着密集的文化和次文化，它们塑造了居住者的特色：一个独立而又富于文化的整体。繁荣的剧院和歌剧文化（瓦格纳1836年至1839年担任里加歌剧团指挥）、视觉艺术和展示画廊、辩论俱乐部、音乐组织和其他的（亚）文化机构构建了一种独特的文化氛围。随着图书出版商将里加誉名为欧洲主要的出版城市，工业界和商界将里加定位为东欧地图上的活跃繁荣之地，里加的城市文化观念开始变得极其重要。

很明显，文化生活是里加的城市主导力量，这种力量不仅帮助它在50年里的集权时期存活下来，并使它在苏联的文化地图上耀眼夺目。如同19世纪末和“黄金二十年”，里加的某些地区和特定街道一直是文化丰富性的载体，里加是杰出的现代主义建筑运动的发源地，伴随工业发展的崛起和里加在苏维埃帝国中地位的提升，表演和视觉艺术在这里再度繁荣。

拉脱维亚的艺术家、时尚设计师（尤其是工业界的设计师）、音乐家、导演以及里加剧院在苏联广为人知。里加收音机（VEF Spidola），旋律唱片（Melodija），里加电影工作室（Rigas Kinostudija），里加歌剧院（ Rigas Opera），雷蒙德斯斯・鲍罗斯（Raimonds Pauls，拉脱维亚钢琴家），威加・阿特曼（ Vija Artmane，拉脱维亚男演员），玛丽・里帕（ Maris Liepa，拉脱维亚芭蕾舞女演员）——这些不过是苏联广泛流行的里加文化中的一小部分产品、行业及艺术家。苏联“波希米亚人”最具盛誉的娱乐设施，也即在都不提（Dubuti）为苏维埃作者设立的创意之屋（Dom Tvorchestva）和最受欢迎的“全联盟”流行音乐节都坐落在里加的滨海区。在苏维埃时期，里加以强烈的波希米亚风格打造出一个有力的“创意城市”形象。

但是，自从20世纪90年代苏联解体的“大滑坡（Big Fall）”以来，这种城市形象即便没有立即消失，也已经极大地改变了。曾经博大丰富的、并由里加扮演重要角色之一的苏联文化布景，在一夜之间完全消亡。里加面临着新的复杂的挑战——如何在国际舞台上再建自己在经济、社会、文化上有吸引力的形象。社会政治秩序的快速变化深深地影响了人们生活的各个方面，并对创造力形成的心理背景造成了强烈冲击。一系列因素：包括不曾被抹去的集权和共产主义记忆，对于即将来临的经济殖民的先兆，全球化文化对民族文化生活的压力,以及失去民族特性的危机——都促使人们把创意产业带来的附带价值视为是避免上述危机的良方。从苏维埃时代起，人们在精神上就习惯了频繁的经济动荡，因此人性价值和社会价值在这方面已占据上风。考量里加创意产业发展的情感背景，对理解和设计这个城市的都市生活是非常关键的。

（2）空间和创意

另一项促进了里加活跃的文化生活的重要因素是它的自然和城市结构。坐落在道加瓦河三角洲上，为大片森林所包围，里加从这蓝色和绿色共生的环境中获益良多。中世纪的中心城（里加老城）被有着上百年历史的公园绿带和保存下来的护城河所环抱，它是一个包括娱乐、奢侈品商店、办公、旅馆、餐厅的不夜城。这座19世纪的小城及其闻名于世的新艺术风格的建筑在整体上成就了一片功能混合的市区，无论对生活还是工作来说都十分舒适。19世纪的古老城市中心被联合教科文组织列为世界文化遗产。主要文化和行政机构都位于城市的这个部分。与新艺术运动同样珍贵的是里加的木结构建筑遗产。城市中心区的木结构和砖结构建筑并肩排列，这种不寻常的组合形成了独特的文化和历史生态系统（Blums，2001）。

城市肌理带着强烈的可识别性与已逝岁月的渴望，为不停歇的大型创意表演提供了完美舞台。在过去的几年中，这种大型表演越来越多地利用了城市的过渡性空间和闲置建筑物。如今，出售地方艺术品和手工艺品的小店铺、家庭风格的咖啡厅、艺术家工作室、小型零售店、手工作坊、不定期的集市、音乐活动和街头戏剧已经成为里加城市形象中被清晰打造的特色。

（3）学院——创意阶级的培育工厂

里加这些“看起来另类”的创意活动和一般所认为的另类生活不同，其最奇妙之处在于以非对抗性、社会友好和包容的品质为主要特点。

由于创意环境的快速变化以及统计调查的不规律（Karnīte,2003），有关创意活动的社会形象的数据几乎无法取得。以下的观察，来自于我们在深入参与里加当前创意浪潮的生成和发展过程中所取得的经验。它很大程度上显示，活跃文化生活造就的独特社会“面貌”，取决于创意阶级的社会形象。创意阶级的大部分成员是那些来自教授艺术、手工艺、建筑、景观、音乐和相关职业的中学、高中或者大学的在读学生或者毕业生。

早在19世纪末民族复兴时期，里加就发展出了稳定的创意学校的联合体。它们中有里加设计和艺术中学（Riga Secondary School of Design and Arts，RDMV），詹尼斯·罗茨塔斯里加艺术中学（Janis Rozentals Riga Art Secondary School，JRMV），加兹普斯·美迪斯里加音乐中学（Jazeps Medins Riga Music Secondary School，JMRMV），里加技术大学的建筑与规划系（Faculty of Architecture and Planning at Riga Technical University，RTU），拉脱维亚艺术学院（Latvian Academy of Arts，LMA），拉脱维亚音乐学院（Latvian Music Academy，JVLMA），拉脱维亚文化学院（Latvian Academy of Culture，LKA）。在过去的十年中，创意学校的名单中又增加了一些私人和公立教育机构。2011年，已有13.9%的学生在有创意背景的学校学习。几乎所有的高中都提供了终身教育的可能性。

如今已过不惑之年的那一代人，在20世纪90年代开始职业生涯时即遭遇社会变动，现在他们重新挖掘自己的创作潜能，在年轻一代的创意支持下，正在日常的城市生活中寻找自己的一席之地。最近的经济危机以一种意想不到的方式促进了城市文化活动的发展，并使其成为社会和经济复苏的工具。

（4）三股潮流

如果试图去追溯里加的创意趋势，会发现城市的创意运动存在三股潮流。第一股潮流是临时性的创意活动，形成了城市的精神环境：各种各样的节日，表演，传统节庆的现代表现，比如歌曲节、照耀里加（Staro Rig）、白夜（Baltā Naks）、博物馆之夜（Mūzeju Nakts）、新贵（Homo Novus）、生存工具箱（Survival Kit）、里加盛宴（Rīgas Svētki）、电影节（Baltic Pearle, Arsenal）、戏剧节，以及当地艺术品和手工艺品的临时市场，新型多功能俱乐部（Piens.ne）和一系列创意体育活动。

第二股潮流由一系列能够改变城市肌理、定义空间功能并相对“固定的”活动组成，包括创意团队安德里岛（Andrejsala）、卡尔西玛街区（Kalnciema iela）、和平街（Miera iela）、烟草厂（Tabakas fabrik）、VEF（自20世纪初形成的州立电子技术工厂复合体）。第三股潮流试图通过居民参与来改变城市的精神环境：儿童、学生、公务员、地产商和政客加入到讨论和行动中。它们包括“创意里加!”（RADI RIGU!）——一个深入的城市生活培训项目，SPP（学生、开发者、居民）——一个年轻建筑师通过创意游戏工作室向儿童传授建筑和规划知识的行动，Socmap——新近设立的一项待认可的，让居民积极参与改进他们自己生活环境的虚拟互动平台，头脑论坛（Ideju talka），提升庭院品质的互动行动（Pagalmu talka）。诸如“创意里加！”（RADI RIGU!）和“提升庭院品质的互动行动”（Pagalmu Talka）这类行动正在本潮流中形成新的分支：它们对社会精神和物质空间同时进行了处理。其推进原则是EAR，即教育、行动、认知（educate, act, realize）。它激发了不同社会群体的创意潜能，使众多成果能够有机会立即投入使用。所有前面提到的各种尝试都在不同程度上提升了城市公共空间的品质。这些创意活动能否被产业化并获得不同经济实体的支持，取决于它们最终能否获得成功以及市场是否对其附加值存在需求。

2.3.4 工业化的创造力

“创意产业”这个词语最近才被引进当地的专业术语中。在过去的两年中，它已经在很多公共场合被广泛地讨论了。它的解释、使用，以及接下来在城市和文化战略中的转译仍然是非常有争议的。在里加的文脉中，创意的形成由文化和历史决定。它的产业化需要在创意的经济效益和将其作为“人文推动力”的角色之间找到平衡。在这种背景下，拉脱维亚国家非物质文化遗产中心为创意产业给出的定义被认为是最合适的：创意产业是基于个人创造性的行为、技艺和天赋的活动；是有潜力通过创意行为和拥有知识产权产生高附加值的活动。在过去的10年到15年里，文化集群的形成或培养也越来越多地开始成为都市文化发展的新型替代资源。文化功能和活动的混合，从生产到展示以及消费，从戏剧和视觉艺术到流行音乐以及新媒体，以多种多样的空间形式组合在一起。各种项目可以将自己限定在独立建筑物或者规模更大的建筑综合体中，也可以涵盖其所在地的整个街区或者社区网络（Mommaas，2004）。

（1）情感背景的创造力

Dziesmu svetki——这个四年一度的歌曲节是传统文化形式的有力展示。这项有130年历史的盛事与里加的民族复兴紧密联系，如今它集聚了从全国各地和国外来的歌唱爱好者和职业合唱团，他们互相竞争来赢得最后参加庆祝盛典——里加歌曲节的机会。节日庆典持续一周，最高潮是一场齐聚2万到3.5万歌手和几乎同样多听众的庆祝演唱会。有人会说，Dziesmu svetki的举行是一场“大杂烩”，本身虽不完满却给人归属感和参与感。（Bakchtin，1985）

如今歌曲节可以被列为“创意产业”。它带有“融合”的天然属性——它组合了不同类别的艺术：音乐（不同流派）、舞蹈、戏剧和舞台设计。在最近几年中，这个节日将交互设计、计算机设计、电视、电影、视频和摄影增加到了庆祝盛典的艺术形式中。歌曲节开发出了自己的广告策略，从项目的最开始到最近十几年，它已经成为建筑创新的平台：在130年里，盛典分别在7个不同的地方举行，并带来10个独一无二的舞台项目的诞生。它提供并运作了强大的经济价值：盛典得到国家政府的补贴，反过来它又为各种民族工艺品和食品企业带来获得丰厚利润的机会。空间、艺术、手工艺和里加民族识别性之间的相互联系因此被有序地创造出来。

然而，尽管拥有创意产业的全部属性，歌曲节首先“产生”的形象是集体、归属、民族认同、合作和宽容等公共情感的空间载体（Geertz，1973）。如今，歌曲节在年轻人中受到了越来越多的关注，并在国内和国际上不断流行，有力强化了人力价值的公共形象。

此外，大量临时性的城市艺术活动也获得了新的成功。照耀里加（Staro Rīga）新近刚诞生，就已成为非常流行的年度盛事。借助各种灯光和数码工具，城市空间在几天时间里被装饰一新。项目通过一个鼓励个人创造自己的灯光作品的竞赛来筛选展品，这极大地激发了人们参加庆典的兴趣，每年不断增加的艺术灯光装置证明了活动的成功。

白夜（Baltā Nakts）是另一个以公众接触创意产业为特色的节日。它属于国际项目“欧洲白夜”的一部分，由欧洲五个首都城市——布鲁塞尔、马德里、巴黎、里加和罗马共同发起。2012是白夜在里加举办的第七年。多种多样的节日活动大部分在文化机构中举行，包括创意街区、博物馆、俱乐部、画廊、艺术学校和剧院。这样，创意空间和整个社会联系得更加紧密，人们获得了更多的机会去形成他们自己对创意区的理解。

（2）创意集群的空间扩展

创意活动、反对闲置的低品质的公共空间以及社会空间上破碎的城市肌理，如今通过建设人人可达、极富吸引力的创意空间，它们的空间类型得到了强有力的界定。

与临时庆典不同，相对“固定的”创意活动重新定义了城市的土地使用，并再次倡导利用那些目前被厌恶和完全废弃的空间。在过去十年中，里加的创意街区都发生在那些因低迷的大经济环境、当地人口缩减和购买力下降而使开发商失去直接兴趣的地段中。

安德里岛（Andrejsala）可以说是里加创意街区的先锋。作为私人拥有的原港口用地，安德里岛依据其慢速更新战略，被开发成为具有很强创意形象的混合功能区。主要的文化根基是拉脱维亚当代艺术博物馆，由雷姆·库哈斯设计。2006年开始，这里作为文化活动空间对公众开放，很快成为创意工作者们工作和与观众交流的胜地。安德里岛也因2009年开张的第一家创意产业孵化器而著名，它旨在支持创意产业领域中的小型和中小型企业，工作重点是激发竞争和创新。在创意产业孵化器项目之后，商业点子中心（Center of Business Ideas）又得以建立。通过设立HUB里加机构，商业点子中心建构起了创意“中心”的国际概念。不幸的是，这个机构不久以后在里加停办，使得里加目前处在“为创造更美好的世界促进合作探索的全球社团联系网络”之外（The-Hub.net,2012）。

卡尔西玛街区（Kalnciema kvartāls）集合了近代古典主义和折衷主义的木建筑群落，是里加创意地图上的又一个重要地点。在建筑师和区域规划师团队的倡导下，“城区建设”得以运作，保护从里加机场到城市中心的独特沿街木建筑。值得重视的是，这是在后苏维埃时代早期，创意产业“自下而上”的运动和政府机构合作的第一个案例：木屋立面的修复由国防部赞助。这里还诞生了创意里加的另一个主要庆典——卡尔西玛街区市集。2000年由小企业创立的卡尔西玛街区市集，如今是聚集创意产业家、乡村农民、手工艺人、音乐家、艺术家和地方社团的最重要的盛事。

和平街（Miera iela）是近两年（2010年年末出

现在“创意点地图”上）发展起来的全新的创意空间品牌，它已经宣称自己是一个“共和国”。与有文化动力的安德里岛或者以市场产生为主要活动的卡尔西玛街区不同，和平街集中了艺术品和手工艺品的创意零售：手工作坊、咖啡厅以及俱乐部，例如装饰着特别花束的花店、旧玻璃瓶（Buteljons）转换处、家庭植栽的销售和交换点。

1919年成立的VEF，是里加的邮政与电报的技术提供机构（在20世纪30年代制造了著名的微型相机Minox），是苏联最大的电子器械工厂。1991年开始，在经历了民族工业的崩溃之后，它的50多幢建筑物被私有化，出售给了有着不同发展理念的个人和公司。品质多样的建筑环境、工业化的室内空间和廉价的租金，在这十年中对创意产业者越来越具有吸引力。自2008年，这里开始组织了一系列的艺术盛会，如展览、户外工作室、工坊、日常集会、表演和演唱会，吸引了数以百计的当地和国际艺术家。如今，大约有20个艺术家工作室，以及好些公众活动和艺术空间活跃在VEF。

2012年9月，烟草厂园区（Tabakas fabrika）开放，它位于在不久前被废弃的烟草工厂的棕地上。它容纳了合作型、原创型和学科交互型的教育设施、资料档案馆、设计集群、庆典活动和展览会场、商店和办公空间，并成为儿童的科学中心。

“最佳创意地点”的不断变化显示出了这片土地涌动着的活力。2009年，时尚产业安德里岛将创意大旗传递给了带有19世纪创意气息的和平街。经历了分类和优选，不同的使用者们正在建造具有自己独特个性的极度多样的迷你社区，并使这些场所变得独一无二。这些变化见证了在过去十年中，创意产业打破了原本作为独立社会现象的社会认知，尝试去赢得企业家、政策制定者以及整个社会的关注。

（3）城市发展的教育创造力

在产生创意的过程中，学者和专业人士的作用很显著，他们让创意不是昙花一现的偶然现象，而是具有非凡的全面价值的存在。

里加城市学院是一个由拉脱维亚大学的学者团队新近成立的研究机构，规划师和城市研究者们组成了一个与国内和国际城市活动家、高等教育机构、专业的规划与建筑联盟、地方和国家机构有着紧密联系的非政府组织。从2011年开始，里加城市学院开发了一个重要体系，促使社会大众参与创造其周边的实体空间和情感空间。学院已经组织了各种会议和学习项目，激发公众对创意产业在城市发展中起到的关键作用的讨论。

“RADI RIGU!”（创意里加）的行动由规划、建筑、景观建筑和交通工程领域的实践者和学者组成的跨学科团队提出，是里加城市学院最有影响力的活动之一。2011年和2012年开始的一系列创新工坊，将城市公共空间在社会复兴过程中的作用实体化，突出了城市项目的沟通性与程序性特点。这个项目在努力将空间战略规划置于后苏维埃观念中的同时，创造了新的、更具沟通性的工具和一种“情感丰富的规划语言”（Sandercock，2001）。最后，它引入了能够整合职业教育、延续终身教育、城市活动和实施导向成果的框架。项目在方法论上受到了一系列对波罗的海海岸公共空间研究的启发（Schreurs，2007）。它重建了“talka”方法论——一种在苏联流行的志愿者工作形式。

在共同参与和事件合作技术的基础上，创意塔里卡（The Talka of Ideas）诞生于2009年中期。该项目贯彻了自组织的理念，发挥了对话的力量，并推动公众对完成目标、克服危机的共同努力。它帮助了一大批个人和组织有效使用他们的集体智慧，从而将思想转变为行动来应对共同的挑战。

2.3.5 创意变得具有战略性？

由于依赖于外界资源，如今拉脱维亚的经济仍无法借助根植于过去的民族文化，来拯救期其民族价值。失去民族认同的阴霾，从苏联时代就开始占据上风，在频繁的经济动荡中，民众在心理上已经习惯于它的存在。这就确定了民族认同、团结、共产共存等人文价值在拉脱维亚重要的创意活动中应该具有的主导地位。

最近十年里，推进创意产业的政策已经同人文资源开发与地区文化空间发展一起，成为拉脱维亚文化政策的首要事务（LR Kultūras ministrija, 2006）。这项政策最终在里加得以成功实施，是因为里加作为首都的代表性地位，以及它在国家空间结构中所处的核心位置，国家需要强化“创意里加”逐渐暗淡的“荣光”也是一个同等重要的原因。

拉脱维亚共和国文化部已经制定了2006年到2015年的国家文化政策导则——《民族国家：长期政策导则》。该政策的首要目标是推动文化成为“抵抗全球市场压力的措施，以加强民族文化市场和创意产业，提升它们在国家竞争力增长过程中所起的作用，认识并保持文化作为商品与服务的双重属性——进一步强调文化产品在其商业价值之外，仍具有作为文化身份传承者的无形象征价值，这些价值不能以经济数据的形式表达。”（LR Kultūras ministrija, 2006）虽然存在方法争议，但统计数据仍然显示出了此类趋势的存在。从2000年开始，拉脱维亚创意产业的GDP指数每年增加2%，在2006年和2008年达到了最高值2.4%，在经济危机后下跌到1.7%（2009,2010,2011）。2011年，创意产业实现了3.0 818亿欧元的产值（www.csb.gov.lv）。

不幸的是，创意产业还没有确立自身在里加发展计划中的地位。考虑到计划是为2006年到2015年制定的，可以预期，创意产业将会在城市发展规划文件中获得相应地位，因为有大量的创意行动与工作团体受到了来自市政当局的支持，或已建立为非政府组织。

但还是有许多文件和规划文本，例如国家文化政策导则（2006—2015年），都提到了“文化作为人类创造力潜能开发者的角色”对国家社会经济的进一步发展具有关键性的作用。（The LR Kultūras ministrija, 2006）这就是为什么在这种情况下，我们会提到里加发生的各种文化活动与节日庆典十分重要。这些活动与节日可以建立起人们对创意和创意产业的兴趣，使人们更加容易理解到创意产业应当被视为国家的社会、文化和经济特征的重要组成部分。

所有这些倡议和活动都得到了当地政府和国家机构的支持，因此创意产业问题正在成为文化、社会、经济、空间等不同政策层面中愈发重要的议事议程。

在当地人士之外，到里加来发展创意产业的外部力量也产生了重要的影响，包括早在国家独立初期（1991年）就在拉脱维亚开展工作的英国文化协会。到2011年为止，英国文化协会主办的最著名的项目是名为“创意城市”的国际活动。它使里加成功加入到有65个国家共同参与的项目网络中。通过该项目，英国文化协会支持了一系列创意活动，并推广创意、企业家精神和创新精神在城市发展中起到的作用。

在里加，对创意产业的兴趣和了解是通过公共活动与沟通建立起来的，并得到地方、国家和国际机构的支持。这种发展速度在我们的动态世界中可能看起来过于缓慢，但是它对后苏维埃地区的人们来说是十分关键的。人们需要时间来认识到，创意不仅仅是休闲的艺术，而且可被视为可能的产业趋势。

2.3.6 城市之春

里加今日的创意形象自19世纪末开始被塑造起来。民族复兴和20世纪20年代的黄金时期在今天的文化、社会和建筑遗产中都有所体现，比如歌曲节、民族艺术和手工艺的产业化、提升城市空间的共同倡议（Talka）以及新艺术运动建筑群遗产。苏维埃时代在世界地图上描绘出了“创意里加”的大致轮廓，而20世纪90年代的经济和政治灾难进一步为里加从工业城市向创意城市的巨大转型铺平了道路。

经济上缺乏稳定，以及20世纪90年代过快发展遗留下的混乱和挑战，需要很长的时间来重新恢复。公民社会以及文化和城市活动者都意识到了这种裂缝并迅速采取行动，起初进行得很安静，后来变得愈发声势浩大，并拥有了更多的权力。与世界上其他很多城市一样，灾难性的经济状况转化成城市兴趣的重生——居民开始明确表达他们的社会和文化兴趣，以及他们“对城市的权利”。在里加的案例中，这意味着兴起了一场期待已久的运动的出现：公民投资主要针对城市的文化和经济问题，它以一种更团结而非个人主义的方法进行投资，最重要的是将城市生活带回公共利益的中心。里加的街道、城区和居民现今正在庆祝他们城市的春天，里加的城市个性又一次被证明比任何体制、统治者或者经济环境更为强大。

从过去人们所熟知的缺乏对公共与社会利益的兴趣，以及丑闻缠身的状况，到今日慢慢开始意识到了城市再生问题，这座城市的治理体系经历了巨大的转变过程，这确实是非凡的成就。在2014年即将成为欧洲文化之都之际，里加打开了灵魂与心灵，展示了所有的竞争力，显示出它不是一个普通的大都市——里加证明了自己现在比任何时候都更有活力。

在筹备欧洲文化之都的这一年里，里加市政府成立了里加2014基金会，帮助城市举办文化盛典和运营创意活动。这促进了创意的全面复苏，为专业人士、居民、NGO、发展商、政治家、公务员等社会团体创造了一个共同的交流平台。

里加的创意发展强有力地表现出“自下而上”的特点，规划师、建筑师、景观建筑师、艺术家等领袖人物长期以来都出自创意阶级，标志着城市向社会参与的创意产业模式的重要转变。创意作为里加社会与经济复苏的杠杆，为城市发展作出了重大贡献。位于东欧、西欧与北欧十字路口处的里加，已经准备好与全世界分享弹性创意的丰富历史经验。

参考文献

[1] BAKHTIN M M. Rabelais and His World. Trans. Hélène Iswolsky. Bloomington: Indiana University Press, 1993 [1941, 1965].

[2] CENTRĀLĀS STATISTIKAS PĀRVALDE, izg01. izglītības iestādes un izglītojamo skaits (mācību gada sākumā), izg22. profesionālās izglītības iestādes. Available at: http://www.csb.gov.lv/

[3] DOLLINGER P. Die Hanse. 5. Auflage. Stuttgart, 1998.

[4] GEERTZ C. Thick Description: toward an Interpretive Theory of Culture, in Interpretation of Culture. New York: Basic, 1973.

[5] KARNĪTE R. Kultūras nozares ieguldījuma tautsaimniecībā aprēķināšana (statistisko rādītāju pilnveidošana), BO SIA Zinātņu akadēmijas Ekonomikas institūts, 2003.

[6] LR KULTŪRAS MINISTRIJA. Valsts kultūrpolitikas vadlīnijas 2006. – 2015.gadam. Nacionāla valsts. ilgtermiņa politikas pamatnostādnes. Rīga, 2006: 103.

[7] MOMMAAS H. Cultural Clusters and the Post-industrial City: Towards the Remapping of Urban Cultural Policy. Urban Studies, 2004. Vol. 41, No. 3: 507–532.

[8] REDBERGS O. No postpadomju uz postkapitālistisku pilsētu – Rīgas pilsētas attīstība pēdējo 20 gadu laikā. [From post-soviet towards post-capital city—Riga's city deveopment last 20 years] Goethe-Institut Riga, 2012. Available at: http://www.goethe.de/ins/lv/rig/kul/mag/sta/lv9009691.htm, [accessed 20.08. 2012]

[9] SCHREURS J. Communicating Quality: words and images. In: ARQ Architectural Research Quarterly, 2008, 11(3-4).

[10] SANDERCOCK L. Practicing Utopia: Sustaining Cities. Paper at annual meeting of the international Network of Urban research and action (INURA), Florence, September 2001.

[11] http://www.andrejsala.lv/16/268/ [accessed 21.08.2012]

[12] http://www.britishcouncil.org/latvia-projects-creative-cities-city.htm [accessed 25.08.2012]

[13] http://www.jurmalasnedela.lv/kultura-i-razvlecenija/dom-gde-vstrechajutsja-pisateli [accessed 25.08.2012]

[14] http://idejutalka.lv/pages/en [accessed 18.08.2012]

[15] www.kriic.lva [accessed 01.08.2012]

[16] www.pecradosuma.lv [accessed 31.08.2012]

[17] www.radirigu.lv [accessed 25.08.2012]

[18] http://radosiekvartali.wordpress.com/category/rigas-radosie-kvartali/ [accessed 15.08.2012]

[19] http://riga2014.org/en/ [accessed 18.07.2012]

[20] http://riga2014.org/en/2012/05/28/valsts-prezidents-atbalsta-arhitektu-un-riga-2014-planus-pilsetvides-ilgtermina-attistibai/ [accessed 21.07.2012]

[21] http://www.the-hub.net/ [accessed 18.08.2012]

[22] http://www.totaldobze.com/ArtCenter/history [accessed 25.08.2012]

[23] http://urban-institute.posterous.com/ [accessed 7.08.2012]

2.4 赫尔辛基 / Helsinki

创造力和城市荣光

默文·伊尔莫宁（Mervi Ilmonen）著

王妍　译

Helsinki: Creativity and City Pride

整个2012年，赫尔辛基都在通过各种各样的节目来庆祝其成为芬兰首都两百周年。1809年，芬兰成为俄罗斯的一个大公国，新统治者决定将首府从图尔库（Turku）迁到赫尔辛基。当时，赫尔辛基只是一个以林木业为主的8 000人的小镇，但与图尔库相比更接近圣彼得堡。1917年芬兰独立，赫尔辛基成为首都。如今，有将近60万人居住在赫尔辛基，大约130万人居住在更大的都市地区中（2009年区域统计数据）。这大约是整个芬兰人口的25%。预计人口到2030年将再增长10%。赫尔辛基位于芬兰海湾的半岛上，大海和群岛界定了城市在波罗的海（Baltic Sea）的边界。

作为芬兰的首都，赫尔辛基是整个国家更大区域范畴的一部分。芬兰作为一个整体，在国际排名中频繁地取得成功，并被评定为世界上最具竞争力的国家之一。它曾经在教育体系质量、基础教育水平、大学和商界之间的合作和可持续发展方面排在第一位。2010年，美国新闻杂志《新闻周刊》（*Newsweek*）提名芬兰为世界上最好的国家。《新闻周刊》评比有五个标准：健康、经济活力、教育、政治环境和生活质量。芬兰不仅总体排名第一，还被评为最佳小国家、最佳高收入国家以及最佳教育质量国家。《新闻周刊》中一篇与世界最佳国家排名相关的文章总结了得分最高国家的成功教育经验。

在欧洲15个最重要的成长中心之中，赫尔辛基在GDP增长和教育水平方面排名非常靠前。英国的生活杂志《单眼镜片》（*Monocle*）考量了城市在时尚、设计和国际问题方面的表现，并发布了最宜居城市名单。在这个名单上，赫尔辛基连续三年位居前五，2011年更位居榜首。在国际上，这个城市也常常位居各式推荐榜和排名榜的前列。赫尔辛基是2000年的“欧洲文化之都”。2012年，赫尔辛基继2008年的都灵和2010年的首尔之后成为第三个世界设计之都（WDC，World Design Captial）。同年，《纽约时报》（*New York Times*）将赫尔辛基评为全球第二有趣的目的地，其评价为：“设计！设计！设计！设计就是这个城市的DNA。”赫尔辛基是一个非常宜居的城市，也是一个有吸引力的旅行目的地。最近几年，赫尔辛基的游客量有明显增长。每年大约340万游客来到赫尔辛基（2011年数据）。赫尔辛基还是世界最大的会议城市之一。根据国际会议统计，赫尔辛基在会议数量方面在1512个城市中排名第六位。

然而，这个城市的地理位置不太有利，处在欧洲的边缘。它遭受着大都市问题的困扰：住房缺乏，尤其是可支付住房的缺乏，高生活成本和城市蔓延，在商业投资区位方面也评价不佳。2010年的欧洲城市监测调查（European Cities Monitor survey 2010）显示，在“商业投资区位选择”一项中，赫尔辛基在36个城市中排在第31位。赫尔辛基的主要问题是在地理区位上看起来与市场和客户距离太远。如果考评通讯基础设施、语言能力和环境质量方面，赫尔辛基获得的评价则要高很多。

另外，赫尔辛基在北欧地区拥有重要的区域地位。与附近的斯德哥尔摩（Stockholm）、哥本哈根（Copenhagen）、奥斯陆（Oslo）和塔林（Tallinn）等首都城市相比，大赫尔辛基在2011年吸引了更多的国外投资。即使拥有这么多的提名、成功和成就，但令人惊讶的是，赫尔辛基却并不是具有创意形象的城市中的一员，尽管它有技能精湛又灵活的劳动力、充满活力的创造者和实施者、良好的城市活力和多样性，以及极高品质的建成环境。

赫尔辛基的成功不是一个突然的奇迹，也不是由近期国家政策、地方策略及实践项目带来的，而是坚持并耐心地建设城市基本要素的结果：所有的规划和设计都是为了建成一个满足日常生活需求的正常的好城市。在第二次世界大战之后，这个城市在北欧的福利国家原则上发展起来，强调公共部门在争取教育和健康服务，以及住房和城市规划的公平性中所承担的角色。这座城市自己持有的土地量非常大（大约70%），因此可以说它是一个具有强权的规划师。

赫尔辛基是一个绿色城市，新旧建筑之间达到了很好的平衡，它提供了杰出的城市服务，拥有低犯罪率和优秀的教育系统。由于城市规划是赫尔辛基城市发展中一股很强势的力量，因此虽然从工业化城市向后工业化城市的产业结构变化显著地改变了城市面貌，但是赫尔辛基从未有过城市空间形态的突变或者戏剧性的城市更新项目。

2.4.1 文化和创造力在城市发展中的角色

不像欧洲中部和南部的其他国家，芬兰是一个非常年轻的国家，直到近代才成为一个独立国家。它的国际形象主要依靠一批著名的近现代建筑和设计项目。因此，建筑和设计在国家形象以及实践领域拥有明确地位。由于当下设计是创造力的一个关键要素，芬兰悠久的设计传统便使其具有竞争优势。

相对健全的社会和物质基础设施使得市政府能够在现有优势上继续开发，并且实施和聚焦于新的竞争力战略。通过设计和创造力强化与全球地区的联络是赫尔辛基城市战略的主要目标。

赫尔辛基在最近的十年里策划了三次城市发展战略来应对国际化发展带来的挑战：第一次是在20

世纪90年代初期，面对刚经历经济衰退的首都，制定了城市复苏和国际拓展的战略；第二次是在20世纪90年代末期，提出以城市身份争取欧盟成员资格的发展战略；第三次是在2005年，制定了发展跨越城市边界、具有全球竞争力的大都市地区的战略。

根据2005年的远景规划，赫尔辛基将发展成为一个基于科学、艺术、创造力以及优质服务的创新城市和创意产业中心。发展战略强调了活跃气氛和优美环境对吸引投资、人才以及游客的重要性。

（1）城市文化设施

赫尔辛基举办了大量的文化活动，一个有影响力的文化机构负责监督工作。该市主要文化设施包括城市图书馆、爱乐乐团、城市剧院、城市艺术博物馆以及城市博物馆。同时，赫尔辛基也是国家歌剧院、国家戏院以及其他四个交响乐团的驻地。这个城市组织了许多的音乐盛事，并拥有四个舞蹈剧院。作为赫尔辛基乐团主场的新音乐中心已于2011年投入使用。另外，城市中还有13个大型艺术博物馆，以及许多小型私人画廊。

赫尔辛基是芬兰支持艺术发展的第二大主体（第一为国家政府）。市政府每年会投入2000万欧元补贴地方剧院、博物馆、艺术学院和各种艺术团体。该补贴也面向私人艺术者，目的是保持艺术氛围的活力和多样化。

2000年，赫尔辛基当选为欧洲文化之都时，英国高美迪亚（Comedia）咨询公司提出了“口袋大小的大都市”（Pocket Size Metropolis）口号（虽然最终它很少在活动中被使用），意味着赫尔辛基拥有一个令人难忘的且易于接近的广泛文化体系。

赫尔辛基的居民非常满意他们的文化设施。根据2007年对于75个欧洲城市的调查，94%的城市居民对于该市中音乐厅、剧院、博物馆以及图书馆的数量和质量感到满意。这也使得赫尔辛基位列“文化消费的居民满意度”高分之列。

芬兰人是非常喜欢阅读的，最常用的城市文化设施就是公共图书馆。赫尔辛基是世界上居民图书和媒体借阅最多的国家。36个地区图书馆不仅仅提供图书和艺术借阅，还提供阅读和多媒体收听空间、报纸和杂志、电脑、音乐材料，以及制作你自己的音乐的机会。儿童和年轻人占图书馆客户的五分之一。通常，宣布图书馆关闭引起的城市管理者和社区之间的冲突并不奇怪。迫于节省预算的需要，城市管理者多次宣布关闭市区的图书馆，此举也总是引起一致的激烈的抗议。

（2）城市环境

赫尔辛基的城市质量在许多评估中都颇受肯定。与很多其他城市一样，赫尔辛基一直在经历棕地和港口复兴的过程。在未来20年内，城市会建设若干新的滨水空间。由于城市在努力打造平衡的城市社会，因此未来住房建设比例将会是50/50或者60/40，这意味着住房开发量的一半将会是社会住房，而且其中一半或更多将会是业主自住住房。这也同样适用于滨水区的开发。

一些新区几乎已经建设完成，例如西部的罗霍拉赫蒂（Ruoholahti）和东北部的阿拉比阿海滨（Arabianranta）。在阿拉比阿海滨地区，技术、社会和设计创新相结合，把以前的玻璃器皿和制陶工厂更新成为极富吸引力的创意居住区(Ilmonen & Kunzmann 2007, Ilmonen & Kunzmann 2008)。在这里，城市通过特殊的干预来刺激艺术家的需求，即要求在阿拉比阿海滨地区的开发者将1%~2%的个体场地的建筑投资用在配制艺术作品上。这些艺术作品反映了这个地区多层面的历史，并对形成新的邻里身份作出了贡献。

2.4.2 作为创意城市的赫尔辛基：社会空间和创意阶级

赫尔辛基的创意产业在空间上是相对集中的。在比较富裕的城市南部，25条街和200个地块拥有大片的设计和古董商店、时尚商店、博物馆、高档的家具商店、艺术画廊、餐厅和陈列室。这个地区作为赫尔辛基的设计区以及最新设计和艺术的主要购物区域，为游客提供了多种服务。有研究表明，建筑、设计、电影工业、音乐作品、软件和游戏工业大多集中在赫尔辛基南部。

由于南部吸引了更多的高端文化，并且是一个文化品消费大于文化品生产和文化服务的地区，基础的创意产业生产位于更北的位置，即以前的卡里奥工人聚居区。这个地区也以民族餐馆、酒吧和性用品商店而闻名。它是位于内城的中产阶级聚集区，仍旧有一个并不好听的名声，“以大量学生、波希米亚人和喜欢啤酒的居民而闻名，同时也逐渐被认为是家里有留守儿童及中产IT工作者的集中区。”（http://kallioliike.org/eng-sve/）小的商店和地下室正在变成工作室、工作坊以及展览空间。一个很好的代表是最近开业的“卡里奥制造”（Made in Kallio），在这里，19个年轻的艺术家拥有他们的工作空间，同时也为当地人提供商店、画廊和咖啡馆方面的服务。

虽然赫尔辛基大多数的文化是传统大众类型，但是在最近一段时间，文化氛围变得更加有活力和多样，这可以从节日里渐增的公共空间使用率看出。在2007年间，赫尔辛基共举办和庆祝了56个法定节日，其中大部分发生在世纪之交，特别是本地的社区类节日、庆典和嘉年华的数量得到了增长。其中一些活动是国际性节日但与当地文脉有着很好的融合，尤其是餐厅日（the restaurant day）——任何人都可以在某天时间里建立一个临时餐厅——深受地方喜爱。这些活动的信息通常借助新的大众技术来传播：只要在你的手机上通过互联网下载餐厅的地图即可！

一个活跃的创意角色和事件组织者是卡里奥运动（Up with Kallio）。这个运动最初是作为抗议邻避主义（nimbyism，not in my backyard）而发起的。在卡里奥市的主要干道，有一个由私人组建的救济组织，每周向居民派发两次食品和衣物。卡里奥市的一些居民开始抱怨这个组织开展的活动给房价带来了消极的影响。卡里奥运动是对诸如此类居民的邻避一族的抗议，抗议那些“难以容忍任何事物，哪怕是存在于他们附近有轻微争议的个人。”这项运动在大型公园内组织了社区集会、街道厨房以及跳蚤市场活动，有成千上万人参加。

2.4.3 赫尔辛基的创意产业

赫尔辛基是欧洲25个拥有不相称的巨大创意文化部门的地区之一。在全国范围内，芬兰文化产业工作的40%集中在赫尔辛基。由于许多企业或者总部位于此地，文化经济在首都地区形成了很强的集中效应。同样，将近半数的芬兰艺术家居住在赫尔辛基的大都市地区。文化和大众传媒领域创造了最高额的人均产值。在2007年城市的预算中，文化部分占据了城市预算开支的3%。在2006年，赫尔辛基艺术和文化部分的最大分支是广告、广播和电视，以及出版和印刷。

近几年来，赫尔辛基成长最快的行业便是创意产业，如今提供了比建筑业、金融业或者物流更多的工作机会。在赫尔辛基地区有超过 8000家的创意企业，他们雇佣了35 000人，并创造了90亿欧元的年营业额。在大都市地区，人们在创意企业工作的比例是6.6%；而创意产业的公司占了10.75%（2009）。

城市也通过一些地区性的文化中心来支持文化活动和艺术教育：斯道沃（Stoa，赫尔辛基东部和东南部的文化中心），Kanneltalo（赫尔辛基西部的文化中心）以及Malmitalo（赫尔辛基北部和东北部的文化中心）。这三个多学科的文化中心被设计用来展现尽可能广泛的文化。它们对于每个人来说都是易于接近的，并且为各个艺术领域的艺术家提供可负担的场地来展示他们的作品。这些中心服务于赫尔辛基的市民和当地艺术家。海员中心（Vuosaari House）是赫尔辛基东部最大居住区的一个文化中心。安娜大楼（Annantalo）是赫尔辛基中部针对儿童和年轻人的一个艺术中心，它与学校的联系非常紧密。老的诺基亚电缆工厂（Kaapelitehdas）在20世纪90年代初期转变为一个独立的文化中心，它为文化和活动、展览、节日以及集市提供了5公顷的区域，并定期举行展销会。

另外，在文化和创意领域，赫尔辛基是国家职业发展中心。芬兰艺术大学位于这个城市，还有两所工艺学校和四个职业机构，它们都专注于文化的教育和培训。

20世纪90年代，芬兰成为世界上科技密集型经济最发达的国家之一。引领移动通信的诺基亚公司是这项发展的驱动力，它在2000年巅峰年贡献了GDP的5%增长中的1.6%。诺基亚的总部设在赫尔辛基，这也是1999年至2003年间城市研发支出年平均增长率高达8%的主要原因，在这期间芬兰的研发支出的GDP参考值超过了3%。20世纪80年代，政府成立了芬兰科学技术政策委员会和国家技术局（Tekes）——为了协调有关创新和专门技术的规划政策并提供资金——芬兰的技术政策开始转向信息技术。目前，诺基亚对GDP增长的贡献在应对竞争增加和西方国家市场的饱和时有所缩减。然而，由于ICT（信息和通信技术）部门在其他领域的强力表现，其份额在近十年保持占到城市GDP的10%以上。这一进步保证了ICT部门未来将在芬兰的经济领域继续扮演重要角色。

赫尔辛基大都市地区是芬兰ICT产品的中心，而电信产业在赫尔辛基也变得越来越集中。在赫尔辛基，几乎13%的工作是与ICT有关的，诺基亚只是一部分，因为还有另外一些公司也在这里。大多数工作岗位来自于生产ICT创意软件及相关内容的公司。

虽然诺基亚正在很快地失去其在全球的地位，但它成功催生了大量富有创造力、拥有合作网络以及专注于软件及相关内容研发的中小企业。特别是游戏和娱乐行业在近年来获得了不俗的收益，如障碍物破坏游戏《愤怒的小鸟》是由赫尔辛基的一个专注于产品项目研发的小公司——罗维奥（Rovio Mobile）开发的。《愤怒的小鸟》于2009年发行，在一开始的半年里就卖掉了超过650万份。《愤怒的小鸟》也造就了大量的子公司：玩具、软饮料、糖果、主题公园，以及由FOX公司发行的电影和动画片。

创意产业通过在艺术和ICT领域催生中小企业改变了传统文化发展模式。以赫尔辛基地区作为其重要的驱动，芬兰未来的成功将依赖于创意产业和知识资本的发展。为实现成功，采用知识密集型项目的公共发展机构Culminatum Innovation、旨在为芬兰经济发展和新商业运作革新提供资助的芬兰国家技术局更受重视，以前的劳动部门、交易和工业部门合并为一个新的“超级部门”——就业和经济部门（TEM）。有了对研发政策的支持，中小企业的数量得到了显著的增加，根据欧洲创新记分牌2011年的数据（European Innovation Scoreboard 2011），芬兰是欧洲创新的领导者之一。

2.4.4 推动赫尔辛基创意产业的政策与战略

到目前为止，赫尔辛基还没有发展出任何面向创意产业的定向支持。相关工作由赫尔辛基企业（Enterprise Helsinki）、赫尔辛基活动办公室（隶属经济发展中心）以及文化部门分别负责。赫尔辛基企业是向新企业家提供在赫尔辛基成立新公司的相关信息的部门。它为企业启动提供配套服务，提供免费的商业咨询，而且也为新公司的成立提供启动资金。启动资金资助最多可长达18个月。在2009年，平均的资助额度大约是每个月600欧元。

2010年，一个雄心勃勃的战略被提出。三个从前的国有公立大学：赫尔辛基科技大学（HUT）、艺术与设计大学（UIAH）和赫尔辛基经济学院并入由私人基金维持运作的阿尔托大学。这被认为是促进未来国际化和加强艺术、科技以及商业教育联系的重要举措。阿尔托大学的发展目标是提高国际水平，并计划从国际学术机构招聘人员。三所大学的联合旨在为强大的多学科教育和研究开启新的可能性，并且促进赫尔辛基大都市区域乃至整个芬兰的竞争力。在统计外国人口的百分比时，赫尔辛基是一个在民族上比较单一的城市，国际化程度非常低。仅仅有8%的人口是外国人。城市中的外国学生数目也很低。这些不足希望能够在新大学的帮助下得到一部分弥补。

2011年，令赫尔辛基公民非常惊讶的是，赫尔辛基政府开始与古根海姆基金会商议在赫尔辛基建造另外一个古根海姆博物馆。城市委托纽约的古根海姆基金会开展在赫尔辛基建造新艺术博物馆的可行性研究。2012年1月的研究建议在南部海港的中心位置建造新的博物馆。根据市长的提议，该项目的第二阶段将进行博物馆建筑的国际竞标，赫尔辛基城市则需要与所罗门・R・古根海姆基金会就博物馆的建造签署一份意向书。

这个做法激引发了强烈的公众议论。反对者指出，古根海姆基金会代表的仅仅是它自己的金融意图，而赫尔辛基并不是一个需要整容的已经恶化的港口城市。同时还指出，特许经营和复制并不是创造力的标志。支持者则赞扬了其价值品牌，并声称赫尔辛基将通过这个项目获得金融利益和声望。争论很快就变成了右翼和左翼的政治博弈，左翼反对该博物馆的建造而右翼则支持。最终，赫尔辛基城市董事会驳回了这个提议。然而，古根海姆基金会声明它对这个项目仍旧很有兴趣，并且以后还会有市政选举。由于城市的管理者对毕尔巴鄂效应有非常强烈的信仰，因此这个提议可能被再次提出。

2.4.5 城市荣光和创造力

全球化和新技术迫使赫尔辛基向全世界开放。这个曾经非常内向和自满的城市，在最近几年里变得更加国际化和更加具有世界性。21世纪初期，这个城市从富有竞争力的地方和国家经济模式中获得了收益，这种模式是以利润颇丰的传统手工艺和新技术市场为基础的。赫尔辛基的公民由此获得了更广泛的就业机会和更好的公共服务，并享受着具有吸引力的城市建设环境品质及周边地区的自然风景。因此毫不奇怪，他们满足于居住在地理上处于欧洲边缘的首都城市中，并展示出极大的城市自豪感，也愿意接受公共部门对城市建设领域开展的显赫调控。公共部门拥有不寻常的极高的土地所有权，使得推行基于社会平衡的城市政策成为可能。赫尔辛基那些所谓的创意阶级被迫要使用多种语言与世界交流，享受在这个当地文化根植与国际交流完美融合在一起的城市中的居住和工作。

参考文献

[1] BOS J, TE VELDE R, GILLEBAARD H. United We Stand: Open Service Innovation Policy Schemes: An International Policy Scan and Two Case Studies: London and Helsinki. Utrecht, 2010.
Available at: http://www.europe-innova.eu/c/document_library/get_file?folderId=21454&name=DLFE-10320.pdf

[2] European Innovation Scoreboard. Available at: http://www.proinno-europe.eu/inno-metrics/page/country-profiles-finland

[3] European Metropolises. Recession & Recovery. 2011. Statistics 2011:9. City of Helsinki Urban Facts.

[4] Helsinki Region: http://www.helsinginseutu.fi/hki/hs/The+Region+of+Helsinki/Home_1

[5] ILMONEN M, et al. Peace and Carnevals. Housing Preferences of ICT and Design Professionals in the Helsinki Metropolitan Region. Otaniemi. Helsinki University of Technology. Centre for Urban and Regional Studies B 23. Espoo, 2000.

[6] ILMONEN M, KUNZMANN K R. Culture, Creativity and Urban Regeneration. In: KANGASOJA J, SCHULMAN H (eds). Arabianranta. Rethinking Urban Living. City of Helsinki Urban Facts, 2007: 278-283.

[7] ILMONEN M, KUNZMANN K R. Arabianranta. In Urban Design, Spring 2008, issue 106: 25-26.

[8] INKINEN T, VAATTOVAARA M. Technology and Knowledge Based Development. Helsinki Metropolitan Area as Creative Region. Pathways to Creative and Knowledge-based Regions. ACRE report WP2, 2007.

[9] KOSKINEN I, CANTELL T. The Manhattan Phenomenom. Paper presented at Connecting: A Conference on the Multivocality of Design History and Design Studies. The 5th Conference of the International Committee of Design History and Studies ICDHS, August 23–25, 2006, University of Art and Design Helsinki and the Estonian Academy of Arts. Available at http://www2.uiah.fi/~ikoskine/recentpapers/semiotic_neighborhoods/themanhattanphenomenon.pdf

[10] KUNZMANN K R. Culture, Creativity and Spatial Planning. Town Planning Review, 2004, vol. 75, no 4: 383-404.

[11] LAVANGA M, STEGMEIJER E, HAIJEN J. Incubating Creativity; Unpacking Locational and Institutional Conditions That Can Make Cultural Spaces and Creative Areas Work. 2008. http://eur.academia.edu/MariangelaLavanga/Papers/578680/Incubating_Creativity_Unpacking_Locational_and_Institutional_Conditions_That_Can_Make_Cultural_Spaces_and_Creative_Areas_Work

[12] MUSTERD S, GRITSAI O. Conditions for "Creative Knowledge Cities". Findings from a comparison between 13 European metropolises. "Going creative—an option for all European cities? ACRE report WP9. 72p. Amsterdam: AISSR, 2010.

[13] MUSTONEN P. Structural Views over "Creative" Helsinki. City of Helsinki Urban Facts, study reports 1. City of Helsinki, 2010. Available at: http://www.hel2.fi/tietokeskus/julkaisut/pdf/10_05_25_Tutkkats_1_Mustonen.pdf

[14] Prosperous Metropolis. Competitiveness Strategy for the Helsinki Metropolitan Area. Available at: http://www.hel2.fi/Helsinginseutu/Pks/PKS_kilpailukykystrategia_engl_011009.pdf

[15] STATISTICS FINLAND. Suomen Virallinen Tilasto (SVT): Kulttuuritilasto [verkkojulkaisu]. Kulttuurityövoima Suomessa 2007, Kulttuurin rooli aluetaloudessa vaihtelee - pääkaupunkiseutu omaa luokkaansa . Helsinki: Tilastokeskus [viitattu: 13.8.2012]. Available at: http://www.stat.fi/til/klt/2007/01/klt_2007_01_2010-02-10_kat_001.html

[16] Review on Arts and Culture in Helsinki. City of Helsinki Urban Facts. Available at: http://www.hel2.fi/tietokeskus/julkaisut/pdf/08_10_14_tilasto_30_Askelo.pdf

[17] The State of Helsinki Region 2009. European Comparison. City of Helsinki Urban Facts. Available at: http://www.hel2.fi/tietokeskus/julkaisut/pdf/09_09_01_state_of_helsinki_region.pdf

[18] The Value of Culture. Committee report on the contribution of culture to the national economy. Publications of the Ministry of Education 2008: 37. Ministry of Education, Department for Cultural, Sport and Youth Policy, 2008: http://www.minedu.fi/export/sites/default/OPM/Julkaisut/2008/liitteet/tr37.pdf

[19]Tourism Strategy. http://www.visithelsinki.fi/en/professional/get-know-helsinki/strategy [20] ZUKIN S. The Cultures of Cities. Blackwell, 1999.

2.5 斯德哥尔摩 / Stockholm

一个全球创意中心

大卫·伊曼纽尔·安德森（David Emanuel Andersson）、
阿克·安德森（Åke E. Andersson） 著
赵怡婷 译

Stockholm：A Global Center of Creativity

2.5.1 简介

长久以来，创意对于城市的文化与经济发展都起着举足轻重的作用。古代雅典、亚历山大和米利都（Miletos）的哲学家及数学家们应该足以说明这一事实。创意活动相较于人口或者生产具有更大的空间集聚性，且创意的世界是敏锐而挑剔的。在过去的岁月里，创意只发生在为数不多的城市中。史上有充分记载并在知识与美学上创造突破性进展的中心城市包括梅迪西斯（Medicis）的佛罗伦萨、启蒙运动后的伦敦，以及世纪末的维也纳（Andersson, 2011）。相比于一城独大的过去，今天的创意世界犹如一个岛群，多元化的创意城市是它为数众多的岛屿。

今天的创意活动也更为复杂。在过去一千年的大部分时间里，哲学、数学（尤其是几何学）、艺术以及建筑学是创意活动的主要领域，这一现象一直延续到18世纪。到了19及20世纪，情况发生了变化。科学领域的重大突破犹如一场革命，带来了大量新兴学科的发展，如物理、化学、遗传学、医药学以及工程学。科学家们全新的、更加专业的创造力为后续的创新浪潮和经济结构的变化铺平了道路（Andersson，Andersson, 2008; Andersson，Beckmann, 2009）：

城市区域的科学创意→技术研究与发展→创新→新产品与生产技术→出口与进口的增加→结构性的发展→创意及创新地区就业与真实收入的增加。

2.5.2 创意国家与区域

科学、医药以及工程领域的创意活动成本高昂且具有较大的不确定性，而研究成果的不确定带来了研究、设计及工程主导产业的规模经济，例如航空、汽车、计算机、医药等行业。这些领域的公司与企业都致力于开拓洲际乃至全球市场，唯有如此，才能创造足够大的市场以支撑投资与研发上的巨大固定费用。这些企业以及高校、科研机构等组织的基础科学研究都显现出高度的空间集群化。全球不到10%的城市地区聚集了超过总量90%的创意投资额，这也是工业化国家的普遍规律。它意味着，国家的研发支出是衡量各国主导创意地区作用的一个较好指标。

表2-1从两个方面衡量了经合组织成员国（OECD member states）的相对科研支出。

表2-1　经合组织成员国的科研支出，2008—2011

国家	人均科研支出（PPP$）	国内科研：占GDP百分比	主导创意地区
芬兰	1415	3.89	赫尔辛基
卢森堡	1408	1.56	卢森堡
瑞士	1365	2.97	苏黎世
瑞典	1337	3.43	斯德哥尔摩
美国	1306	2.28	波士顿、芝加哥、洛杉矶、纽约、旧金山、圣地亚哥、费城、休斯敦
丹麦	1229	3.06	哥本哈根
奥地利	1103	2.71	维也纳
韩国	1088	3.58	汉城
日本	1077	3.33	东京、大阪、京都
德国	1054	2.79	柏林、慕尼黑、科隆、法兰克福、斯图加特
冰岛	1045	2.64	雷克雅未克
挪威	970	1.69	奥斯陆
澳大利亚	876	2.18	悉尼、墨尔本
经济合作与发展组织成员国	790	2.17	
挪威	772	1.83	任仕达
法国	771	2.12	巴黎
比利时	749	1.97	布鲁塞尔
爱尔兰	725	1.79	都柏林
加拿大	703	1.80	多伦多、蒙特利尔、温哥华
英国	629	1.70	爱丁堡、格拉斯哥、曼彻斯特
斯洛文尼亚	567	1.85	卢布尔雅那
西班牙	442	1.34	马德里、巴塞罗那
葡萄牙	405	1.59	里斯本
意大利	401	1.25	米兰、罗马
捷克共和国	395	1.56	布拉格
新西兰	380	1.30	奥克兰
爱沙尼亚	331	1.62	塔林
匈牙利	238	1.16	布达佩斯
希腊	167	0.60	雅典
斯洛伐克	147	0.62	布拉迪斯拉发
波兰	146	0.74	华沙
土耳其	132	0.84	伊斯坦布尔

资料来源：Kålla: OECD Science and Technology Indicators，2012

在大多数国家，主导创意地区同时也是人口与总收入最多的地区：大就是美好的。

2.5.3 斯德哥尔摩地区：瑞典的创意之都

瑞典四分之一的人口及三分之一的大学生居住在斯德哥尔摩地区。这一区域内拥有大学学历的人口比例超出了全国平均水平近35个百分点。这一现象同样适用于工业研发领域，而高等院校的科研比例更是超出全国水平50个百分点。这一现象之所以能够实现，源于斯德哥尔摩地区一个多世纪以来的高等教育移民净流入。从这个角度看，瑞典更加分散化的高等教育发展目标是无法持久的，因为它无法与受过高等教育的劳动大军的空间需求分布相匹配。

斯堪的纳维亚的主导创意地区包括斯德哥尔摩地区、跨境的厄勒海峡（Øresund）地区（包括丹麦的哥本哈根和瑞典马尔默次区域）。斯德哥尔摩占据了瑞典工业研发总量的35%，而瑞典三大都市地区一共占据将近80%，尽管大部分制造业位于其他更加外围的区域。

斯德哥尔摩地区的工业结构有两个突出特征，即经济多元化以及知识密集型。近600个不同的生产部门聚集在斯德哥尔摩，其中的170个可以归为知识密集型。约40%的地区劳动力在创意及其他知识密集型经济部门就业。

图2-5显示了具有博士学位者在地理上的偏态分布（geographically skewed distribution），前四分之一集中在三个最大的城市地区及这些城市之间的主要公路沿线。在北方，新建大学城周边也有一些“博士区”，如松兹瓦尔（Sundsvall）、于默奥（Umeå）和吕勒奥（Luleå）。

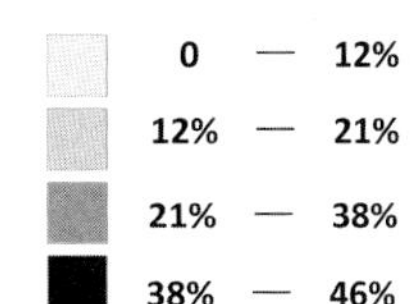

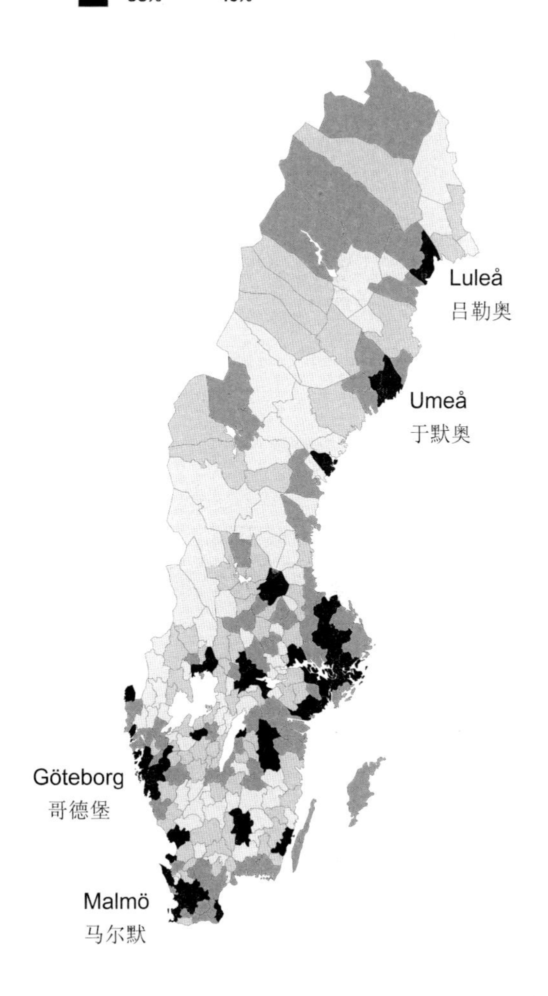

图2-5　瑞典拥有博士学位者在人口中所占的百分比

2.5.4 斯德哥尔摩的艺术创作

斯德哥尔摩的科研实力在瑞典经济发展中占有举足轻重的地位，无论就大学还是工业研发而言，甚至在艺术上表现得更为显著，如表2-2所示。

从就业与工业结构的角度来看，是什么造就了斯德哥尔摩在创意艺术上的主导地位？市场条件、政治和其他体制性因素，都在艺术向这一瑞典最大城市区域聚集的过程中起到了推动作用。

历史因素在一些表演艺术方面也起到了关键的作用。19世纪及20世纪早期，瑞典的国家文化机构，例如皇家剧院、皇家歌剧院和主要的国家博物馆得以成立，其他大多数欧洲国家也有类似的举措。这一文化投资的主要推动力来源于对统治者以及民族国家地位的彰显。建筑建造基本集中于首都地区这一国家皇权的大本营，且多出自那一时代最著名的建筑师之手。考虑到当时盛行的民族主义情结（nationalist sentiments），在瑞典，选择斯德哥尔摩作为大多数具有象征意义的文化投资的地点是不言而喻的。即使到了20世纪，当文化政策转而走向分散化发展模式时，斯德哥尔摩在表演艺术以及其他高雅艺术领域的主导地位依旧，这一点表明了对长久以前所作决定的路径依赖。

19世纪的国家性文化投资所带来的经济后果，在那些文化机构得以建立之后很快便显现出来——这些机构必须依赖大量的补助，且数额巨大。2009年，斯德哥尔摩的国家文化机构得到国家近10亿欧元的补助。其结果是，门票收入对于剧院、音乐厅以及博物馆的正常运营而言已经不再重要，约占总收入的不到15%。

市场条件也影响着画家、作家、作曲家和其他创造性艺术家的区位选择。大多数销售与推广艺术产品的企业（例如画廊、出版商和大众文化传播媒体）属于规模经济，因此必须位于拥有大型市场的地区。对于创意艺术家而言，选择靠近这些企业的区位很重要，这意味着他们能在毗邻斯德哥尔摩市中心的特定街区形成创意集群。

2.5.5 斯德哥尔摩：一个科学创意中心

斯德哥尔摩地区是世界领先的科研中心之一。最新的文献计量数据显示，该地区在科学索引（SCI）期刊中发表的文章数居世界第25位，欧盟第9位。近几十年来，斯德哥尔摩地区的科学创新

表2-2 2001—2010年，16~64岁员工按职业分类

作家和创作或表演艺术家										
名称 \ 年份	2001	2002	2003	2004	2005	2006	2007	2008	2009	2010
瑞典（人）	32880	33768	33793	34296	35123	36753	38517	39097	38501	38115
斯德哥尔摩（人）	15886	160527	16114	16412	16843	17761	18708	18918	18717	18411
斯德哥尔摩/瑞典（%）	48.3	47.5	47.7	47.9	48.0	48.3	48.6	48.4	48.6	48.3

资料来源：瑞典SCB职业数据统计，2012年

地位在欧洲得以巩固，而具有相当科研发表量的美国地区，如圣地亚哥或休斯敦都拥有更大的人口基数。图2-6显示了30个世界领先的创意地区在2006年至2008年间的SCI科研成果发表量。

图2-6的30个地区形成了一个独特的全球科学创意阶层，并具有明显的位序一规模分布模式。瑞典，尤其是斯德哥尔摩地区在生命科学领域具有优势，并多聚焦于生物医学、临床医学、生物学等学科。斯德哥尔摩超过一半在SCI期刊上发表的科学研究报告来自生命科学领域。生命科学研究方面最重要的地区研究机构包括卡罗林斯卡学院，乌普萨拉大学和瑞典农业科学大学。

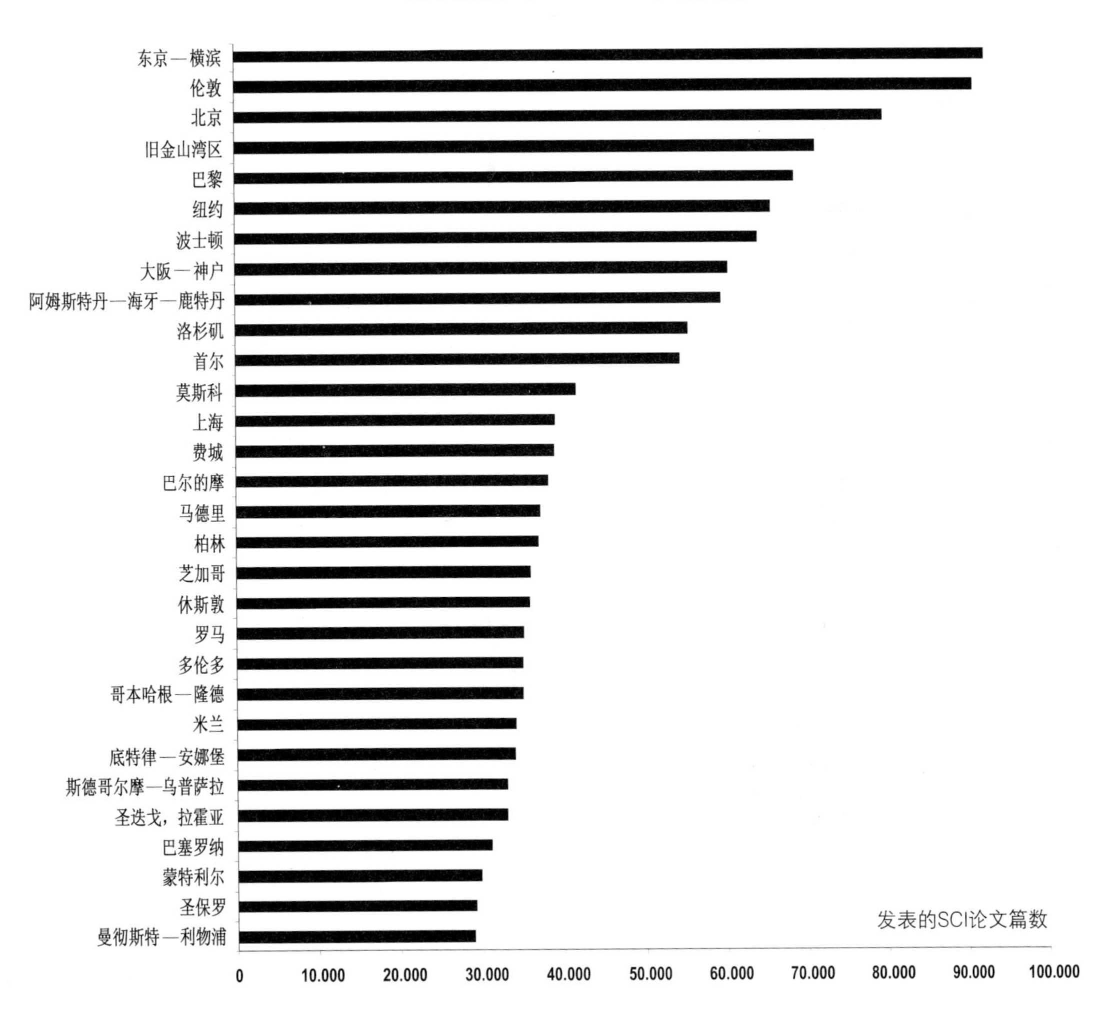

图2-6　SCI发表量居于世界前30的科学、医药及工程科研中心，2006—2008年（资料来源: Matthiessen et Al, 2011）

图2-7显示了瑞典大学的研究部门的交通便捷度（小汽车），指标被分解到次区域的城市层面上。这张图显示出瑞典科学创意的地理集中性。对依靠科技研发的产业部门而言，坐落于蓝色区域之外是毫无意义的。蓝色区域相应地代表着瑞典三大都市区域:斯德哥尔摩、哥德堡以及马尔默（请注意，马尔默是跨国的厄勒地区的一部分，其中不仅包括隆德大学的一部分，也包括其他排名靠前的大学如哥本哈根大学、丹麦科技大学）。

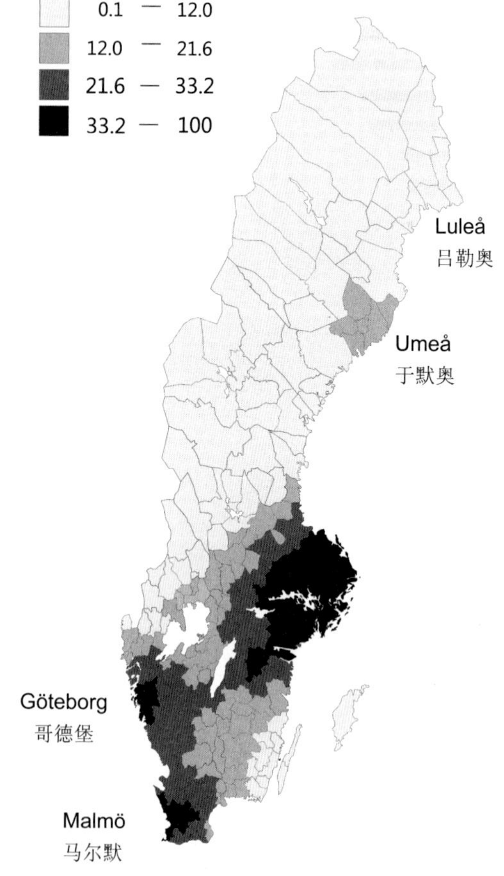

图2–7 瑞典大学科研部门的交通便捷度指标

2.5.6 创意区域政策

成功的研究型大学与美术及表演艺术院校构成了地区创意基础设施的关键要素。受过高等教育劳动力的易得程度是另一个重要影响要素。最近，佛罗里达（Florida，2001）则强调了价值观包容的重要性。

从更广的角度来看，一个城市之所以能成为创意中心不仅源于好的大学、便捷的可达性以及包容的价值观，正式制度（Formal institutions）也同样重要，虽然这一点常常因为传统上关注的是具有许多共同制度特征的区域所掩盖。美国各州都有各自不同的法律与法规，并影响到州际的移民流动（Andersson，Taylor，2012）。然而，美国各州以及城市功能区域之间的体制差异要远小于地理接壤而文化不同的民族国家，如墨西哥与美国，或瑞典与俄罗斯。更不用说，美国或者瑞典比起墨西哥或俄罗斯来，能提供更好的创意与创新机制。即使墨西哥及俄罗斯政府将建设世界一流大学作为其首要公共政策，墨西哥城及莫斯科仍然难以在创意领域同纽约及斯德哥尔摩相抗衡。可以说，墨西哥、俄罗斯以及其他新兴经济体，在有利于创意的体制机制方面仍较为落后。

从创意与创业角度来看，比较有利的制度性前提包括保护言论自由、制定透明公正的法律、对个人财产权的保障以及创新性创业活动的利润回报。根据对制度效力最有影响力的研究，目前较为理想的体制环境主要存在于西北欧与北美两大区域，以及其他历史上受英国体制影响的地区（如澳大利亚、新西兰以及中国香港）。不管我们怎样看待科学、专利以及艺术设计的地理分布，创意产出几乎全发生在拥有这些基本制度特征的国家中，且这些国家的创意活动常常聚集在那些能为创意提供最好微环境的大城市地区。

在关于经济发展的文献资料中，还会经常性地提到非正式制度，特别是人际信任的重要性、其对市场交易成本的影响以及组织治理成本（North，2005）。简单而言，给予未知他人以未知利益的总体倾向，将促进一些逐利生产计划的制定及富有吸引力的市场交易的达成，从而加快创意、创新和经济发展的步伐。然而，对他人予以信任并非世界的普遍法则。根据世界价值观调查，同意“大多数人是可以信任的”观点的人所占比例从特立尼达岛的4%至挪威的74%不等（World Values Survey, 2005—2008），全球的平均数约为25%。

虽然人际信任仍然在创意社会的塑造中居于重要地位，人际容忍度已经越来越成为社会非正式制度结构中的加值部分。这意味着不仅要信任文化相似的其他群体，更重要的是要容忍——甚至于信任——那些文化显著不同的群体。这里存在一个假设，即广泛而分散的创造性工作的理想（但不寻常的）发展环境，是一个具有以下九个特征的城市区域：

（a）超过平均水平的人际信任度（非正式制度）。

（b）超过平均水平的开放性与社会容忍度（非正式制度）。

（c）创业友好的税收系统、法律及规范（正式制度）。

（d）提供多元化的基金以支持艺术及科学领域的创意活动。

（e）大量、富裕、多元的人口。

（f）至少一座大型研究性大学。

（g）良好的区域、国家及全球交通可达性以及通讯网络。

（h）预测需求与实际供给之间的不平衡。

（i）科学以及其他创意范式在一定程度上的不稳定性。

除了税收体制上的明显例外，瑞典，特别是斯德哥尔摩地区具有上述催生创意社会的大部分前提条件。而瑞典的税收制度——异常低的个人收入水平配以超过50%的边际个人所得税税率，资本利得税也高于经合组织平均水平——则无法对创意及创业活动提供有效的激励与引导。表2-3通过定义一组变量，反映创意社会的一般性国家制度先决条件。

基于以上变量，有那么一部分国家同时具有较高的信任度、容忍度并能提供富有吸引力的法律与法规。这些国家同时也具有较高的人均科技生产力、便捷的交通以及国际移民的净流入。表2-4根据国家创新指数（NCI）——结合正式和非正式制度效力以及人均科学产出，对世界上14个最具有创造力的国家和地区进行了数据比较。

表2-3 创意的相关变量

变量	定义	来源
科学	500所最具实力大学的研究成果的引文指数	荷兰莱顿大学
信任	相信“大部分人值得信任”的人口比例	“世界价值观调查”
容忍度	接受同性恋邻居的人口比例	“世界价值观调查”
法律	自由经济指数（1–10），2009	弗雷泽研究所（Fraser Institute）
国家创新指数（NCI）	国家创造力指数（1–100）	科学、信托、宽容和法律因素的加权平均

表2-4列出了世界上14个最有创意的国家和地区，排行最靠前的国家包括北欧国家、瑞士、荷兰和加拿大。在亚太地区，澳大利亚、新西兰和中国香港相比于北京、东京、大阪、首尔、上海等地区拥有更为优越且长远的总体创意与创新环境，而后者则具有良好的科学集群（日本和韩国地区的主要劣势在于较低的容忍度，而中国地区则在法律方面得分较低）。

2.5.7 斯德哥尔摩的创意特质

根据表2-4，瑞典成功胜过瑞士和丹麦，成为最具创意的国家。但正如前文的论述，瑞典远没有实现均衡统一。人口220万的斯德哥尔摩-乌普萨拉地区占瑞典的创意产出比例远高于其人口及劳动力所占比例。2005—2009年间，这一地区的人均科技产出是国家平均水平的2.27倍（占瑞典全国科技产出的53%）。这意味斯德哥尔摩地区的科技产

表2-4　国家创意指数：最具创意的14个国家及地区

排名	国家 主要地区	信任 （最高分=100）	容忍度 （最高分=100）	法律 （最高分=100）	科学 （最高分=100）	国家创新指数 （最高分=100）
1	瑞典 （斯德哥尔摩）	92	100	80	83	100
2	瑞士 （苏黎世）	73	92	89	100	99
3	丹麦 （哥本哈根）	90	96	83	79	98
4	挪威 （奥斯陆）	100	96	81	45	91
5	荷兰 （兰斯塔德）	61	99	81	80	90
6	芬兰 （赫尔辛基）	79	80	84	55	84
7	加拿大 （多伦多）	58	88	87	62	83
8	澳大利亚 （悉尼）	62	81	89	49	79
9	新西兰 （奥克兰）	69	85	91	33	78
10	中国香港	55	61	100	61	78
11	美国 （旧金山、纽约、波士顿）	53	77	84	54	76
12	英国 （伦敦）	41	85	86	56	75
13	比利时 （布鲁塞尔）	41	86	79	55	74
14	德国	50	87	83	32	70

业具有127%的超额表现。斯德哥尔摩地区的四大创意产业集群为金融服务、信息和通信技术产品及服务、媒体和艺术以及企业服务，这些产业2008年的超额比例分别为104%、73%、65%以及35% (Johansson，Klaesson, 2011)。此处更为重要的是进出口的超额值：约翰森（Johansson）和克拉森（Klaesson）注意到，斯德哥尔摩地区在2004年占有瑞典全国人口的23%，却在由专业贸易公司组织的所有贸易领域里，占据进口及出口值的57%与51%。

“雅各布（Jacobs，1984）指出，大都市地区的一个特质在于其与世界其他经济体之间大量的通信及进出口互动。尤其是，大都市地区相比于其他地区拥有更丰富的进口结构，而这些进口产品则进一步增加了本地制造品的多样性。然而，最为重要的是，大都市地区从世界经济体中进口的创新产品，将刺激本地已有或潜在的企业启动其自身的生产更新，并帮助这些企业进一步探寻新的商业契机。这一景象可以参见17世纪的阿姆斯特丹以及19世纪的伦敦，并同时适用于当代的斯德哥尔摩地区。”（Johansson，Klaesson, 2011: 469）

伟大的创意城市拥有著名的大学，但它们同时也拥有多个创意集群以及巨大的进口量。大学、集群以及进口物流，是创意工作者们可以加以创造性利用的思想源泉。外来的新思想不仅仅是商品，也包括人。这一点同时也在斯德哥尔摩与整个瑞典的对比中得以印证。2007年，第一及第二代移民构成了斯德哥尔摩区域26.3%的人口，并相较于全国拥有52%的超额比例。

2.5.8 结论

世界上最具创意的国家具有四个特质：它们有较高的人际信任度；它们有较大的包容性；它们拥有开放和透明的法律制度；它们拥有高水平的科技产出。在每一个这样的国家里，创意都高度集中于大都市地区。相较于这四个国家创意因素，大城市同时还拥有优越的交通可达性以及完善的地区创意基础设施（大学以及文化机构）。不管就哪一方面而言，斯德哥尔摩都是全球最具创意的地区之一。科技产出、就业结构、设计因子以及许多其他因素都可以得出同样的结论：斯德哥尔摩在人均创意方面，即使不居首位也毫无疑问的属于第一集团之列。

因此，如果区域创意总量是关注的对象，那么毫无疑问，伦敦和纽约是两个大热门。然而，如果将焦点放在区域创造力的均值上，那么我们将得到另一组最佳城市，它们并不是汇总了那些新思想的来源地，而是拥有最具创意的城市氛围以及最触手可及的“后工业时代”气息的城市。斯德哥尔摩就是这第二组城市的一员，其中也包括一些大名鼎鼎的城市，如苏黎世、阿姆斯特丹、温哥华以及旧金山。这些城市都成了这样一个群体，它们的工业化已近尾声，只有极少数人从事制造业，工业社会的传统价值观（民族主义、因循守旧等）正逐渐从人们的脑海中淡忘。因此，可以合理的推断，这些城市所代表的全新发展图景，将在未来的岁月里变得愈加普遍。这些图景既包括人们所普遍期待的也包括人们所不愿面对的现实（例如高离婚率以及人口老龄化）。当然，不同地区之间总会存在差别，斯德哥尔摩与旧金山将永远不会在经济与文化上同质化。但是，考虑到主要的结构性特质，我们仍将大胆地得出这样的结论：斯德哥尔摩将不仅是一个创意城市，它还将代表未来人类的发展图景！

参考文献

[1] ANDERSSONÅE. Creative People Need Creative Cities. In: ANDERSSON D, ANDERSSON Å E, MELLANDER C (Eds.). Handbook of Creative Cities. Cheltenham: Edward Elgar, 2011: 14-55.

[2] ANDERSSON Å E, BECKMANN M B. Economics of Knowledge: Theory, Models and Measurements. Cheltenham: Edward Elgar, 2009.

[3] ANDERSSON D E, ANDERSSON Å E. Infrastructural Change and Secular Economic Development. Technological Forecasting and Social Change, 2008, 75: 799-816.

[4] ANDERSSON D E, TAYLOR J A. Institutions, Agglomeration Economies, and Interstate Migration. In: ANDERSSON D E (Ed.). The Spatial Market Process. Bingley: Emerald, 2012: 233-263.

[5] FLORIDA R. The Rise of the Creative Class. New York: Basic Books, 2003.

[6] JACOBS J. Cities and the Wealth of Nations. New York: Random House, 1984.

[7] JOHANSSON B, KLAESSON J. Creative Milieus in the Stockholm Region. In: ANDERSSON D E, ANDERSSON Å E, MELLANDER C (Eds.). Handbook of Creative Cities. Cheltenham: Edward Elgar, 2011: 456-481.

[8] NORTH D C. Understanding the Process of Economic Change. Princeton: Princeton University Press, 2005.

2.6 汉堡 / Hamburg

一座德国创意城市的发展策略

莱纳·穆勒（Rainer Müller）著

刘源 译

Creative Urban Development Strategy of Hamburg, Germany

汉堡是仅次于首都柏林的德国第二大城市。作为德国的一个城市州[①]，汉堡与联邦州具有相同的地位。然而，就像它的伙伴城市上海以及很多国家的第二大城市一样，虽然汉堡在经济方面比首都柏林更具活力，但它的发展常常处于“首都优先”的政治阴影中。汉堡能够成为德国最富有的城市，一方面要归功于它所拥有的世界上最大的内陆港之一“汉堡港”；另一方面，在大都市的全球竞争中，它独特的区位因素对于吸引投资和聚集专业人才也发挥着重要作用。为了不断提升城市的国际影响力，汉堡采取了一系列促进措施，如建筑和文化方面的示范项目和为全球流动精英提供住房等。在城市发展政策中，对创意工作者的支持也越来越多地受到关注。

虽然德国的很多城市和区域目前都面临着人口减少、老龄化加剧、经济衰退等诸多问题，可汉堡却在蓬勃发展：居民不断增加，经济实力日益提升，居住区面积持续扩大。如今，生活在汉堡的人口有180万之多，整个汉堡大区的人口更多达430万。在欧盟的271个区域中，汉堡拥有最高的国内生产总值，城市配套的文化和休闲设施也数不胜数。这些条件使得汉堡无论对于企业还是求职者来说，都充满了吸引力。

文化和创意产业对汉堡的发展具有极其深远的

① 德国共有16个州，其中柏林、汉堡和不来梅3个州具有“城市”和“州”的双重地位，称为城市州。这种设置类似于中国的直辖市。——译者注

意义。汉堡有超过64 000人正在从事媒体、广告、音乐产业、建筑、表演艺术、应用艺术和文学等行业，另外还有数以千计的自由职业者在相关行业中自主工作。每年，这些行业可创造约190亿美元的收入，占汉堡经济总收入的4.6%左右，由此带来的旅游效益也相当可观：城市每年约有400万人的酒店过夜量和约1亿人的日访问游客量。他们大多数是来观看戏剧、音乐会或者参观博物馆的，由此产生的文化消费约在10亿美元左右。

2.6.1 “港城”的建筑和示范性项目

为了满足城市发展对居住、办公室和商业用地的日益增长的需求，汉堡不得不设法开发出更多的可建设用地。针对这个目标，位于城市南部的“港城”（Hafencity）成为汉堡在21世纪头10年中最大的开发建设工地。作为欧洲最大的内城发展项目和世界最有名的滨水区项目，预计至2025年，这里将会因此诞生一个新的城区。这个新城区占地约157公顷，能容纳1.2万居民和4万雇员，同时还将有办公室、小商店、餐饮、酒店和文化设施进驻。相应的配套设施，如住房、公园、广场、街道、独立地铁线、休闲设施、学校、幼儿园和汉堡港城大学（Hafen City University）等也会逐步建立并完善。目前，港城约有一半的设施正在建设或已完工。

港城的地标是由曾设计过北京奥运会国家体育馆的瑞士建筑师雅克·赫尔佐格（Jacques Herzog）和皮埃尔·德·梅隆（Pierre de Meuron）设计的“易北交响乐厅”（Elbphilharmonie）（图2-8）。交响乐厅内部主要设有三座音乐厅和一家旅馆。尽管由于工程费用过高，导致工期延迟以及开放时间无法最终确定（最早可能在2012年夏

图2-8　港城标志性建筑“易北交响乐厅”

季），但易北交响乐厅在它竣工前就已成为汉堡市新的标志建筑——它甚至取代了城市原有的传统地标。毫无疑问，任何媒体报道、旅游指南、城市形象宣传手册和博览会都不会轻易错过这座著名的建筑。

大量建筑名流的参与将给港城带来类似于“名牌制造”的特殊效应。因此，国际知名的建筑师们不断被邀请带着他们的建筑单体设计方案来到汉堡：负责设计北京CCTV总部的荷兰建筑师雷姆·库哈斯（Rem Koolhaas）在港城参与设计了科技中心；来自意大利的马西米利亚诺·福克萨斯（Massimiliano Fuksas）设计了一个交叉路口的通道；伊拉克裔英国女建筑师扎哈·哈迪德（Zaha Hadid）将港城林荫步道装扮成汉堡迄今为止对游客最具吸引力的兰顿大桥（Landungsbrücken）……此外，汉堡的本土建筑师哈迪·特黑瑞尼（Hadi Teherani）设计了“中国海运”的欧洲总部。另一位同样来自汉堡，因规划临港新城而闻名的建筑师麦因哈德·冯·格康（Meinhard von Gerkan）以及其他几位德国知名建筑师也都参与了港城的建设。这些建筑名流和他们杰出的示范项目都将为提升港城乃至汉堡的国际知名度作出巨大贡献，把一个富有活力的现代化大都市的形象传达给全世界。不过，现在判断这些项目的吸引力尚为时过早，许多本地居民和部分外来访客对于那些已经竣工、知名度不高的项目仍然采取观望态度。

港城高品质的商业和居住建筑无一例外地成为汉堡最昂贵的地产财富。因此，港城实质上只是属于富裕阶层和支付得起高额租金的公司的城区。作为一个企业驻地，港城主要用于满足企业集团的各种需求和可能性。除了“华纳兄弟”和德国最重要的杂志《明镜周刊》选址于此之外，一些中等规模的广告和媒体公司也落户在这里。然而，特殊的空间集聚形式使港城与汉堡的其他创意基地存在着很大区别：港城在下班后变得冷冷清清；一些住宅只会偶尔被国际商务人士当作自己的第二或第三居住地，抑或用于投机；带小孩的家庭和年轻的夫妻在这里屈指可数。

为了使这个城区能够恢复生机，汉堡采取了一些逆向调控措施。2010年，汉堡修订了港城总体规划，并鼓励在新的建设用地上给家庭、中等收入人群甚至大学生们提供更多的居住空间。当然，引入文化和创意工作者也将给城市注入更多丰富的都市元素。为此，城市发展公司“港城汉堡公司”支持并促进了不少文化活动的开展，比如古典节、爵士节和文学节等。为给港城增光添彩，赋予城区年轻“创意”的形象，很多先锋艺术活动也成为城市重点支持的对象。

2.6.2 “上港区”：为“创意氛围”寻找公共空间

修订后的港城总体规划中有一个名为“上港区”的创意城区。与原先设想不同的是，这一片地区的土地并未被出售，而是由城市自己经营。在港城的边缘区域，有一排普通仓库和砖瓦结构的行政楼——对于这些现存建筑，城市会给予充分保护并在今后的几年中通过插入新的建设项目进行完善补充，以便给创意者们提供更多的使用空间。不过迄今为止，更完善的规划和设计方案尚未出台。

城市发展局在《汉堡的创意氛围和公共空间》分析报告中，重点研究了汉堡的其他潜力地区以及“上港区”的发展远景，并给出了乐观的评价和建议。建议指出，要极力促进“有活力的空间利用倾向和空间产品”，特别是一些临时性的空间使用。2010年递交的分析报告中又新增了10个潜力城市地区。这些地区涵盖了转型地带和传统功能被逐渐弃置的一些区域，比如工业荒地、未利用的铁路建筑、坐落于城市附近衰落城区里的空置办公用地和商铺等。这类地区很多都位于内城，有的分布在铁路和快速公路之间，或者工业设施的背侧，有的处在港口和集装箱仓库之间的夹缝中。所有这些被调查的地区都已被创意空间的先锋者们发现并不同程度地加以利用。分析报告还提出了一些影响未来发展的应对措施。措施的影响范围很广：从“上港区”给创意工作者提供建筑使用，一直到“开放性”空间策略的形成。“开放性”策略的实施主要依赖于沟通手段，对于功能尚不确定的那些小型商业区里的私营业主，该策略表明，商业区对接纳新的工作与居住形式是完全开放的。与此同时，城市针对每一个被研究的潜力地区都制定了发展方案和处理措施。

2.6.3 传统工人街区的热点创意话题：绅士化、创意孵化器和共同工作空间

潜力地区的发展方案引起了参与者的广泛兴趣。这些区域集中了很多临时性用途，并表现出不同的特色，例如内城西部的创意热点区：善泽区（Schanzenviertel）、圣保利区（St. Pauli）和阿尔托纳区（Altona）。在这三个传统工人住宅区中，分布着密集的建筑和保存完整的建于经济繁荣时期的外墙，其中不乏历史悠久的厂房、屠宰场和一些商用内院。当中一部分建筑早在二三十年前就被文化创意产业加以利用。如今，这些城区已经发生了翻天覆地的变化：工人们基本都已迁出，取而代之的是艺术家、创意者、学生和越来越多收入颇丰的高级学者——也正是这些具有敏锐城市嗅觉的群体，才能真正珍视这里为数不多的咖啡馆、商店以及便利的地理位置。

自20世纪八九十年代，汉堡就将这些传统工人街区确定为改造区，并且从那时起就开始为基础设施的改善进行投资。为改造这些街区，汉堡市于1989年特别成立了“城市更新和发展公司”，公司的主要任务是将这些街区作为住宅和中小型企业聚集的地点进行保护和更新，并逐步改善地区居住条件。到2009年改造措施接近尾声的时候，善泽区有将近300套住宅在公共资金的帮助下粉饰一新，50套社会福利住房也已配套齐全，院内的绿化和游戏设施都已安置就位。

像其他很多欧洲大城市一样，这种变化是一种典型的绅士化（gentrification）过程。两三年前开始，汉堡公众讨论的重点就集中在变化本身的优缺点、受益者以及事实和假定的受害者上。无论在博客、讨论或者游行活动中，租金上涨和对原住民的排挤常常被指责为绅士化现象造成的负面影响，而创意者自身也成为这些负面影响的受害者。作为先锋他们率先发现了曾经声名狼藉的穷人区，并通过艺术手段、文化活动以及经营各式各样咖啡馆的手段提高了整个区域的价值，却也因此让高收入阶层逐渐对这个区域产生了兴趣。通过非官方渠道并由创意先锋引导的地区升值带给善泽区的负面影响不容忽视。在创意者们眼里，这里最初由不完整和无序所带来的能激发灵感的魅力在进化过程中无形地流失了。同时使用者也发生了变化，在艺术家们之后，紧随而来的是波希米亚人、个体经营者和有着更高收入的创意者，如建筑师、版画家和计算机专业人员。

此外，“城市更新和发展公司”更是通过推行创意孵化器和主题性地产开发，对地区的升值起着推波助澜的作用：比如为计算机游戏开发者提供的“游戏城港”（Gamecity-Port）、为音乐家和小规模录音师提供的“卡罗之星”（Karo-Star）等项

目。提供给工作在各个领域中的个体工程师、多媒体页面设计师、自由撰稿人等所谓的“共同工作空间”（Co-Working Spaces）眼下也越来越多地出现在人们的视野当中。

在圣保利区的创意中心里虽然没有这类创意孵化器，但却无形中产生了一种非常有创意的亚文化氛围。这种氛围在近港区较为恶劣形象的陪衬下反而有一种激动人心的感觉。在汉堡最著名的雷佩尔街（Reeperbahn）旁边聚集着老水手酒吧、拳击俱乐部、妓院、脱衣舞吧、音乐俱乐部，人们也能看见几乎不加掩饰的吸毒场景。在地下室和后院里更是汇集了画家、摄影师、首饰和服装设计师、二手商店和各种各样的活动中心以及画廊。这些都使得这片地区形成了一幅此起彼伏的绚丽场景。但是，这个街区在城市规划和房地产的影响下也面临着新的巨大需求和改造压力。大约从10年前开始，这里逐渐出现了一批音乐厅、高级酒店、时髦的鸡尾酒吧，甚至是办公用地和豪华住宅。它们的出现改变了当地的居民结构和生活感受，也让地区租金逐步攀升。同时，在城区改造过程中，很多创意氛围的生境也消失得无影无踪，比如艺术家工作室联盟曾经在雷佩尔街可长期使用的一个老保龄球馆，现在已经摇身变成了豪华酒店。在这之后仅一年，阿托纳区一个原本被艺术家作为工作室、画廊以及地下俱乐部使用的空置商场也被腾空。这些生境的遗失以及不被任何居民看好的升值措施甚至造成了大量地方性冲突。

2.6.4 IBA汉堡方案

与上述案例相反，对位于港城南侧易北河上的一座小岛上的威廉堡区，汉堡市采取了完全不同的城市开发政策。和港城一样，这个区域也被当作极具战略重要性的“跨越易北”（Sprungüber die Elbe）计划中的一个攻关项目。由于城市首先是在易北河北侧发展起来的，所以在易北河南侧仍有大面积的预留土地，这些土地资源可以缓解汉堡市与日俱增的用地需求。但是，正如曾经的圣保利区、善泽区和阿托纳区一样，威廉堡区的发展也曾明显走向了下坡路，并沦为低收入阶层和各种社会问题的聚集区。

为了刺激对预留土地的开发以及抑制城区向贫民区单方面发展的势头，汉堡市特别将艺术和创意氛围当作城区发展的政策口号。2007年开始运作的汉堡国际建筑展（IBA）就是重要的应对手段之一。在德国不同城市不定期举办的IBA迄今已有超过100年的历史，其主旨在于不断尝试新的建造和居住形式，此外它还逐步发展成为城市重建和城市营销的手段。截至2013年，IBA汉堡项目会在威廉堡区继续推进城建工程，IBA公司特意为此举办了各种各样的建筑竞赛。随着建造在水边或者水上的具有革命性的“混合房屋”（Hybrid Houses）和“水房子”（Water Houses）的落成（图2-9），新的居住阶层将被吸引到这里。目前，“混合房屋”正在建设当中。

同时IBA还有意识地支持文化产业的进驻和艺术家在当地的介入。对此，IBA试图与以可用性为基础的创意概念划清界限。他们强调并不会单一地接受由理查德·佛罗里达（Richard Florida）提出的“创意阶层”（Creative Class）的概念——利用创意促进经济发展。IBA汉堡方案更趋近于对创意的广义理解。这个方案试图将重点从创意领域单纯的经济促进政策，转移到艺术和文化的非物质功能上。为了集中参与者的内部和外部潜力，一个个切合当地社会和文化实际状况的项目将逐步实施。

正在计划的创业中心“音乐工坊”就是一个很好的范例。作为一个文化多元的城区，威廉堡

图2-9　威廉堡区的IBA建设项目

区拥有众多的来自非洲、亚洲和东欧的居民。文化多样性和大量移民的青少年后代，使他们在打破种族和文化隔离、实现融洽的日常生活过程中问题重重。IBA却将这些问题看作是发展的潜力，这种潜力机会蕴藏在不同的文化和年轻人对音乐的热情之中，可以通过不同的措施将其引上创意的轨道。在就业指导日上，专业的音乐家、DJ和音效师向年轻人展示了通过音乐行业，如大大小小的音乐节和城区活动等，可以获得的广泛就业机会。学校也在致力于唤醒年轻人创造的激情以及对团队合作的支持。从2012年开始，“音乐工坊”将会给对音乐感兴趣的青少年和专业人士提供相互认识的空间以及排练和演出的机会。在与城区学校和音乐行业的合作中，IBA期待的不仅仅是为威廉堡区内受教育层次相对较低的青年人提供更好的工作前景，更重要的还是由其带动起来的整体社会效应。

另外，一个名为“本地经济、教育和培训中心”的项目开始面向那些职场前景并不乐观的成年人。除了培训，它的焦点还落在创造这类成年人同艺术家和教育机构合作的机会上。在这个项目的支持下，未完成学业且有德语障碍的长期失业妇女通常会获得纺织、服装、设计行业（特别是作为裁缝）的培训及就业机会。很多服装设计师在中心有他们的工作室，并让当地的裁缝来缝制他们设计的作品。当然，中心还提供一些其他方面的培训，比如教授德语和商业知识等。目前，中心设立在城镇中的一个老工业厂房里，并在此基础上进行了扩建。现在，头16个工作岗位已经安置就位，未来一共将有100个新增岗位和40个培训点入驻。

还有一个名为“艺术家联盟”的项目展示出了完全不同的发展意图——因为它同时面向城区外的

创意工作者。在一个汉堡市所属的工业企业过去的行政楼里，汉堡市正联合未来的使用者共同打造拥有摄影棚、艺术工作室、办公室、活动室和住房等的综合功能区。2012年，大约60位画家、雕刻家、建筑师、版画家、摄影师、舞蹈家和演员将集体进驻此地，并因此获得较低的租金和长期租赁合同。这一次，艺术家们再也不用担心在城区面貌得以改善、城区价值提升后，必须黯然离去的结局了。由此可见，对于参与改造的使用者来说，规划的确定性应该得到很好的保证，同时避免“绅士化”在这个过程中可能带来的负面影响。在改造的过程中，IBA和当地的艺术家联盟还联合举办了展览、音乐会和一些临时的文化活动项目，并邀请当地的居民一同参加，这样大家就不会感觉这座“艺术家之家”是城区里忽然出现的一个陌生事物了。

2.6.5 汉堡的“创意公司”

汉堡的发展不只体现在IBA项目所呈现的成就上。港城的非正常发展以及在易北河北岸创意城区出现的冲突一并导致了很多城市更新思想的根本转变。为了进一步实践这些新思想，汉堡市特别成立了一个“创意公司”。作为一个支持创意产业的城市服务性企业，这个“创意公司”主要致力于为创意和文化的临时活动提供相应的空间，并全力发展城市总体规划修订过程中确定的创意街区和其他创意性城市区域。

2.6.6 成功的自下而上战略

那些集中干涉城市空间的创意战略，如在善泽区建造主题小区、创意中心和对公共空间进行投资等，都已取得预期的成果。然而，和其他内城附近的创业热点区一样，这些成果并非都是毫无争议的，其中一些计划的实现经受了激烈的讨论。比如，城区的巨变以及原本孕育创意工作的自由小生境的流失加剧了城市发展中的冲突——这使得更多的人加入到抗议者的队伍中，并不断展开更有组织性的活动。这种情绪很快就蔓延到整个城市。在这期间，几个小的抗议团体组成了强大的抗议网络。他们不仅反对消灭每个小生境的做法，抗议某些城区的绅士化现象，而且还明确指出应该抛弃由政府发起的“自上而下”的城市战略。此外，各个阶层的市民也都曾参与到反对拆除老建筑的抗议活动中。

艺术行业最活跃的从业者们最大的成就是运用“自下而上”的战略自主创造了一个创意街区。自2009年夏天起，他们拥有并重塑了甘厄

图2-10　转型中的甘厄街区

（Gängeviertel）街区（图2-10）。甘厄是一个历史悠久的城区，早先由政府卖给了房地产开发商，它是城市里最后一个人们还能看得见历史的地方。在这个位于城市边缘的城区里，坐落着大约15所房子，周围矗立着现代化的写字楼和商店。原本开发商打算拆除形状不规则的房子及其内院，用以建造更多的现代化商店。但由于承受了过大的社会压力，政府很快买回了这块地并和艺术家们一起制定修缮和开发方案。虽然其中一些小房子目前还没有获得官方使用许可，但总的来说，甘厄区已经逐渐发展成为汉堡市最生机勃勃的地方之一。现在，以德国著名画家丹尼尔·里克特（Daniel Richter）为首的约200名艺术家拥有这些老房子。他们在这里设置了开放的画廊和一个酒吧，组织朗诵会、音乐会、讨论会和其他一些文化活动，并带领来访者参观这些建筑。这些行为作为一种交流的媒介，帮助他们树立了相当的社会影响力，并很快稳固了作为拥有者的社区地位。

汉堡在诠释创意街区的过程中积累了很多经验，这在无形中推动了当地规划者和政客们对于城市发展思想的一些根本性转变。他们意识到，由国家调控的“自上而下”规划和升值战略在不结合“自下而上”战略的情况下常常是行不通的。另外，如果仅仅通过传统的城市发展方式和经济政策打造城市的创意环境，结果也常会事与愿违。他们也进一步认识到，自由的活动空间对于创意本身来说是必不可少的。因此，汉堡对于城市发展的过程基本形成了一种开放包容的态度，而这种态度的形成却是无法规划的。

参考文献

[1] IBA HAMBURG Ed(s). Kreativität trifft Stadt: Zum Verhältnis von Kunst, Kultur und Stadtentwicklung im Rahmen der IBA Hamburg. Hamburg: Internationale Bauausstellung (IBA) Hamburg, 2010.

[2] http://www.hamburg.de/contentblob/2052460/data/gutachten-kreative-milieus.pdf

[3] http://www.hafencity.com/en/home.html

[4] http://www.elbphilharmonie-bau.de/index_flash.php?language=en ?

[5] http://www.elbphilharmonie.de/home.en

[6] http://www.herzogdemeuron.com

[7] http://www.gmp-architekten.de/en/news.html

[8] http://www.marcopolotower.de

[9] http://www.iba-hamburg.org/en/00_start/start.php

第三章

亚洲的创意城市

Creative Cities in Asia

- 香港 / Hong Kong
- 北京 / Beijing
- 光州 / Gwangju
- 金泽 / Kanazawa
- 横滨 / Yokohama
- 台北 / Taipei

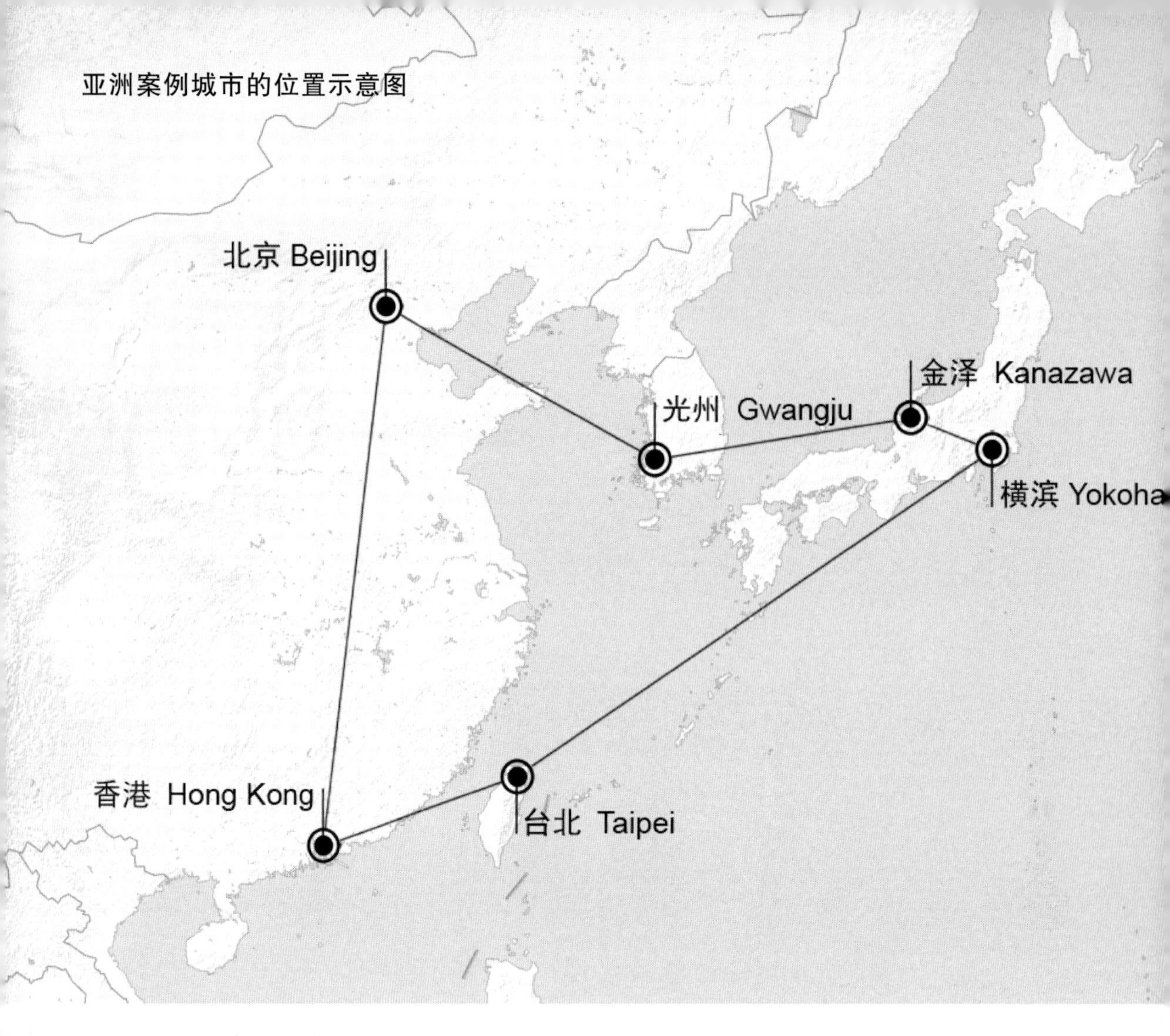
亚洲案例城市的位置示意图
北京 Beijing
光州 Gwangju
金泽 Kanazawa
横滨 Yokoha
香港 Hong Kong
台北 Taipei

镜头里的创意实践

ART
HK
10

危險勿近
路開屋拆
殘留成半
留影真煩
步步驚心
安全第一
安全第一

이곳에 쓰레기를
무단투기 · 소각하는 자는 100만원 이하의
과태료 처분을 받게 됩니다.
대형생활폐기물을 신고없이 버리는 행위
공사장이나 주택가에서 쓰레기를 소각하는 행위
건축물 폐자재류 등을 불법으로 버리는 행위
재활용품과 일반쓰레기를 혼합배출하는 행위
청소행정과 신고전화
☎ 731-1564~6, FAX : 731-0790
종 로 구 청 장
동덕아트갤러리
2006 10.25~31
LU HAO
October 18 - November 12, 2006
HANSUNG UNIVERSITY
DIVISION OF MEDIA DESIGN
DEGREESHOW
OCTOBER 25_28
2 MONSTERS
Indie-AniFest 2006
of Our World
이재식 한국화展
전통진채
송현숙 Song Hyun-Sook

HONGTASHAN
HONGTASHAN

3.1 香港 / Hong Kong

东西方之间的创意城市

龙家麟（Alan Ka-lun Lung）、克劳斯·昆兹曼（Klaus Kunzmann）著
曹梦醒 译

Hong Kong: Creative City between East and West

3.1.1 香港：一个介于东西方之间的中国城市

中国香港是世界的“要穴”之一，活力四射、激动人心，融合了东方与西方、古老与现代，是一个充满了强烈对比的地方。英国塑造了香港，但这座拥有七百万人口的城市又与中国内地紧密相连。它属于中国三个巨型城市区之一的珠江三角洲，处在多种文化的交汇口。

香港是世界上最重要的金融中心之一（与纽约和伦敦并列），也是世界排名第38位的经济体。人们常说，这个城市是文化黑洞，是一个为赚钱和交易而生,却无法生产艺术的城市。但这句话仅仅说对了一半。这个“商业社会”里并不缺少社会和文化意识，人们对公平竞争和社会公正也有很强的认识。而且与中国内地同级别的城市相比，香港更加富有自由思想的精神。

香港曾是清代中国的边远前哨，自1841年中英签订《南京条约》后，香港成为英国殖民地。经验丰富的历代英国执政者建立了香港的法律和行政管理设施，并以英国的经验作为模板。从根本上讲，香港的行政管理体系“法律完善、管理良好”，即使是中华人民共和国在1997年恢复行使香港主权后，这个体系也一直完好地保留着。

如今，“一国两制”的政治口号引导着香港本地和中国内地在这个使用汉语和英语两种语言的城市中实行的政策。根据香港的“小宪法”《香港特别行政区基本法》，香港特别行政区政府是一个独立的管理系统，而《基本法》则受到中英两国间双边条约《中英联合声明》的约束。

根据《基本法》，香港的城市、经济和文化政策均在本地政府的自治范围内。出于对政治上强烈

反对的忧虑，上述政策不属于北京的中央政府能够或特别希望干涉的领域。在实施方面，《基本法》和《中英联合声明》[①]均给予香港本地行政管理较大的自由权，使之可以启动和执行地方发展方略、计划以及项目。

香港拥有一个强大的公民社会，它生机盎然却组织松散。香港的知识分子热衷于倡导思想和价值观，有影响社会政策的能力。大多数公民团体成员的主要议程是人权、政治改革、性别平等、社会平等以及环境问题。很多团体成员也对文化、文化的识别性以及文化创意产业有强烈的兴趣。但是，经济政策发展的构建并不是香港的公民团体最为关心的议题。由于缺少捐助，经验、资源匮乏，组织架构不完善，很少有非政府组织提出过条理清晰的政策建议。

3.1.2 文化和创意在香港扮演的角色

香港没有卓越的文化设施，不是那些为了参观一流的博物馆、实现新的音乐体验或欣赏新锐建筑旗舰项目的游客的目的地。但是，香港也并不只是一个金融中心，它有着悠久的节庆文化和传统。香港市民会隆重庆祝中国农历新年，享受中秋佳节和许多其他中国传统节日，并欢庆所有的西方节日，如圣诞节、复活节、万圣节和啤酒节。每年春季，全世界都会关注香港的橄榄球七人赛。香港艺术节和香港国际电影节也已经分别举办到了第39个和第35个年头，吸引了全世界的艺术和电影团体。他们高度评价节庆的水准，享受这里独特而优美的城市景观，并欣赏粤菜和多种风格融合的美味佳肴。香港民政事务局对表演艺术产业、香港艺术节和香港国际电影节已经支持了三十多年。

粤剧是一个能够展现这里强大的文化和表演艺术产业的光辉范例。20世纪40年代到70年代初，在没有借助香港政府的任何帮助下，粤剧达到了伟大的艺术高度。目前，世界上只有广州和香港两个城市可以继续发扬这项文化遗产，而在粤语人口大量聚集的香港，粤剧更是深入人心。然而就在最近，粤剧行业主要因为高地价的影响出现了经营困境。因此香港特别行政区政府会在2015年年底“戏曲剧院”竣工前，一直为剧院提供资助，这项新设施将是西九龙文化区内的第一个建成项目。

香港拥有一个用来服务本地社区的密集的文化设施网络。分别于1962年和1989年建成的中环大会堂和尖沙咀文化中心，就是文化设施网络的组成部分，它们直接由香港特别行政区康乐及文化事务署管理。16处旨在服务地方街区的设施散布在香港全域。这些设施的预约量很大，频繁地被用于学校演出、毕业典礼以及其他本地文化和表演活动。

近年来，城市中各处旧工业区（如火炭、九龙湾、观塘等）的厂房都转变为创意产业的办公室或工作室。这些创意产业“集群”遍布香港，其中大部分都与香港地铁系统有便捷联系。企业选择这里是由于创意产业的经营者们被厂房的低房租所吸引，它们都是随着制造业自20世纪80年代早期开始转移到中国内地而遗留下来的闲置厂房。

在香港，与文化创意产业相关的政策仍然十分缺乏条理。民政事务局（包含了文化部门的职能）负责表演艺术，每年为其提供28.2亿港币的资助。中央政策组负责政策研究。香港贸易发展局旨在为国际贸易创造便利机会。这种情况促使新的香港

① 《基本法》是香港的“小宪法”，它由中国全国人大于1990年4月4日通过。《中英联合声明》是中英两国1984年12月19日在北京签署的国际协定。

特别行政区执行长官梁振英提议设立独立的文化局（或文化部门）监管文化创意发展和创意产业的政策。但是，这个提案遭到了立法委员会的反对，因此“文化部”的成立最早也要等到2013年4月。

香港同时还拥有作为知名先进高等教育中心的国际形象。有四所大学提供了范围广泛的教育项目，包括知名的美术和应用艺术，以及设计、建筑和音乐等领域的教育。香港没有专门去关注文化创意产业方面的教育，中产阶级的家长经常通过私人小提琴课、舞蹈课和美术课来鞭策自己的孩子。但这些似乎并没有推进艺术和文化的职业发展，毕竟这些职业的前景不是特别明朗。但是，随着西九龙文化区的陆续建成使用，这种情况会发生颠覆性的改变，因为届时香港将十分缺乏有经验的艺术管理者和表演艺术专家，对此当地大学正在开始制定教育计划来应对上述需求并解决未来10年至15年中可预见的人力资源短缺。

艺术和文化的人力资源已经成为市政府近期的关注点，原因是伴随文化和创意经济的兴起，人才的竞争变得愈发激烈。在艺术和文化部门的人力资源研究这方面，香港正通过采取现状评估工作并从艺术组织与该领域的从业者等社会组织那里收集观点及关注点等方式，试图追赶其他国家。西九龙文化区的执行总裁迈克尔·林奇（Michael Lynch）在一次午宴演讲上说，他已经和大学和学院进行了对话，并“开始看到围绕这些问题已经有令人鼓舞的数据出现”。尽管政治难题仍然困扰着梁振英先生领导的政府，但在准备把香港定位为全球有竞争力的文化创意经济中心的工作上，似乎已经取得了实质性的进步。

英治时期，香港一直在中国的城市中有着特殊的地位。回归中国后，香港的政治身份已经发生改变，但其特殊性丝毫不减当年。根据“一国两制”协议，香港仍然可以与其他国家签署贸易条约，在奥运会中派出自己的队伍，制定属于自己、独立于中国内地的法律系统，并且仍然使用英语作为官方语言之一。但是，香港面临着来自上海和新加坡的激烈竞争，并一直在试图扩展自己的经济领域。其中一项宏伟的经济和文化计划是要成为“亚洲创意之都”。为实现这样的雄心，香港特别行政区政府已经拨出了216亿港币（约21亿欧元）和城市中40公顷的土地。

3.1.3 香港的创意产业

2010年，根据香港特别行政区政府的研究，并遵循广泛使用的英国文化媒体和体育部门的创意产业定义（DCMS-UK-definition），城市中创意产业的GDP超过了600亿港币（约占香港GDP总额的5%左右）。香港共有创意产业相关企业约32000家，其中大部分由私人建立，从业人员约17.6万人（约占370万左右劳动力的4.7%）。

作为世界贸易和金融中心之一，回归前的香港和如今的特别行政区政府也许没有想到，文化创意产业会成为其主要的经济驱动力——它是展示香港文化多样性的一项竞争优势，也是创造商业价值和就业岗位的工具。新的香港管理机构正试图改变之前所忽略的情况。尽管一些高附加值产业已经被特别行政区政府计入GDP计算中的创意产业之中，如广告、建筑、影视和时尚业，新政府宣布的工作目标还将进一步促成香港产业基础和经济生产力的多样化，这包括在未来10年至15年中培育有活力的文化创意产业。

在过去的七八年里，电影业和设计业的确得到了更多的关注，因此比其他行业获得了更多的经济支持。但是对文化创意产业中某些部门的支持，在许多方面仍然停留在一种“陈旧”的经济发展支持方式上。香港独一无二的历史和中西方之间的桥梁角色，以及它的法治、廉政、言论自由、信息自由及自由的市场环境，为香港提供了发展以“创新”、“创意”和“知识”为基础的世界一流经济体所需的基本条件。影视、电影、数码娱乐和建筑服务这类经济活动将会在香港繁荣发展，它们服务于亚太区域和中国内地市场，其重要意义远远超出了本地范畴。时尚设计是当地的传统强项，却连同香港的设计能力一起受到了忽视。它们应该可以发展得更好，实现香港经济在高附加值领域的多样性，例如强化对中国内地和世界其他地区的商业化科技输出。

一份《香港创意产业研究》的报告显示，香港的创意产业为城市贡献了约3.9%的GDP（略低于政府提供给立法委员会的约5%的数据），但提供了4.9%的就业（略高于政府提供的4.7%）。尽管创意产业占有的GDP份额与金融业相比较低（后者为19.5%），但它的从业人员几乎与金融业相同。这是香港作为贸易城市，金融业势力主导了这座城市的原因。它也表明，创意机构和公司团体在香港还无法充分展示自己的形象并提升创意产业的重要性，无法渗入到以创新、创意和知识为基础的香港未来经济发展之中。

3.1.4 促进香港创意产业的政策和方略

近年来，伴随着世界对香港文化创意产业或未来地方经济的重要性的关注，香港特别行政区政府已经推行了一系列研究对此领域开展探索和监测，从而为促进文化创意产业的发展提供策略。还有一些由非政府机构完成的其他的香港创意产业研究，它们是：

（1）2003年《香港创意产业的基线研究》发布。这是一份由中央政策组委托、香港大学文化政策研究中心完成的200页的报告，它可能是针对过去30年到40年中香港在这个领域所做工作的最学术和最全面的研究。这份报告根据英国文化媒体和体育部门的模型，研究了11项产业门类，但没有提出政策建议或实施计划。

（2）2005年的《香港艺术和文化指数》是英国咨询公司国际文化情报站受香港艺术发展委员会委托开展的研究。报告确定了香港的关键文化指标，旨在推行更加整体的政策发展方法，即“说出来（make it talk）”。研究运用的概念包括价值链分析、知识管理、英国文化媒体和体育部门模式中的创意产业以及社会资本开发。总体来说，这是一项高质量的精细的研究，它制定出了一系列非常有用的策略和方法。这份报告提出了可操作的政策建议，以及一份分项问题和建议的列表。但是，香港艺术发展委员会或者民政事务局是否拥有足够自由的政策权限去执行这些政策建议并付诸行动，即“行动起来（make it walk）”的前景仍然不明朗。

（3）2006年，乔纳森·汤姆森（Jonathan Thomson）完成了一项名为《香港：文化与创意》的研究。它由香港艺术发展委员会参与编辑，提出了名为“怎样成为一个创意城市”的思想并在论坛中加以讨论。这项研究尝试以论坛提出的想法，以及约翰·霍金斯（John Howkins）、香港特别行政区政府财经事务及库务局局长陈克强（K.C.Chan）教授和“矽谷文化启动”组织执行总监约翰·克莱德勒（John Kreidler）提出的思想为基础制定实施议程。由于某些政治和制度原因，这份文件设立的目标没有被推进和实现。

（4）《香港文化创意产业与珠江三角洲关系的研究》于2006年由香港特别行政区政府中央政策组委托给香港大学文化政策研究中心进行。

（5）香港智经研究中心也向香港特别行政区

政府递交过政策论文，题为《香港：一个创意大都会》。论文意图是将香港转变为一个创意大都会，并增加香港的总体竞争力和吸引力。因此其核心观点是"……激活香港的文化生态圈——城市空间、公共机构支撑、领导力、人才和知识以及创意经济"。但这份报告没有为未来的行动和实施提出一个清晰的策略。

（6）《香港创意产业研究》是由香港集思会于2006年完成的一篇短小的报告。这篇报告为香港特别行政区政府的政策制定者提出了11项简短实用的建议。其中一项建议提出设立"创意时尚区"（Creative IN Zone），连接香港岛中环地区的历史建筑和荷李活道的"前已婚警察宿舍"改造项目[1]（PMQ）。同时报告还建议提升"创意香港"[2]的地位，从私营部门里招募更多的雇员。

（7）最近一项为提升香港当地的创意产业知识做出的努力是2012年《香港人力资源情况和艺术与文化部门需求研究》，由香港中文大学完成并递交给特别行政区政府的中央政策组。研究总结并评价了当地的文化和创意经济的人力资源情况，明确指出香港具有在该领域中提升全球竞争力的发展需求。

这些研究表明，香港政府已经清楚地认识到需要针对促进城市创意产业发展的各项政策，建立一个坚实的信息基础。

2009年，在以往研究成果的基础上，特别行政区政府成立了名为"创意香港"的新的政府部门，它是香港设立的针对地方和国际的创意产业的制度机构和市场代理。政府预留了一笔3亿港币的额外预算来支助香港的创意产业，预算将用于支持政府的政策倡议：从人力资本开发、帮助初创企业、提升和产生需求，到将香港提升为"亚洲创意之都"。

尽管"创意香港"意味着一个能为创意产业提出稳定的战略目标和实施计划的工作单位，但政府对文化创意产业和项目的资助，是否能为香港带来就业和经济的增长仍然不十分明朗。虽然城市管理机构的每个人都在谈论创意产业，但迄今为止，香港还不能将所有政策举措整合在一起。显然，在使香港这样一个充满活力的城市更加有创意这方面上，创意领域的各个角色之间的协调还存在不足。

创立"创意香港"的常务秘书长栢志高（Duncan Pescod）先生在一次午宴演讲上说，政府"……将会重点关注基础设施，保证创意产业把该完成的事做到最好并且具有创造力。"他同时许诺会让市民参与到那些需要完成的事务中。可惜的是，他未能将自己的想法进行到底，因为在整合并提出支持"创意香港"的管理框架后不久，他被调去了房屋署担任署长。事实上，香港已经有一系列合适的政策可以将创意内容、创意服务、创意体验和经济价值创造联系起来，从而使文化创意产业变得重要且可持续。然而，商务及经济发展局这个监管创意产业的政府部门一直忙于处理其他更多的问题，如竞争法的实施，规范旅游经营者和与香港特别行政区政府管辖的公共广播机构香港电台（RTHK）相关的出版自由问题。香港仍然需要等待一套支撑文化创意产业并能相互协调和合理实施的政策框架的出现。

① 2010年3月，发展局和商务及经济发展局发出邀请，征求有兴趣的机构和企业提交建议书，把荷李活道前已婚警察宿舍改造成为标志性的创意中心。
② 商务及经济发展局其下一个专责办公室，于2009年成立，重点工作是去牵头、倡导和推动本港创意经济的发展。

但是，有一些更加大胆的政府部门的确比其他部门创造出了更多的成果。发展局并不是创意产业政策策划的成员，但在香港中环区以“前已婚警察宿舍”的形式预留出了创意发展的物质空间，未来将花费约4亿港币对其进行修缮改造。一位私人慈善家也将投资1亿港币，用于提供软性基础设施来建设香港创意产业的标志性中心。这个项目预计在2014年投入使用。

说到将香港的设计业推向世界，香港设计中心是一个合格的成功案例，尽管这个项目并没有聚焦在创意维度上，也没有制定改变香港文化创意产业中极其重要部分的战略目标。设计中心的基本任务是传达政府的设计政策。它得到了充分的资助，并通过一年一度的“设计营商周”会议提升了香港在全世界设计业中的认知度。批评香港设计中心的人认为除了组织会议以外，设计中心没有做太多工作帮助香港产业将“设计”作为非凡的途径，来提高产品、服务和制造的质量，以及向消费者传递服务和体验。

“数码港”（Cyberport）也许是最强大和最有活力的经营机构，已经在为其关注的数码娱乐业提供产业孵化计划上取得了巨大的成功。数码港是总值为158亿港币（20亿美元）的政府全资公司，也是香港信息通讯技术设施的旗舰。2009年以前，它还是一年一度的数码港创业投资论坛的组织者。数码港的数码娱乐培育计划为初创企业提供了物质空间、网络、培训和业务辅导，并向申请成功者提供10万元港币的一小笔资助，让他们可以证明自己的创业概念和开发雏形产品。数码娱乐培育计划自2007年运行以来，已经有49家初创企业“毕业”，其中一些获得了多轮的风险投资基金，已经独立成长为成功的商业实体。这些“毕业生”仍留在数码港娱乐培育网络中，并为新的企业担任经验顾问。这样的企业培育计划为香港文化创意产业的其他部门树立了优秀的样板。

香港赛马会是全市最大的慈善公益事业捐助商。它以“私人会员制俱乐部”形式进行管理，在香港有合法赌博的垄断权。俱乐部会时不时地资助一些城市的创意产业项目，一个主要的相关项目是对香港前中区警署的保护，由赛马会与香港特别行政区政府合作完成，这是香港依然能完整保留下来的最大的历史建筑组群。项目在功能上将整合表演艺术和创意产业内容。

为了推动香港成为亚洲文化中心，2008年全市决定将其文化设施提升到国际水平上。一个非常雄心勃勃的项目就是西九龙文化区。英国建筑师诺曼·福斯特（Norman Foster）在形体设计中获胜。西九龙文化娱乐区将坐落于九龙区的正中心，毗邻中国快速铁路系统的香港站——它联系了广州及所有中国内地的主要城市。这个项目将是香港文化艺术和表演艺术领域的新旗舰。目前，西九龙文化区仍然停留在绘图板上。2012年，在迈克尔·林奇（Michael Lynch）的领导下，这个项目似乎开始继续推进并走向了良好的开端。迈克尔是土生土长的澳大利亚人，在澳洲及欧洲的很多文化区项目中任职，包括悉尼歌剧院和伦敦的南岸中心项目。在梁振英领导的新特别行政区政府的政策支持下，西九龙文化区的规划和建设正在顺利进行。西九龙文化区面临着极好的机遇，将以人性化的独特方式来提供应有的服务，很可能在未来10年至15年中真正使香港处于世界的文化版图中。

3.1.5 评价和展望

位于中国内地门户上的亚洲金融和贸易中心，这仍然是香港主导的城市形象。然而令人吃惊的是，像香港这样一个充满活力、激动人心、让人眼花缭乱的地方尽管付出了相当多的制度性努力，但直到今天仍然不能群策群力提出更加协调的创意实施举措。鉴于香港市民和企业的创造力，香港本应能够取得更多成绩。这个城市并不缺少资源，也不缺少来自市民社会的想法。多年来，一些与创意产业相关的政府单位也一直在忠诚地向公众提供服务。以创意城市为目标，香港所拥有的东西方之间的地理位置、国际化社会的双语环境以及通向中国内地的巨大市场，是世界上其他城市几乎无法具有的巨大地方资本。

北京的中央政府和香港特别行政区政府都不厌其烦地向国际社会说明，在“一国两制”的协议下，香港享有除外交事务和国防问题之外的高度自治。在实践中，北京的中央政府已经限制了中央部委和地方政府的高级官员对香港的访问，从而最大限度减少内地的干涉。因此，香港的文化创意产业仍然可以完全独立于中国内地自行发展。

香港需要在亚洲及世界文化创意产业市场中找到合适的位置。香港很有可能能够制定出相互协调的政策举措，来链接创意产业、文化艺术内容以及实体基础设施项目。香港还需要提出一个能更好地与本地经济发展相联系的文化创意产业的发展展望。

尽管香港的最初定位不是一个“文化创意城市”，但卓越的物质基础设施、经过杰出规划的“与铁路相连（Rail-linked）”的土地利用环境，都是香港进一步发展为充满活力的文化创意城市需要的十分重要的基础条件。香港还具有商务、网络、合法成熟的行政管理系统，它们共同作用于城市的未来。不过，香港需要意识到自己在政策制定能力上的弱点，需要确立自己的目标并将其与出色的实施能力挂钩，而实施能力一直是香港的标志。然而，鉴于香港立法机构的多样性和强有力的反对，香港需要有更多的政治领导、出色的调停、有效的政策发展能力和良好协调的政策措施来一同使它变成一座创意城市。

3.2 北京 / Beijing

政府引导下的“文化创意产业聚集区”发展

唐燕、黄鹤 著

Beijing：The Government-led Development of Cultural and Creative Industrial Clusters

3.2.1 **创意北京：文化创意产业的发展与新兴**

作为全球拥有世界文化遗产最多的城市，北京这座人口近2000万的大都市，是有着3000多年建城史和800多年建都史的历史文化名城，荟萃了自元明清以来的中华文化精华，聚集着全国一流的创意人才和各领域的行业大家。在这里，清华大学、北京大学等近100所高等院校为北京创意阶层的培育提供了最好的沃土，以中关村为代表的高新技术产业让北京位居知识经济的前沿，城市中156座博物馆、25个公共图书馆和近300个演出舞台营造出浓厚的文化氛围，京剧、相声、景泰蓝制作、交响乐等更让这座都城显示出独特的艺术魅力。

新中国成立后的60多年间，北京城市文化产业政策经历了两次重要转型，一是20世纪90年代中从强调公益性的文化事业转向文化事业与文化产业并重发展；二是2005年开始从发展文化产业转向强调文化创意产业对城市建设的支撑作用。这一时期中国本土文化创意企业和创意聚集地的萌芽，以及20世纪末期源于西方发达国家和地区对经济转型、高端服务业和文化创意等的重视带来的“西学东渐”的影响（Landry，2000），国内相应政策的出台等使得文化事业和文化产业相关课题成为我国“十五”和“十一五”期间全国建设的热点。在这种大环境下，北京无论是继续强化首都的文化中心地位，建设有中国特色的世界城市，还是培育城市经济增长的新引擎，都需要在产业结构升级转型的浪潮中重视发掘城市文化资源的综合价值，将文化创意产业的发展置于重要位置 。[1]

① 创意产业强调创新发展，具有低耗能、高附加值、追求精细化和个性化生产等特点，从而与以批量化生产和严格的劳动市场为主要特征的“福特主义”经济模式相区别。

长期以来的文化积淀，以及新文化、新技术和新思潮的发展，使得北京初步形成了相对分散的“多中心”文化创意空间格局（图3-1），包括久负盛名的798艺术区、宋庄小堡村，以及成长中的南锣鼓巷、CBD地区等。2006年《北京市文化创意产业分类标准》颁布，将北京市的文化创意产业分为文化艺术，新闻出版，软件、网络及计算机服务，广告会展，艺术品交易，设计服务等9大类。

图3-1　2006年北京市主要文化创意产业的空间分布

据此标准，“十一五”期间北京文化创意产业占全市地区生产总值的比重已经达到10%以上，成为第三产业中仅次于金融业的第二大支柱产业(张京成，王国华,2012:18)。全市文化创意产业规模从2004年的613.6亿元增长到2010年的1697.7亿元，其中软件、网络及计算机服务行业在北京的发展势头最好，其次是新闻出版行业和广播、电视、电影行业。相关从业人员从2005年的84万人增长到2010年的122.9万人①。文化创意企业数量亦呈现出快速增长，以朝阳区为例，2010年年末文化创意企业达到近40000家，是2005年的2.3倍（http://www.bjchy.gov.cn）。不同类型的企业从自身需求出发，对争取政府在各个层面上给予多渠道的支持表现出了极大期望。

3.2.2 政府引导下的创意城市建设：文化创意产业集聚区

立足城市文化创意产业的发展现状，划定具有相应资金和政策配套支持的文化创意产业聚集区、文化产业示范基地或示范园区等是一种快捷简易、能够较快地在物质空间上体现出成效的途径，因此这种政府引导下的产业集群式发展模式在北京、上海②、苏州、厦门等中国各大城市中被普遍采用。自2006到2010年年底，北京市先后认证了30个市级文化创意产业集聚区（表3-1），覆盖了全市16个区县和8大重点行业（图3-2）。这些集聚区，有的已经发展得颇具规模，在全国乃至世界声名远播，如798原创艺术集聚区、潘家园古玩交易地区、中关村若干高新技术园区；有的还处在未来尚

表3-1　北京市级文化创意产业聚集区的认定

年代 名称	2006年12月 第一批（10个）	2008年4月 第二批（11个）	2010年3月 第三批（2个）	2010年11月 第四批（7个）
创意产业集聚区	1. 中关村创意产业先导基地 2. 北京数字娱乐产业示范基地 3. 国家新媒体产业基地 4. 中关村科技园区雍和园 5. 中国(怀柔)影视基地 6. 北京798艺术区 7. 北京DRC工业设计创意产业基地 8. 北京潘家园古玩艺术品交易园区 9. 宋庄原创艺术与卡通产业集聚区 10. 中关村软件园	1. 北京CBD国际传媒产业集聚区 2. 顺义国展产业园 3. 琉璃厂历史文化创意产业园区 4. 清华科技园 5. 惠通时代广场 6. 北京时尚设计广场 7. 前门传统文化产业集聚区 8. 北京出版发行物流中心 9. 北京欢乐谷生态文化园 10. 北京大红门服装服饰创意产业集聚区 11. 北京（房山）历史文化旅游集聚区	1. 首钢二通厂中国动漫游戏城 2. 北京奥林匹克公园	1. 八达岭长城文化旅游产业集聚区 2. 北京古北口国际旅游休闲谷产业集聚区 3. 斋堂古村落古道文化旅游产业集聚区 4. 中国乐谷-首都音乐文化创意产业集聚区 5. 卢沟桥文化创意产业集聚区 6. 北京音乐创意产业园 7. 十三陵明文化创意产业集聚区

① 资料来源：北京市统计年鉴（2006—2011）。

② 在北京产生首批10个政府认定的集聚区之前，上海已有50个集聚区。

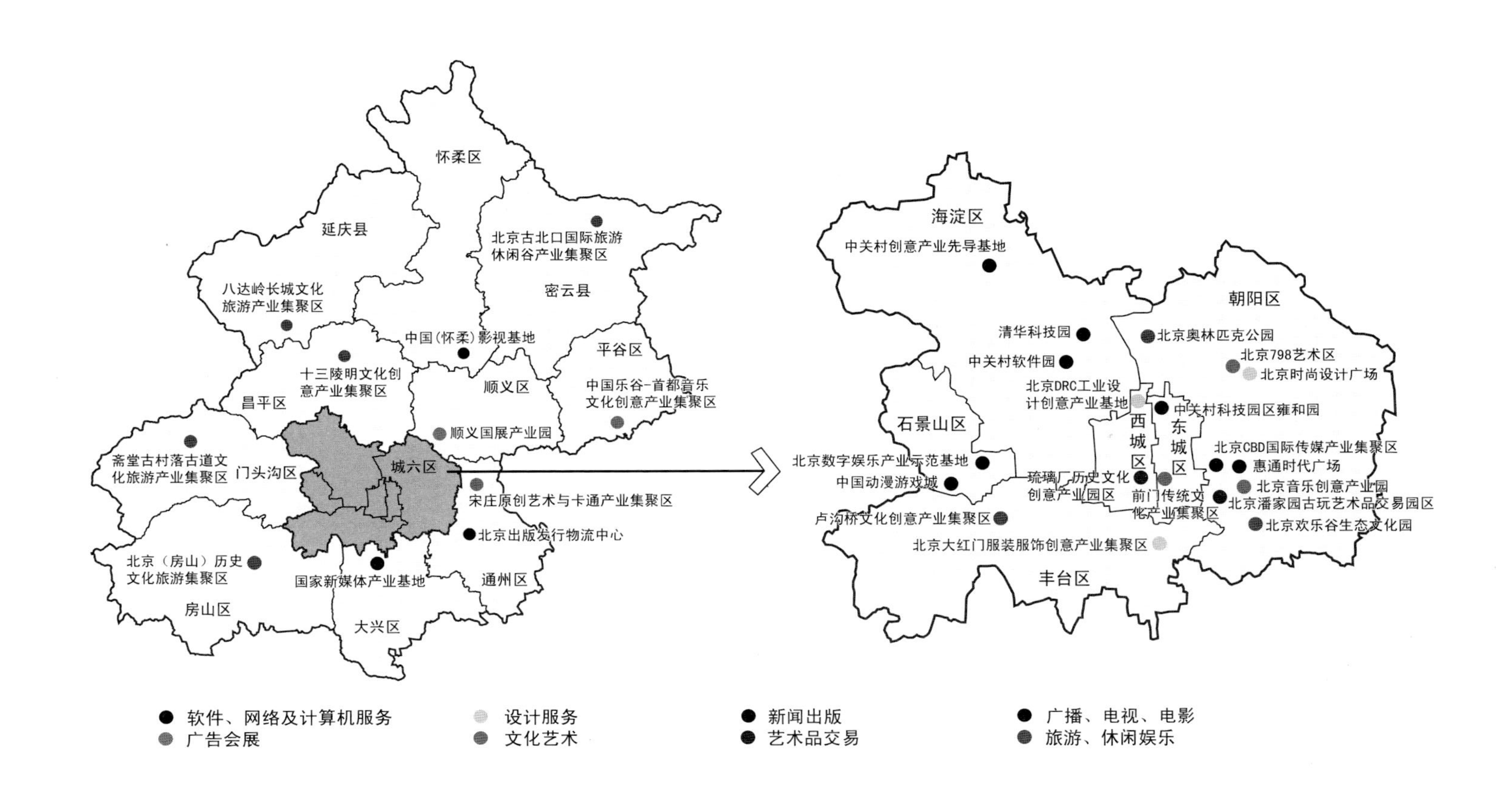

图3-2 北京30个文化创意产业集聚区的分布状况

不确定的孕育阶段，特别是位于周边区县的聚集区，如大兴国家新媒体产业基地以及众多以旅游为主题的聚集区等。

3.2.3 “自上而下”的文化创意产业集聚区的政府推动途径

推进产业空间集聚发展的好处早在马歇尔的外部经济理论中就有所论述，它既可以促进专业化投入和服务的发展、为具有专业化技能的工人提供共享的市场和交流环境，同时还能使公司从技术溢出中受益（马歇尔，1997），此后胡佛、克鲁格曼、波特等更将有关研究拓展到规模经济、产业集群、交易成本、竞争优势、知识外溢等分析框架之中（Hoover，1948；Krugman，1991；迈克尔·波特，2002）。但是，创意产业集群与普通产业集群有所不同，不能简单拷贝将企业园区紧邻技术中心（高校、研发机构等）布局的常规模式。“创意产业集群既是工作的地方，又是生活的地方；既是文化生产的地方，又是文化消费的地方。”①2006年针对北京217家文化创意企业的调查显示（零点公司，2006），文化创意产业的从业人员对良好的人文环境、生态环境以及创意人群的聚集以及行业间的交流等方面有较高的要求。如此广泛的内容需要政府的积极参与和协调，将创意人员、公共代理机构、基金来源和私人部门有机联系起来，通过吸引创意人才来吸引企业的驻入（刘丽，张焕波，2006）。为此，北京市政府针对认定的文化创意产业集聚区，建立起了一系列资金、管理、政策、配套设施和服务上的支持途径，自上而下地刺激和推动着城市文化创意产业的发展，举例来看：

（1）资金支持

北京市确立了包括财政拨款、贷款贴息、融资担保等在内的一系列文化创意产业资金支持方式。例如，在专项资金方面，市政府设立了源于市财政拨款的每年5亿元的文化创意产业发展专项资金②和5亿元的聚集区基础建设资金，很多区县也设立有本地区的文化创意产业专项基金；在基金方面，创业投资引导基金③以及专项担保基金④对文化创意企业提供了一定的融资支持。

（2）专设管理机构

2006年11月，北京市文化创意产业促进中心成立，这是北京市专门从事推动北京市文化创意产业发展的常设机构，在参与落实相关政策法规、引进人才、整合社会资源等方面发挥作用。

（3）政策扶持

2006年到2010年年底，北京市及其区县制定文化创意产业相关政策法规60余项。其中，北京市政府陆续出台了针对产业分类标准前8类的营业税和个人所得税相关政策⑤，在中关村各个园区中，原本只针对高新技术企业的所得税减免政策也适用

---

① 资料来源：UNESCO，What Are Creative Clusters[EB/OL]. http：//porta1. unesco. org accessed 26 August 2006.

② 2006年开始，采取贷款贴息、项目补贴、政府重点采购、后期赎买和后期奖励等方式。

③ 2007年开始，初始规模3亿元，2009—2011年每年从文化创意产业发展专项资金中安排1亿元，由北京市文化创意产业促进中心作为引导基金出资方，吸纳其余投资机构参与。

④ 参见《北京市文化创意产业担保资金管理办法》。

⑤ 参见《北京市地方税务局文化创意产业税收优惠政策汇编》。

于园区内的其他文创企业。并且，文化创意产业成为北京人才引进的重点产业领域，进入人才在落户方面可以获得一定的政策倾斜。

（4）设施配套和服务支撑

2007年正式运行的“北京市文化创意产业投融资服务平台”，通过信息披露、投融资促进、登记托管、资金结算等服务工作机制，为数百家文化创意企业提供了融资咨询服务，并帮助上百家企业成功融资累计近10亿元。其他诸如国际版权交易中心、科博会、中小企业金融服务等平台也从不同方面促进着北京文化创意产业的发展。

（5）丰富文化盛事与创意活动

2003年北京开创了一年一届的国际性戏剧、交响乐、舞蹈三大“演出季”；2006年始创的“中国/北京国际文化创意产业博览会”年年定期举行；2008年举办的奥运会将北京新的世纪形象传播到了全世界；2011年“北京国际电影节”盛大开幕……文化活动大力推动了城市形象的塑造、创意精神的树立和创意氛围的营建。

3.2.4 北京文化创意产业集聚区的空间利用与产业布局

空间是文化创意产业发展的重要物质载体，文化创意产业集聚地的形成源于特定的文化资源条件、历史积淀、地理区位、人才和市场等诸多因素。从类型上来看，北京30个文化创意产业集聚区利用的城市空间类型主要包括：胡同街巷和四合院（3个）、工业弃置地（5个）、近郊村落（3个）、传统文化活动场所（1个）、奥运场馆（1个）、新开发地区（12个）、自然和人文景观区（5个）七大类。如果将30个集聚区简要划分为“高新技术关联型”、“文化艺术关联型”、“休闲娱乐关联型”和“传播展示关联型”四类，可以看出北京的创意格局呈现出一定的空间分布规律，即在多中心分散的总体状态下，表现出一定程度的小区域聚集特点，形成“大分散、小聚居”态势，而海淀和朝阳两区则成为北京文化创意产业最为集中和繁荣的两大中心（图3-3）：

（a）高新技术关联型的文化创意产业集聚区主要位于北京中心城区的西北部，覆盖海淀和石景山两区，以中关村科技园和中国动漫游戏城等为代表；

（b）文化艺术关联型的集聚区集中在北京中心城的东部，主要分布在朝阳区，包括798、音乐创意产业园、潘家园和大红门服装服饰等。另有位于外围区县的宋庄和乐谷，将此类集聚区的空间布局从中心城东部继续向市域东部延伸；

（c）休闲娱乐关联型的集聚区在外围区县主要位于北京市域的西部山区，包括古北口、八达岭和十三陵等。在中心城区，这类集聚区呈三叉型布局，从北部的奥运公园穿越旧城中轴线到东南侧的欢乐谷和西南侧的卢沟桥；

（d）传播展示关联型的集聚区主要分布在中心城以东的区县中，包括怀柔的影视基地、顺义的国展产业园、通州的出版发行物流中心等。此类集聚区在中心城区则集中在东二环附近，以CBD传媒产业集聚区和惠通时代广场为代表。

3.2.5 文化创意产业集聚区对城市建设的影响

文化创意产业聚集区对于文创企业的空间分布起到了一定的引导作用。对朝阳区的调研显示（零点公司，2011），该区有9488个文创企业位于划定的22个聚集区内（8个市级聚集区，14个区级聚集区），占所有34 557个文创企业的27.5%，占确

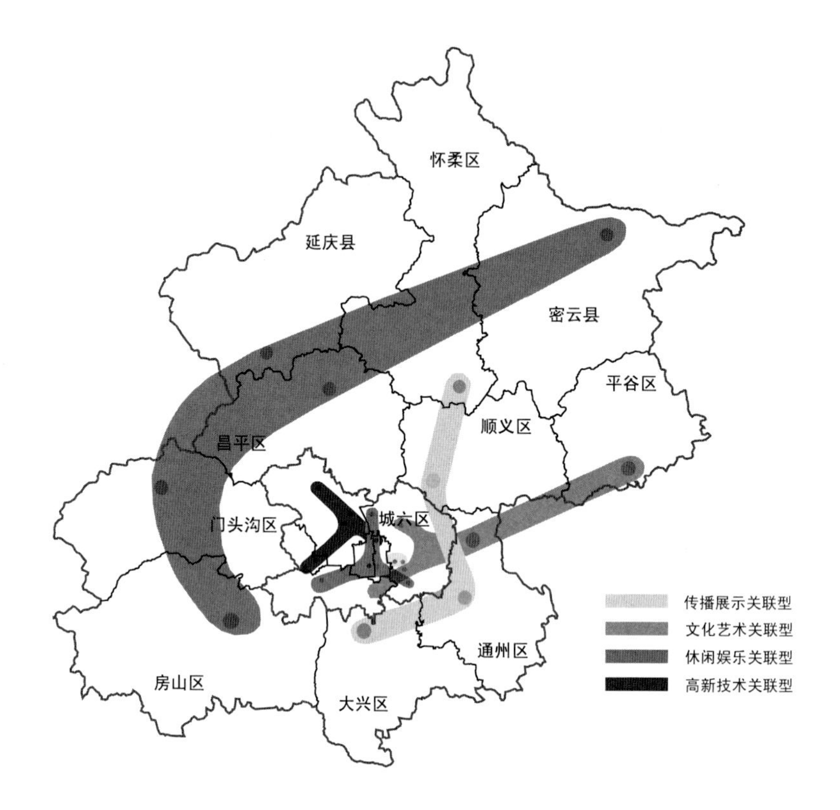

图3-3 北京文化创意产业集聚区的产业空间布局结构

认存在的16 419个企业的57.8%。文化创意产业集聚区的政府建设举措对北京城市建设的影响日益显现，这不仅表现在通过传统胡同、四合院的改造和再利用实现旧城更新的新模式上；也彰显在借助文化和创意力量推进北京城郊新农村建设和城市工业遗产的创新使用上；同时还体现在新型城市活力空间的生成，以及城市声望和吸引力的宣传和拓展上。

（1）旧城改造与更新

历史街区积淀已久的文化资源、传统建筑营建的空间形态、街巷肌理构成的秩序特色等，提供了文化创意产业借以生长的最佳场所，琉璃厂、前门、中关村雍和园都是借助旧城改造和更新发育而成的文化创意集聚区。位于北京旧城和平门外的琉璃厂大街有着780多年历史，从明朝初期开始就享有“九市精华萃一衢”的美誉。清朝时期来京参加科举考试的举人集中居住于此，使得这里逐渐发展成为京城最大的书市，与此相关的笔墨纸砚、古玩书画、印刷出版等也相继兴盛。新中国成立后，琉璃厂在城市现代化进程中一度衰落，沦为房屋破败、基础设施匮乏、环境脏乱的场所，但文化创意概念的引入和渗透，使得这片古老的历史街区重新焕发青春。现今，琉璃厂地区有着上百家骨干企业和老字号，北京京都文化投资管理公司（国有独资）负责管理该地区文化创意产业开发的相关事业。作为集古玩艺术品交易业、传统手工艺制造业、城市文化旅游业和娱乐业于一体的大型文创产业集聚区，琉璃厂已经是国内外游客来京游览的必到之处。

（2）推进新农村建设

京郊附近一些农村地区既靠近城市建成区，又拥有交通便利、空间充足、环境幽雅、房屋租金廉价等优势。一些知名艺术家、文化团体或者艺术院校的先导性入驻，带动这些地区逐渐发展成为独具城乡特色的艺术家创作基地。临近798的草场地艺术区、位于东六环以东长安街延长线上的宋庄均是如此。凭借全国推行新农村建设的历史契机，这些地区积极利用政府资金和政策支持，取得了自身发展的长足进步。以宋庄为例，20世纪90年代初圆明园画家村拆迁，部分流失的艺术家聚集小堡村形成名噪一时的“宋庄画家村”，其影响力、规模和创意群体在之后的十多年中不断扩大，遍及周边地区的数十个村庄。通过房屋出租、后勤服务、协助创作、土地租借等多种途径，本地农民分享到了文化创意产业在经济增长、产业升级、环境面貌改善等方面带来的巨大收益，收入水平显著提高，生产生活方式也日趋城市化。虽然宋庄也曾面临“被拆迁”的多舛命运，但是艺术家的联合抵制保留住了这片文化天堂。现在，政府自上而下的建设步伐和艺术家们自下而上的个体发展渐渐步入良性循环（图3-4）。

（3）工业遗产再利用

联合国教科文组织指出工业遗产“包括建筑物和机械、车间、作坊、工厂、矿场、提炼加工厂、仓库、能源产生转化利用地、运输和所有它的基础设施以及与工业有关的社会活动场所。”[①]北京798艺术区、751时尚设计广场、首钢二通厂中国动漫

图3-4　宋庄小堡村内艺术家租住的院落及国防艺术区

① 资料来源：2003年6月国际工业遗产保护委员会（TICCIH）在俄罗斯为工业遗产制定的《下塔吉尔宪章》，该宪章由TICCIH起草，提交ICOMOS批示，并最终由UNESCO正式批准。

游戏城、北京音乐创意产业园等均通过利用工业遗产成长起来，其中以798最为有名，被美国《时代周刊》评为全球22个城市艺术中心之一。北京798艺术区及751时尚设计广场位于北京朝阳区酒仙桥街道大山子地区，是原电子工业部所属706、707、718、751、797、798等6个厂的区域范围。2001年成立了七星华电集团负责统一管理除了751厂以外的5个厂，将闲置的厂房对外出租。2002年2月，美国人罗伯特租下了这里120平方米的回民食堂，开启了798地区的艺术之路。宽敞的建筑空间、适宜的租金和便利的交通吸引力，使得798/751艺术区内具有特色的包豪斯工业建筑通过与艺术结盟，孕育出充满魅力的创意城区。2003年这里的入驻企业和工作室达到七十几家，2004年数量又激增至100多家。截至2008年1月，入驻北京798艺术区的画廊、艺术家个人工作室以及动漫、影视传媒、出版、设计咨询等各类文化机构达400余家，汇集了画廊、设计室、艺术展示空间、艺术家工作室、时尚店铺、餐饮酒吧等众多文化艺术元素（图3-5）。

（4）打造新的城市活力点

北京CBD地区内聚集了众多的传媒机构以及大量的广告、咨询、设计等企业，和高度密集的商业办公共同形成了城市的活力地区。近年来，沿着通惠河从CBD至定福庄的城市走廊，开始形成城市创意企业的聚集地带，一些新建的和依托原有厂房改造形成的城市创意街区不断出现。前者如与CBD一水相隔的二十二号院街区、位于定福庄的三间房国际动漫产业园等；后者如位于CBD地区内的尚8设计创意园、由京棉二厂改造而成的莱锦创意园、北京音乐创意产业园等。在这里，既有以文化创意生产为主的地段，如传媒动漫（尚8、三间房动漫产业园）、图片生产（竞园图片产业基地）、音乐制作（北京音乐创意产业园），也有以文化创意消费为主要特征的地区，如结合了木马剧场的二十二院街区、以古玩家具销售展示为主的高碑店民俗文化园区。繁荣的产业发展局面、热烈的文化氛围让CBD附近成为北京最为活跃和最具吸引力的新兴地区之一。

图3-5　798艺术区内具有特色的建筑与室外雕塑

（5）产业园区开发

在北京中心城的边缘地带，文化创意产业聚集区多以大型展览中心或园区的方式出现，高科技园区在其中扮演了重要角色。软件、网络及计算机服务的产业总值已经占到北京文化创意产业总量的50%左右，百度公司、新浪网络、清华同方、汉王科技等企业在促进城市经济发展上均有着上乘表现。起源于20世纪80年代初“电子一条街”的中关村科技园区，经过十几年的发展，现已形成一区十园的发展格局，包括海淀园、丰台园、昌平园、电子城科技园、亦庄园、德胜园、石景山园、雍和园、通州园和大兴生物医药产业基地。与城市核心地段高楼林立的建设情况不同，此类集聚区充分发挥地段周边的山水环境优势和公交延长线带来的诸多便捷资源，多以低密度的建设模式、良好的生态环境和低层建筑群来形成富有特色的城市新区，如位于海淀东北旺的中关村软件园和依托中关村石景山科技园的北京数字娱乐产业示范基地等。

（6）旅游、文化创意与产业的联姻

虽然将卢沟桥、斋堂古村落、八达岭、古北口等文化旅游景区纳入到文化创意产业集聚区之中尚有值得商榷之处，它们更适合被称作文化旅游产业集聚区——但这种做法在一定程度上可以强化旅游、文化与创意之间的联系，促使集聚区重视和努力形成三者之间的联动发展。明十三陵文化创意集聚区中的国际艺术园、上苑画家村、瓦窑作家村在历史文化景域中辟设出了一片田园型的艺术创作天地。北京奥林匹克公园在2008年奥运会结束之后，为了实现长效发展，开始培育观光旅游、赛事承办、文艺演出、会议展览等后续产业，从而转变为更具多样性和文化创意特色的城市片区。在八达岭长城文化集聚区中，“长城脚下的公社”通过集群式建筑设计享誉海内外，“探戈坞音乐谷”正开创性地探寻集聚音乐演出和音乐人的艺术之路，著名电影人张艺谋等策划的以长城为主题的大型山地实景演出《印象·长城》等，也加倍提升了这个地区的艺术和创意氛围，给历史景观增加了更多的内涵和风采。

3.2.6 实践检讨与未来展望

集聚区在不同程度上促进了北京文化创意产业的兴盛，除“市级”集聚区外，北京很多区县相继公布了自己行政范围内的“区级”创意文化产业集聚区。然而，这种短时期大面积推行文化创意政策和空间开发的做法，逐渐显露出圈地面积过大、资源利用与分布空间不均衡等一系列问题。因此，北京文化创意产业的未来建设举措应避免一些流于形式的表面繁荣，强化公共服务，培育良好的产业发展环境，并重点关注以下几方面（黄鹤，唐燕，2012）：

（1）注重土地资源的有效利用与合理分布

截至2011年，北京全市划定的各类文创聚集区将近500平方公里，特别是周边区县的一些聚集区，动辄几十平方公里甚至上百平方公里。从国际发展经验来看，伦敦在2004年公布的文化战略中提及全市范围内文化资源高度集中的文化战略地区仅为8个[①]；纽约为人熟知的创意城区也仅

① 资料来源：The Mayor's Culture Strategy. London: Cultural Capital, Realising the Potential of a World-class city, 2004.（http://static.london.gov.uk/mayor/strategies/culture/）。

SOHO和百老汇剧场区而已——这些地区几乎都是经过较长时期自发形成的，文化资源有效聚集的空间范围通常不大于1平方公里。北京面积庞大的文化创意产业聚集区与实际的产业发展并不匹配，城市需要充分利用现有空间资源，将鼓励产业发展的政策落实到企业而不是简单的落实到园区，以减少借用发展文化创意产业名义进行圈地的现象。

（2）注重培育具有国内外影响力的创意城市品牌特色

无论是“时装之都”巴黎，还是“电影之都”戛纳，创意城市要在国内外产生相当的影响力和品牌效应，需要在某些领域表现出突出的特色和吸引力。北京在促进九大文化创意产业竞相发展的同时，需要找到其最具潜质和影响的领域加以重点拓展，扩大文化盛事和创意企业的知名度，从而在迈向创意城市的进程中与上海等中国其他城市区别开来，走出一条个性化的发展道路。

（3）注重产业政策实施的对象和实效性

北京的民营企业占到文化创意企业的48%以上，但是国有资本的比重超过70%（陈洁民，尹秀艳，2009）。非公资本大部分是中小企业，这些集群化的中小企业是城市创新的重要力量，但也往往最难得到政府相关政策和资金的扶持。政府资金和政策对这些中小企业的倾斜将有助于这些最具创新精神的企业的发展，也将有利于城市创意氛围的培育。与此同时，城市还要不断强化对知识产权的严格保护、对人才引进政策的落实等来增强建设举措的实效性。

（4）注重文化资源建设和利用的空间均衡性

在进行新的文化建设，特别是大型文化项目选址时，除了尊重其内在的产业布局规律外，北京还应重视文化资源在空间分布上的均衡性以及与人口分布的关系。北京可以有意识地将一些大型文化项目布置在城市的外围地区或经济弱势地区，考虑向南城、边缘组团和周边区县倾斜，并与项目设施周边地区的整体发展联系起来，注重功能混合以产生更为综合的成效。此外，项目选址要配以公共交通，特别是轨道交通的支撑，鼓励公交加步行的绿色出行。

（5）培育“自下而上”的产业发展途径

“自上而下”和“自下而上”是文化创意产业发展的两种重要途径，国际上文化创意产业繁荣发展的城市，其原动力相当程度上来自于后者。目前在北京，政府引导是城市文化领域发展的主要途径，在自上而下的城市文化建设过程中，北京一些大型文化设施硬件已经达到世界级的水平，体现出强烈的精英主义色彩。相对来说，自下而上的产业发展途径在北京较为薄弱，为数不多的草根艺术区不断面临着“绅士化”进程带来的艺术家流失的潜在风险。不同文化背景的市民、不同组织方式的艺术团体缺乏有效进行自我表述的具体途径，更不可能对政府的政策制定和资金分配等产生影响。由于多元与包容，以及自下而上的文化表述与回应是创意城市建设的重要组成部分，北京需要积极鼓励相关机制的建立（甘霖，唐燕，2012）。

（本论文已录用待发《现代城市研究》）

参考文献

[1] HOOVER E. Substitutability of Materials or Products. Location of Economic Activities, 1948: 44-48.

[2] KRUGMAN P. Geography and Trade. Cambridge: MIT Press, 1991.

[3] LANDRY C. The Creative City: A Toolkit for Urban Innovator. London: Earthscan, 2000.

[4] 陈洁民，尹秀艳. 北京文化创意产业发展现状分析. 北京城市学院学报, 2009(4): 9–19.

[5] 甘霖, 唐燕. 创意城市的国际经验与本土化建构. 国际城市规划, 2012(3): 54–59.

[6] 黄鹤, 唐燕. 文化产业政策对北京城市发展的影响分析. 国际城市规划, 2012(3): 70–74.

[7] 零点公司. 北京市文化创意产业调研报告, 2006.

[8] 零点公司. 北京市朝阳区文化资源普查报告, 2011.

[9] 刘丽, 张焕波. 北京文化创意产业集群发展问题研究.中国农业大学学报（社会科学版）, 2006(3): 47–52.

[10] 马歇尔. 经济学原理（下卷）. 北京: 商务出版社, 1997.

[11] 迈克尔・波特. 李明轩, 邱如美译. 国家竞争优势. 北京: 华夏出版社, 2002.

[12] 张京成, 王国华主编. 北京文化创意产业发展报告（2012）. 北京: 社会科学文献出版社, 2012.

3.3 光州 / Gwangju

创意城市框架的编织

宋英成（Insung Song） 著

王昆 译

Gwangju Metropolitan City：Weaving the Framework of the Creative City

3.3.1 光州：韩国的文化首都，亚洲的文化枢纽城市

光州，“光之城市”，自从公元940年被赋予了这个名字之后，已经发生了很多次的改变。名称的变化和“光”或者“太阳”相关。光州是韩国西南地区（名为“湖南”地区，Honam Region）典型的政治、经济、社会、文化中心。截至2011年，这里约有147万人口住在501.20平方公里的土地上，其中49.7%是男性，50.3%是女性。女性的比例还在持续上升。

特别的是，光州是“爱国主义和忠诚之城”，它显示了每次当国家陷入危险之中时人们的救国勇气。它也是南方学院、韩国绘画以及韩国清唱（一种韩国传统音乐）的家园。因此，光州市民在文化方面很先进，从事文化和艺术产业的人口规模也很大。

作为文化和艺术的中心，光州从1995年开始就一直举办双年展。它被指定为韩国的“文化中心”，并且正在推行大量相关项目，为成为亚洲的文化和艺术圣地打下基础。

“光州高新科技园”是城市汹涌的创意精神的另外一个典范。它是韩国为了推广先进产业建造的第二个科学园，被政府指定为研发特区。伴随着先进知识产业的持续聚集，光州成为专门研究光电产业，特别是LED照明产业的城市。

3.3.2 文化和创意在光州城市发展中扮演的角色

虽然韩国在过去50年通过工业化以及贸易出口取得了突飞猛进的经济发展，光州及周边地区一直被搁置在国民政府工业化政策的一边。因此，光州

当地的发展，不得不去探索自己的经济未来。它将兴趣点放到了未来型工业上，如IT相关产业、光电子产业以及文化艺术产业，这样城市可以最大程度地发挥它的特点和潜力。

现在，光州地方政府的城市发展目标是促进可持续发展和提高公民生活质量。永续的城市发展策略能够保证生态、金融和社会的可持续性，并且这种发展应建立在相应的区域文化基础上，图3-6阐明了这个理念。

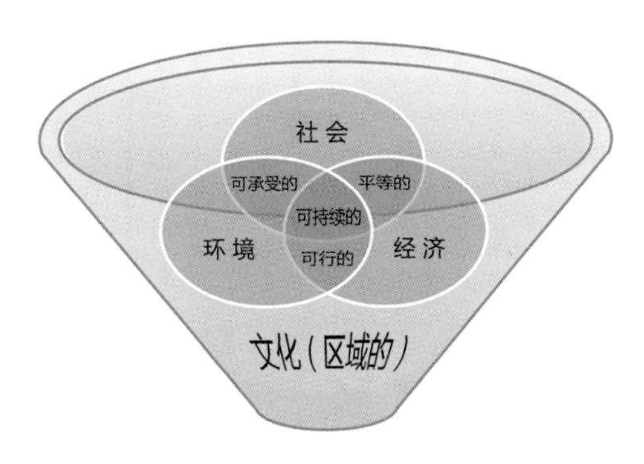

图3-6 创造性的可持续发展概念[资料来源：Hasna, 2007: 47-57，来源中的维恩图（Venn）被作者按照文化理念进行了修改]

文化资产是一座创意城市的“原材料和资产”，也是建立创意城市的“资源”（Landry，2000：173）。此外，城市和地区同人类一样，有着它们自己的DNA。这种DNA可以从该城市或地区独特的文化中得以发现。光州发展城市创造力的原材料和土地资本，也即光州的DNA具有以下特点。

（1）自然形成的光州腹地区域（background area）。

韩国西南地区有着宜人的气候，这里的广袤平原是韩国引以为豪的最大的水稻产地。自然环境使得高品质的饮食文化、强大的农业社区在这个区域发展起来。并且，早在公元900年，光州就通过穿越海洋到达阿拉伯地区的海上贸易，形成了城市特殊的开放性和先进性。

（2）光州是“湖南地区研究”的中心。

“湖南地区研究（Honam Region Studies）”形成了韩国的三大古典学派之一。这一地区产生了许多的古典学者，可以与以李滉为首的岭南学院（Yeongnam School）的学者相媲美。湖南地区的学者的思想和精神发展了几百年，是今天韩国国民精神的基础。这种精神文化可以解释为“伟大事业与牺牲精神”，光州以及腹地区域的市民都勇于牺牲自己来应对国家危难。从高丽王朝时期（Goryeo Dynasty）抵御蒙古大军的都城特别防御部队，到1592年日本入侵朝鲜、光州学生独立运动、东学党起义、“5·18”民主运动，光州民众在这些斗争中始终将“伟大事业（Great Cause）”视为其根本价值，他们所保持的生活方式坚持对信念的忠贞不渝、批判社会不公并采取行动。

（3）历史上，市民展示出了卓越的技能，在艺术中升华他们的生活。

光州在传统诗歌、歌曲等文学领域产生了诸多诗人和作家，创造和发展出了韩国传统音乐“清唱（pansori）”的东部学派（Dongpyeonje）和西部学派（Seopyeonje），还极大提升了南部学派的韩国绘画。在这座城市的任何一间餐厅或酒店房间里，游客都可以见到南部学派的韩国绘画。国立全南大学（Chonnam National University）成立了文化和艺术研究生院——艺术学院首次跻身于韩国国立大学中，推动了相关领域的教育和研究工作。光州市民基于对文化和艺术的出色的敏感度，发展出“精致

（delicateness）”的艺术质量要求，同时在这个领域展示出伟大的才能。

（4）海拔1187米、距离光州市约20公里的无等山（Mt. Mudeung）代表了光州的精神文化。

山上茂密的森林呈现出温馨的氛围，每年有超过1000万人来这里参观。大多数游客徒步前来锻炼身体，他们在攀登顶峰的过程中接受了来自大山的感悟，有利于精神价值的提升。事实上，光州有很多文学作品，包括诗歌、绘画以及歌曲以无等山做为主题。市中心约1000个或更多的商店以“无等”或者“无等山”命名，显示出这座山巨大的影响力。

所有这些文化特征能够保持活力的原因，是环境的变化使得创意不断被引进到该地区，而将这些特点联系在一起的纽带正是光州城。换句话说，光州的城市发展必须从这些文化特征出发，使公民的开放性和先进性最大化，并聚集于当地社区的恢复和提升、各种饮食文化的产业化、持续的学术发展、伟大事业与自我牺牲精神的弘扬、市民文化艺术特色和潜力的发掘。

3.3.3 作为创意城市的光州

从严格的意义上来说，光州不是一个创意城市。然而，没有城市天生就具有创意，光州在城市生成的过程中，逐步建立起了重要的创意形象。公民的“个人品质”、发展创意城市的“意志和领导力”、光州的“地方特色”，以及“城市空间和设施”——这些由查尔斯·兰德利（Landry Charles：105-131）提出的迈向创意城市的先决条件在光州的表现令人满意。光州的城市文化形象表现在下列事件、政策和项目中：

（1）光州双年展（Gwangju Biennale）

作为全球范围的艺术节日，第八届光州双年展于2010年9月到11月间举办。光州双年展成立于1995年，是为了纪念韩国解放50周年和庆祝“艺术之年”，它促进了韩国艺术文化的进步、光州文化艺术传统的升华和民主精神的提高。双年展可谓是当代艺术的国际盛事，光州这座文化和民主之城作为文化的交汇地，借用艺术表现形式拓宽了种族、国家、文化区之间的沟通，促进了韩国、亚洲和世界间的交流。

主要活动包括：为创造性和实验性的当代艺术提供展示和交流的国际平台；举办国际学术活动来传播艺术文化和审美价值；为普通参观者提供文化娱乐项目以支持展览活动（http://www.gwangjubiennale.org）。双年展历经8届，已经有1117个来自301个国家的艺术家参与其中，并吸引了约5 546 000位市民和215 000国外参观者的到访。在整个展览期间，光州举行了大量的文化和艺术活动，展示了名副其实的文化名城形象，大大提高了城市的文化艺术创造力，也提高了光州市民的文化艺术敏感度。

（2）光州设计双年展（Gwangju Design Biennale）

在21世纪这个设计的时代，光州建立了光州设计双年展。不同于普通的设计展览和设计博览会，光州设计双年展积极反映伴随设计审美价值和实用价值的社会和文化关系，在把握近期国内文化现象和设计趋势的同时强调参与的公共性。光州设计双年展使用的固定展览场地是城市的公共空间（比如绿道公园，Greenway Park）或市民的生活空间（比如大仁传统市场，Daein Traditional Market）。光州设计双年展在奇数年举办，它由作品展示和研讨会组成，前者展示受邀的国内外设计师的作品；后者是为加强和扩大设计文化的生产价值和创造力而举办。在设计双年展期间，大约有991 000名国内游客和51 000名外国游客来这里参观。

（3）光州发展为韩国文化首都

针对光州如何发展成为韩国文化首都的讨论，开始于已故总统卢武铉在2002年的总统竞选中的承诺，并在2003年制定的《光州发展成为东北亚文化枢纽的基本构想》中得以具体化。2004年9月，光州双年展开幕式上总统宣读的“首届文化首都年”声明标志着此项计划的正式建立。文化首都的关键概念是将光州发展成为亚洲的文化枢纽城市，由中央政府推动打造“亚洲面向世界的文化窗口”，实现光州成为“亚洲的文化与和平之城、文化交流之城，以文化为基础的未来经济之城”的政策目标。从2004年到2023年，约5.3万亿韩元（2.8万亿韩元来自国库，0.8万亿韩元由当地开支，1.7万亿韩元来自私人资本）将会投入到这个项目中，一些详细活动包括：

（a）亚洲文化综合体的建设与管理。“亚洲文化综合体”的建筑设计方面，美国韩裔建筑师Seunggyu Woo的作品“森林之光”被选中，用来表达“向世界输送亚洲文化创意能量的文化发电站”这一主题。通过建筑内部的功能布置，综合体被分为“文化交流中心、亚洲信息文化中心、文化提升中心、亚洲艺术剧院、儿童文化中心、共享的配套设施、附属设施以及停车场设施”（图3-7）。建筑总面积为178 199平方米（文化大厅为143 838

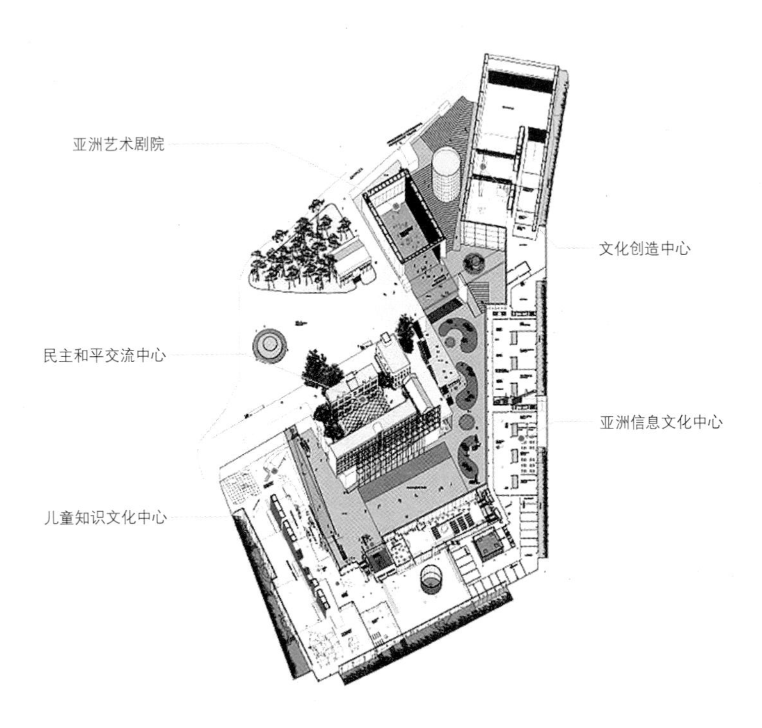

图3-7　光州亚洲文化综合体功能图（资料来源：文化、体育与旅游部）

平方米），室外停车场有34 361平方米。

（b）城市文化环境的发展。整个城市分为7个文化区来发展文化环境，使得城市各处都可以接近文化，并开发关键的文化枢纽基础设施来联系7个文化区。计划由光州市执行，中央政府对一些必要的项目进行支持。表3-2显示的是7个文化区的功能和项目，待这些项目完成时，光州将成为韩国真正的文化中心和亚洲文化的枢纽城市。

（4）光州大都市区的创意五年计划

光州市长为市政管理设立的目标是“快乐而有创意的城市，光州”，并实施了“光州大都市区的创意5年计划（2010—2014）”。在众多韩国市长提出将“建立创新型城市”作为市政管理目标的大都市区中，光州是第一个实施五年计划的案例。城市政府为市政管理提出了发展方向，即“通过发展文化产业、繁荣城市文化艺术、振兴家庭经济和在特定研发区域建设先进科技产业，将城市塑造成民主、人权、金融安全之城。”光州建立并运行了“创意城市政策规划”办公室和它的行政组织，以协调和推动这一计划的建设工作。

针对建立“辉煌灿烂的文化社区”的政策，光州正在特别推进“建设6个大厅、5个展览设施、7个公共体育设施，吸引21 000名国外旅游者，吸引300万市民参加光州双年展，指定3个文化产业投资促进区，吸引500家文化企业”等举措。全市将为这些计划投入为期5年的14 045亿韩元，并在2015年之后继续投资3925亿元（Gwangju Metropolitan City, 2010：1-10）。

表3-2　光州7个文化区的项目情况

文化区	文化枢纽（项目）
亚洲文化综合体区（在亚洲文化综合体附近）	亚洲文化综合体，工作室一条街，城中校区，亚洲烹饪文化一条街
亚洲文化交流区（Sajik公园，Yangrim-dong区）	艺术家及人权工作者居住中心，室一条街（本土艺术家），亚洲音乐小镇，亚洲文化中心街，Sajik公园的文化环境重组
亚洲新科学技术区（Bia-dong，Gwangsan-gu 区域）	亚洲整体医学知识研究协会
亚洲传统文化区（Daechon，Chilseok-dong，Hyocheon火车站区域）	亚洲传统文化主题公园，亚洲传统文化表演广场，亚洲传统文化学院
生态文化保护区（无等山 / 光州湖以及荣山江 / 黄龙河 区域）	亚洲自然和文化研究中心，环境友好型生态学及艺术综合体（试点），荣山江湿地生态公园，Euijae-ro文化发展街
教育文化区（位于Mareuk-dong的空军垃圾场）	教育和文化综合体（试点），教育公园-教育、文化和居住综合体，教育试点文化学校
视觉传媒区（在 Buk-gu区域的Jungoe公园）	Jungoe交互式传媒公园，亚洲色彩文化中心，发展Jungoe文化和艺术带

资料来源：http://www.cct.go.kr/intro/contents.jsp，2012年7月7日

（5）绿道公园的建设

将原来穿越城市中心并延伸到城市外围的7.9公里长的铁路发展成“绿道公园”，这整个行动是市民与光州当地政府进行城市治理取得巨大成功的一个例子（图3-8）。成功源于光州的市民具有成熟的公民意识和健康的文化组织，使交流和合作能够实现。

这条位于城市中心的铁路建于1934年，当时它作为重要的交通设施，为光州的进步作出了巨大贡献。但是，随着城市的扩大、人口的大量增加、汽车时代的到来，这条铁路开始引发很多问题。由于每年都发生的铁路事故、对城市中心地区的空间分割、铁路周边领域的发展限制、铁道交叉口造成的每天重复出现的交通拥堵，以及环境问题（如空气污染，噪音等）等，市民不断要求将铁路移到城市郊区去。本来市政府准备将原来的铁路场地用于如道路和停车场等用途上，但部分市民成立了“废置铁路场地的绿道开发运动总指挥部（后将名称改为绿道运动总指挥部）”来说服市民和市政府。于是，政府在2000年12月决定进行绿道公园开发，并于2002年2月确认了绿道公园开发的法定程序。“绿道运动总指挥部”和政府在整个过程中注重倾听市民的声音，包括绿道公园的设计、该项目的执行和公园的管理。它还发起了“市民捐赠树木”活动，收集了总额高达400亿韩元的树木捐赠款，以此来种植树木、购买长凳，补充各机构的基金缺口。通过直接的公众参与，指挥部依照捐赠者意愿开发了一片募捐而成的公园。公园建成后，绿道运动总指挥部和公园周围的学校及居民共同自主管理这个公园。它还被用作光州双年展的室外展览区域，为各种展览、文化活动和生态教育提供了一个创意文化空间。作为一个地方治理的成功案例，韩国已经有大量的机构对这个事件进行了研究。

图3-8　光州绿道公园（照片来源：光州绿道运动总部）

3.3.4 光州的创意产业

创意产业概念在韩国和光州还没有明确的定义，也没有开发出相关的统计资料。采用DCMC（英国文化传媒及体育机构）定义和分类的12个创意产业种类，通过从一些关联的统计数据中提取贸易和工人的数量，可以总结出光州创意产业的现状（表3-3）。然而，由于不可能从企业的“工作者数量”中区分出那些“从事创意工作的人”，因此这里的统计意味着每个创意企业的工人都被包括在所谓的“从事创意工作的人”中，那些在某些情况下没有进行创意工作但仍在这些企业中工作的人也被包含在了“从事创意工作的人”里。

根据对2010年提取的创意产业的统计数据，

表3-3　光州创意产业现状（2001，2010）

分类	2001年				2010年				增长率	
	企业数量	比例（%）	工人数量	比例（%）	企业数量	比例（%）	工人数量	比例（%）	企业数量	工人数量
广告*	131	1.16	487	1.52	191	2.21	607	2.08	45.80	24.64
建筑艺术***	291	2.57	1924	6.02	398	4.60	3750	12.88	36.77	94.91
艺术及古董市场***	78	0.69	119	0.37	136	1.57	165	0.57	74.36	38.66
工艺品**	3386	29.89	8276	25.90	2841	32.87	8704	29.89	−16.10	5.17
设计***	76	0.67	276	0.86	106	1.23	454	1.56	39.47	64.49
时尚设计***	918	8.10	2532	7.92	628	7.27	1391	4.78	−31.59	−45.06
电影*，录像和摄影*	1075	9.49	2276	7.12	452	5.23	1447	4.97	−57.95	−36.42
软件***，电脑游戏*和电子出版***	2356	20.80	6092	19.06	1223	14.15	3768	12.94	−48.09	−38.15
音乐*视觉和表演艺术*	1598	14.11	3333	10.43	1600	18.51	3007	10.33	0.13	−9.78
出版*	1404	12.39	6026	18.86	1047	12.11	5098	17.51	−25.43	−15.40
电视*	11	0.10	493	1.54	14	0.16	623	2.14	27.27	26.37
广播*	4	0.04	125	0.39	7	0.08	102	0.35	75.00	−18.40
创意工业	11328	100.00	31959	100.00	8643	100.00	29116	100.00	−23.70	−8.90
所有产业（创意产业比例）	89487 (12.66)	393434 (8.12)	99976 (8.65)	499215 (5.83)	11.72	26.89	—	—	—	—

注：*根据2004年韩国标准产业分类中的文化产业的分类。

**基于2011年工艺行业产业调查的实际情况进行的工艺行业分类。

***建设，设计，时尚和软件都是基于韩国标准产业分类（第9次修订版）。

资料来源：光州广域政府：2001年、2010年商业调查报告；文化、体育和旅游部：2011年工艺行业调查的实际情况；国家统计局：韩国标准产业分类（第9次修订版），2008年。

创意产业的企业总数达到8643家，为企业总数的8.65%，占有非常高的比例。创意产业中企业数量最多的是有2841家企业的工艺行业，排在其后的是有1600家企业的“音乐，视觉和表演艺术业”、有1223家企业的“软件，电脑游戏，电子出版业”，以及有1043家企业的出版业。从事创意产业的人数达到29 116人，这是光州产业工人总数的5.83%，也表现出非常高的比例。创意产业人数最多的是有8704人的工艺品产业，排在其后的是有5098人的出版业，3768人的音乐、视觉和表演艺术业，3750人的建设行业。工艺行业呈现出高比例的原因似乎可以归源到光州人的高“精致性”上。此外，出版业高比率的原因可能是因为光州过去是Jeollanam-do的省会城市，有很多出版企业分散在各处以满足大量公共办公机构的需求。

这些产业分析结果表明，与2001年相比，行业中企业数量增加的有广播、艺术、设计、建筑、电视、音乐、视觉、表演艺术行业。行业中企业数量下降的有电影、录像、摄影、软件、电脑游戏、电子出版、时装设计，以及出版和工艺产业。那些企业数量增加的行业是能够在光州地区确保其产品需求的行业，而那些企业数量呈下降的行业，是很难在光州市场上保证其需求的行业，以及在与包括首都地区在内的其他区域的竞争中被超越的行业。光州创意产业中平均每家公司的工人人数有轻微的上升，从2001年的2.8个人增长到了2010年的3.4个人。然而，它们还没有从非常小规模的企业类型中成长起来，这导致和其他大城市以及首都区域的相关产业相比，其竞争力很差。这一趋势在未来的道路上将进一步放大。

3.3.5 光州推进创意产业的政策和战略

光州市政府积极支持文化/创意基础设施的发展，强化文化产业的竞争力，特别是设计产业和可视化/信息产业，促进市场营销和国际网络建设，具体战略有：

（1）发展文化产业基础设施

光州正在发展文化产业基础设施以积极引导和促进文化（创意）业务，其目的是在这个文化能创造高额附加价值的知识经济时代，将文化（创意）产业发展成为光州的5个重要驱动力之一。具体而言，光州建立并运营了综合视觉文化中心，为市民提供机会体验和学习文化内容，扩大他们对文化产业的理解，增加行业的人力资源基础并创造对文化产业的需求。第二，光州建立和运行了光州产业支援中心，为小型文化企业在视觉工业设施、设备租赁、内容制作、演讲室等方面提供支持，以提高小企业的竞争力。第三，光州建立和运行了光州创业服务中心，以支持产品创造和公司创业，如视觉图像、文字和设计领域。第四，政府指定并实施了一个391 320平方米的区域作为文化产业投资促进区，这在韩国尚属首次，目的是大力鼓励文化企业到光州投资，在城市中心推进文化产业和发展文化产业集群。政府也提供了极大的税收减免和资金支持，帮助企业迁入该地区，从而使大量的文化及相关企业可以迁入光州，或在这个城市里创业来提供就业机会和获取利润。第五，光州建立了一个世界级的CGI（计算机生成图像）中心，总建筑面积为14286平方米，由地下一层和地上十层构成，以承担生产和经营CGI技术的相关功能[1]。第六，2010年光州开始构建数字文化工业中心，以开发先进的数字图像相关的集群。第七，光州开始建设“歌剧院”，扩大对小表演厅的支持和增加人们享受现场表演的机会。并且光州还开发有“全球教育系统”，通过在光州建立德国和意大利的全球著名文化艺术教育机构的分校，为光州的文化和艺术培养国际专家（Gwangju Metropolitan City, 2010：25）。第八，光州正在将绿道公园建设成光州的地标，通过对公园周边地区的各种项目开发，如森林公园重建项目、家庭经济再生项目，将地区打造成与绿道公园相联系的文化枢纽区。（Gwangju Metropolitan City, 2010：29）

（2）加强文化产业的竞争力

光州正在推广一系列项目以提升文化产业的竞

① CGI是数字产业，如电影、游戏、动画的关键技术。

争力，如支持包括广播、视觉艺术、网络动画在内的文化行业的发展，同时还对它们营业的初始阶段进行帮扶。首先，自2003年开始，光州实施了“以CG为导向的生产支持项目”，促进区域的明星企业在VFX（CGI特殊的视觉效果）、电影/动画/游戏的文化产品技术上能够具有国际竞争力，并且支持设施/设备的开发和生产，以培养世界上最好的CG生产能力。第二，光州正在推进“文化策划/创作工作室”项目，发现年轻但在文化产业领域有能力的创作者，支持他们的创作活动和生产过程，甚至是市场营销。第三，光州正在实施“文化专业化品牌”项目，以便在光州发现各种传统文化和艺术的起源，将它们开发成专门的产品并进一步成为光州的代表品牌。第四，光州正在推进“文化创意和就业的专业人力资源支援”项目，通过连接产业和学院来培养创新的专业人士对文化产业和定制化的人力资源进行引导。

（3）促进视觉/信息产业的提升

针对当地IT/SW行业的系统化提升，光州为“数字城市”设立了5年计划，要开发约19 834平方米的IT综合体，在城市内吸引SW /数字产业的相关公司，围绕能源技术形成IT产业集群。从2004年到2009年，光州在“韩国游戏学院（Korea Game Academy）”的品牌名称下，培养了和游戏相关的专业人才，并举办电子竞技比赛以发展健康的游戏文化和游戏产业。2002年，光州建立和运行了光州信息文化/产业促进局来推进地区的IT产业基础设施建设，促使有前途的公司、有潜力的信息产业得以发展壮大。光州举行了信息和通信展览，构建并运行有“IT科技广场”，这个广场通过最新的IT和综合性展览、发布IT公司新的科技/产品，来展现IT行业的历史经验及未来发展。

（4）国际文化产业交流网络的发展和市场营销的强化

光州举办了2010年ACF博览会（国际文化创意产业展览会），与日本（东京国际动画博览会和东京内容市场）、中国香港（香港国际影视展）、阿拉伯联合酋长国（迪拜特色）、中国（中国国际动漫节）、中国澳门（中国玩具协会）一起搭建了交流网络，以增强地方文化产业在国际市场中的竞争力。

（5）本地设计行业的发展

为了将设计行业发展成为光州的战略产业，光州通过运作光州设计中心来开发设计产业集群。光州设计中心占地33 056平方米，总建筑面积为17 384平方米，为本地设计行业的进步提供全面的支持和商业孵化服务，如设计开发、展览、会议、设备共享、人力资源开发、信息提供等。光州不仅生产专业的人才，也不断致力于设计领域的研究工作。这里分布有45家与设计相关的企业，以及光州市6所大学独立的设计学院。

3.3.6 展望

在严格意义上，光州还不是一个创意城市。自2010年以来，它本着打造城市创意形象的目标，大力推动文化、艺术和创意产业的新发展。然而，城市的相关政策仍然过于模糊，需要超越创意城市范式的华丽修辞，开展更深入的研究。

虽然光州自2010年以来已经确立将“创意城市”的建设作为城市的政策目标，“创意城市”，特别是“创意产业”，现在还没有得到明确的界定来进行政策支持。在光州，“文化城市”和“文化产业”的概念已被用作为“创意城市”和“创意产业”的替代词。因此，在实现实质政策及“创意城市”的意义之前，这两个概念必须进行清楚的界定，这需要进一步的学术和政策上的研究和讨论。

光州的教育机构和教育系统是打造创意城市的基础，也在一定程度上为光州成为创意城市提供了基本的基础设施。把这些优势和光州的“创意城市”目标关联起来并加以激活，能够为光州创造出一个独一无二的创新城市环境。实现这一目标最重要的因素是“创意规划”，它通过偏离现存途径（如城市总体规划），来强化西南地区的“城市区域”地位（Kunzmann，2002）。特别地，光州还需要通过培养和刺激“创意阶层”和“创意城市再生”，来对“创意空间”的发展提供先进的制度支持。

像西班牙的毕尔巴鄂通过古根海姆博物馆转变成为创意城市这个案例一样，当7个城市文化区伴随着亚洲文化综合体的建成全力开始运行它们的功能时，和它们相关的新型创意产业将在光州找到它们的位置，光州现有的产业也将上升一个新的台阶。光州双年展以及光州设计双年展的相关产业，如视觉、IT领域的视频游戏行业，需要精致手工技巧的工艺行业，在光州文化特色的基础上会有很大的进步，有望成为全球性的创意产业。

与此同时，实现创意城市的光明前景离不开大量的地方治理工作，光州在完美地完成现有项目并将持续性的支持制度化时，当地政府、中央政府、当地创意产业，以及当地居民要进行持续不断的沟通。光州经验表明建设真正的创意城市需要满足如下的政策需求：

（a）明确设定创意城市的概念及其相关政策；

（b）让市民了解创意城市理念及其对于他们未来的重要性；

（c）打开当地政府官员的思维，特别是开启市长和市议会成员的思想；

（d）启动实质性的地方治理；

（e）制定全面而综合的创意城市发展计划；

（f）国家政府的制度支持；

（g）创新的教育环境的培育。

如果当前的政策能够继续，光州的创意城市未来还是乐观的。城市政策制定者似乎认识到当地的传统经济是不可持续的，并因此开始探索新的创意经济潜力，这让光州充满希望。

参考文献

[1] COOKE P, LAZZERETTI L (ed.). Creative Cities, Cultural Clusters, and Local Economic Development. Cheltenham: Edward Elgar, 2008.

[2] DCMS. Creative Industries Mapping Document 2001 (2 ed.). London: Department of Culture, Media and Sport, 2001. DCMS. Creative Industries Statistical Estimates Statistical Bulletin. London: Department of Culture, Media and Sport, 2006. FLORIDA R. The Rise of the Creative Class. And How It's Transforming Work, Leisure and Everyday Life. Basic Books, 2002.

[3] HASNA A M. Dimensions of Sustainability. Journal of Engineering for Sustainable Development: Energy, Environment, and Health, 2007, 2 (1): 47–57.

[4] HESMONDHALGH D. The Cultural Industries. SAGE, 2002. HOWKINS J.The Creative Economy: How People Make Money From Ideas. Penguin, 2001.

[5] GWANGJU METROPOLITAN CITY. The Concept of “Happy and Creative City, Gwangju” and The Direction of Municipal Administration Elected for the 5th Time by Popular Vote. 2010, 10.8. GWANGJU METROPOLITAN CITY. 5-Year Plan for Creative Gwangju City. 2010. GWANGJU METROPOLITAN CITY. Gwangju Municipal Administration White Paper. 2011. GWANGJU METROPOLITAN CITY. Report on Business Survey. 2001, 2010,

[6] JEONG S. The Regeneration Strategies for Realizing Creative City, Gwangju. Gwangju Development Institute, The Gwangju Journal, 2010(2): 31-53. JEONG S, et al. The Fundamental Conception for Creative Urban Regereration in Gwangju. Gwangju Development Institute, 2011.
[7] KUNZMANN K R. MINISTRY OF THE ENVIRONMENT, SPATIAL PLANNING DEPARTMENT, DENMARK (ed.), European Cities in a Global Era, Follow-up report to the conference European Cities in the Global Era. Copenhagen, 14-15 November, 2002: 44-55
[8] LANDRY C. The Creative City-A toolkit for Urban innovation. London: Earthscan, 2000.
[9] LEE M. The Cultural Strategies and Tasks for Happy and Creative Gwangju City. Gwangju Development Institute, The Gwangju Journal, 2010, 4(11): 1-17. LIM H. An Economic Perspective on Creative Industries and Fostering Gwangju Creative Industries. Gwangju Development Institute, The Gwangju Journal, 2010 Spring: 1-17. MINISTRY OF CULTURE, SPORTS AND TOURISM. Craft Report Advanced Research. 2011.
[10] NATIONAL STATISTICAL OFFICE. Korea Standard Industrial Classification (9th Revision), 2008.
[11] YEONGJIN K. The Cultural Feature and Culture & Art Education of Honam region. 2012.
[12] http://blog.yahoo.com/kyj1111/articles/151024, [accessed on 16July 2012].
[13] http://www.gwangjubiennale.org/?mid=sub&mode=02&sub=01&tab=2011, [accessed on 7 July 2012]
[14] http://www.cct.go.kr/intro/contents.jsp [accessed on 7 July 2012]

3.4 金泽 / Kanazawa

工艺创意城市

垣内恵美子（Emiko Kakiuchi）著
郭磊贤　译

Kanazawa: Creative Craft City

3.4.1 金泽：日本北部的文化中心

金泽（Kanazawa）位于日本列岛北部中心区域，面朝日本海，是北陆地区（Hokuriku）的经济和文化中心。

金泽建城之初是一座宗教城市。16世纪，总庙位于京都本愿寺的一向宗（Ikko）在金泽附近建立了分支组织宣传其信仰，它是日本最强大的佛教宗派之一。在加贺藩（Kaga clan）领主前田氏（Maeda）的领导下，金泽的城市建设始于1583年，城市的核心地区完成于17世纪下半叶。加贺藩是江户时代最大、最富有的藩国之一。因为财富多、力量大，它和中央政权之间的关系相对紧张。为了显示其无意建立独立于中央政权的军事力量，加贺藩将主要的资源都投入到了文化中。正是由于这些投入，金泽得以在今天享有重要的文化遗产，包括能乐、金箔装饰、加贺莳绘、陶器以及加贺友禅。

这座城市建筑在被两条河流穿过的三片高地上。它的老城区是一座“城下町”，也是现在的城市中心，过去的城堡和兼六园（Kenrokuen garden）（图3-9）位于老城区核心地带。兼六园的历史可以追溯到17世纪，被认为是日本最美丽的园林之一，并由国家法律指定为“特别名胜”。金泽的城市中心高度城市化，人口稠密。在今天，全市仍有80%的人口居住在内城，低收入群体的居住区也位于此。

金泽市域面积470平方公里，其中190平方公里为可居住土地，容纳了45万人口。城市幸免于第二次世界大战等严重的历史灾难，仍然保存着运河、老街、自然风景等原汁原味的城下町历史景观，是当今日本最受欢迎的旅游城市之一。2010年，超

图3-9　兼六园（图片由金泽市政府提供）

过800万人次到访金泽及周边地区，最近20年来游客数量增加了超过40%。作为金泽历史的代表性标志，兼六园的参观量达到了200万人次，新近建成的21世纪当代艺术博物馆（21st Century Museum of Contemporary Art）每年也有超过150万人次的参观量。

金泽地区拥有多所国立、地方和私立大学，以及文化机构和医院。金泽的发展具有内生性，最重要的特征是在发展政策中以强有力、持续性的手段协调传统和现代的关系。为了实现这一目标，金泽市政府付出了巨大的努力，尤其在艺术和文化创意领域。

在上一个十年中，金泽采取了进一步措施利用其丰富的地方文化来复兴并推进企业和产业发展。2009年，金泽跻身联合国教科文组织的创意城市支撑网络，获得了与国际团体更为直接的联系。2015年从金泽到首都东京的新干线将开通，两地间的铁路旅行时间将缩减到仅仅两个半小时，从而极大地提升了城市对外部世界的可达性。

3.4.2 金泽地方经济的演变

1868年的明治维新开启了日本的现代化进程。封建统治终结后，金泽成为新政权管理下的新设城市。当时金泽有12万人口，是日本第四大城市，位列东京（日本新首都）、大阪和京都（皇室在这里驻留至第二次世界大战）之后，可与名古屋相抗衡（Tanaka，1983）。然而由于工业基础较弱、缺乏良港和运输系统、地处穷乡僻并且远离东京和大阪，金泽在一开始落后于日本的现代化进程。通过生产外销羽二重（habutae silk），金泽在19世纪90年代开始工业化。它依靠来自周边农业村落的大量剩余劳动力和其湿润的气候，成为日本外销羽二重的首要产区。早期从人力到机械动力的转变也加速了纺织生产。当时，织布机的不断创新对纺织生产的竞争力和生产率起到了极大的提升作用（Nakamura，1999）。

自此，丝织生产和支撑它的纺织机械制造业成为城市经济的主要推动者。小规模、多样化的产业集群也围绕着这两个主要产业发展，包括捻丝、印染等纺织生产周边产业，以及模塑、制铁、镀膜、褶裥、工业零件和加工业等纺织机械周边产业。这些多样化的产业集群引发了包括金融服务等地方产业聚集的现象。这一内生发展的范例是通过精心选择利基市场来实现的，在这个市场中，金泽建立起了一个“全套”的生产系统，从而克服了缺乏强大工业基础、技术基础较弱和资本有限等自身内在劣势（Kobayashi，1986；Nishimura，2002）。

有限的工业生产范围无法使城市积累大量的资本。金泽市专营的丝织市场要比丰田公司运作的棉纺市场小很多。丰田可以利用他们的资本积累使生产领域多样化，这样既能让经营管理得以稳定，又催生了丰田汽车公司。铃木纺织机厂最终也同样发展成了铃木汽车公司。

就制造业而言，以纺织产业为主导的轻工业是第二次世界大战前日本的主要出口部门。然而在第二次世界大战以后，日本的工业结构从轻工业转向20世纪六七十年代的重化工和钢铁，再到80年代的通用机械、电子设备、交通装备和精密仪器等具有一定附加值的装配生产。在20世纪90年代以及进入21世纪以来，日本又涌现出汽车、信息和通信技术产业（ICT）等高附加值的高技术产业。到今天，化工、材料、机械、电子和交通装备占到了日本出口总量的绝大部分（2010年超过了八成）。中间货物和资本设备的出口量日益增长，而更多的成品需要通过进口。亚洲国家成为日本主要的贸易伙伴（Kakiuchi，2013，出版中）。

金泽的许多企业都在自己的专业领域内作为“小而独特的顶级利基企业”生存。总部位于该市的津田驹工业在纺织机械领域内运行了百余年，通过发展特殊的专有技术，它已经成长为世界顶级的织布机生产商。与此同时，以依靠纺织工业发展的多样化小型部件加工产业为基础，金泽出现了许多多品种小批量生产企业，例如专营瓶装系统的涩谷工业株式会社、专营回转寿司传送机械的石野制作所、专营自动停车系统和预制住房的日成Build工业以及从生产金箔起家，现在专营冲压金属薄片的蚊谷产业株式会社。多元化是金泽经济力量的重要特征。

20世纪60年代是日本的“经济奇迹”时期，对金泽来说也是一个关键的阶段。当时日本其他许多城市发展成为国家经济结构中的生产地，不再寻求地方内生型发展。例如，中央政府有目的地挑选城市建设产业园支持工业发展（新产业都市构想）。在北陆地区，金泽同样适合成为这一计划的落脚点，但并没有被选中。如果当时被选中，金泽珍贵的景观、城市设计和产业结构将很有可能受到负面影响。尽管有着丰富的文化资产，但在最近数十年时间里金泽也无幸受到相关国家政策的支持。1966年“古都保存法”颁布之时，诸如京都、奈良、镰仓等古都和其他一些城市被列入国家保护名录。金泽从未成为过日本的首都，因此不受这一法案的保护。根据日本法律，金泽被指定为中核市 [①]，拥有由城市政府执行的各种管

① 日本目前有大约1700个行政市，其中有一些被指定为政令指定都市（50万人口以上，共有20个城市，如大阪、横滨、金泽、名古屋、神户和其他一些被指定的城市）和中核市（30万人口以上），1947年颁布的日本地方自治法规定，两者都拥有一般由县政府实行的职能。包括金泽在内的大约41个城市被指定为中核市，还有7座城市正在申请获取这一地位。

理职能。石川县（Ishikawa Prefecture）的政府办公室以及中央政府的分支办公室也坐落于此。

3.4.3 地方发展政策

由于不受中央政府的重视，金泽不得不从自身寻求战略以协调传统和发展的矛盾。为了能从历史获益，金泽市政府集中精力发展文化和知识产业。

金泽市采用了一系列措施保护历史景观。以2012年为例，措施包括一些条例以及财政激励体系。与此同时，城市也创建了金泽美术工艺大学、卯辰山工艺工房、金泽市民艺术村、21世纪当代艺术博物馆和其他机构，为创意人士、艺匠和普通市民提供教育机会。这些措施对于这样一座人口规模不大，财政能力有限的日本城市而言是不同寻常的。城市还集中资源建立了为数众多的艺术博物馆。

政府最初的目标是通过协调发展和可居住环境的关系，将城市发展到具有60万人口的规模（60万人都市构想，一项在1971年开始实施的规划）。紧随这一规划的是1984年的“21世纪金泽的未来”，目的在于建设以市民主动性为基础的国际文化环境都市。1995年发布的新概念继承了之前的两份规划，要使金泽成为“世界都市金泽，小而独特”。在以下部分将会论述有关保护历史文化以及努力提高相关能力的问题。

近年来，为了提升城市的独特性，金泽市政府实行了一系列的政策。其中最有影响、最独特的是历史景观保护政策。始于1968年的“历史环境保护条例”是日本地方政府颁布的第一份有关这一问题的法规，其中采用了区划和保护历史城市环境的措施。这一条例以“通过保护、开发传统环境，建设现代城镇景观，创造原汁原味的美丽景色并将之留传给下一代”为目的，在当时的日本是一个创举，因为第一次有一个地方城市采取法律手段来保护私人住房和景观（Nishimura，2004）。

自此，金泽的景观政策开始以对特色景观的保护和修复为基础，包括旧建筑、运河以及斜面绿地。1989年，这一条例经过修正，主要特点是将城市分成了两个地区：传统环境保护地区和现代城镇景观创造地区。于是城市得以在保护历史景观的同时以和谐的方式开发现代城镇景观。这一条例提出了细致的景观构成标准，包括建筑限高和其他因素。2009年，随着国家景观法（2004）的实施，这一条例得到了全面的修订和升级（Onishi，2011）。

迄今为止金泽市政府已制定了若干部条例管控小尺度历史城镇景观（1994）、河道（1996）、斜面绿地（1997）、寺社景观（2002）、夜景（2005）、街景（2005）以及眺望景观（2009）。“河道保护条例”是其中的一部有意思的法规，它用于保护建于江户时期的古运河。金泽的运河是几百年前为了将水送往上游而以徒手的方式通过深挖隧道修建的。这些运河至今依然存在，由当地市民维护并用于低地的农业。但由于战后的机动化，其中一些运河被覆盖，用作了停车场。在该条例实施以后，这些运河被修复，停车场也被清除了。

金泽市政府除了运用上文所提及的条例和激励措施等法规外，还指定需要保护和利用的文化资源和历史文化遗迹，例如东茶屋街。包括这一街区在内，金泽的老城区保存了运河、街道、寺社以及基于传统技艺的工艺商店和作坊等城下町的城市结构。这一城镇景观得到了国家的认可，被2010年的国家法律指定为“重要文化景观”（图3-10）。

图3-10　旧武士街区街景与东茶屋街

3.4.4 建立文化基础设施和知识产业的战略

如今，通过建设新的文化设施、扩大知识性文化机构的办法来加强文化关联产业并保持生活质量已经成为了地方政府的首要目标，其中最为重要的设施机构如下所列：

（1）金泽美术工艺大学

著名的金泽美术工艺大学[1]成立于第二次世界大战结束后的1946年。尽管当时存在恶性通货膨胀和资源短缺等困难，为了培养能够继承传统工艺的艺术家和市民，金泽市政府还是决定在纯美术和应用美术领域培养具有创造力的人才。

自此以后，金泽美术工艺大学为城市的艺术和文化发展作出了巨大的贡献，吸引了大批来自全国各地，以及亚洲、欧洲、美国等地的青年才俊。虽然就学生数量而言，金泽美术工艺大学是日本最小的大学之一，但还是开设了包括日本绘画、油画、雕塑、美学和艺术史、视觉交互设计、工业设计、室内和建筑设计以及手工艺（陶艺、金属工艺、漆器、纺织）等课程。

这所大学的独特之处在于它与艺术家，尤其是与它的毕业生有着紧密的联系。同时它与包括新近建成的21世纪当代艺术博物馆等文化机构有着很强的合作关系。

（2）卯辰山工艺工房

为纪念现代意义上的金泽城诞生100周年，1989年成立了卯辰山工艺工房，目的在于保护并发展金泽的传统手工艺。在加贺藩260年的历史中，许多匠人最早的工作都是修理武士的铠甲，随后他们的技艺才逐渐应用于其他工艺生产。依托这些传统，金泽成为了最活跃的传统工艺生产地之一。

卯辰山工艺工房设有画廊和工作室，为年轻的创意人士提供陶艺、漆艺、染色工艺、金属加工工艺和玻璃器皿工艺等五个领域的培训机会。金泽在几个领域中都具有优势，比如加贺友禅使

① 1946年，金泽美术工艺大学最初是一所根据学校教育法设立的专科学校，不久以后升级为短期大学。它在1955年取得了大学地位。

用了一种叫做“绞缬染法”的特殊技术和染色工艺，而漆器则使用了金箔和加贺象嵌等金属工艺。市民可以参观展览并参加艺术创作课程。卯辰山工艺工房最重要的特色是为手工艺工匠举办培训课程，每年会挑选10位年轻、有前途的艺术家和工匠在工艺工房免费接受为期两到三年的培训。这些学员每月会得到10万日元奖学金用于购买材料。从它建立之后的20年里，有超过200名学员顺利毕业。虽然他们中有很多人来自金泽以外的地区，但有超过一半的毕业生在当地的艺术生产行业工作。

（3）金泽市民艺术村

作为多功能的市民艺术空间，金泽市民艺术村自1996年起对外开放。艺术村的红砖建筑建于第二次世界大战以前，是过去大和纺织金泽工厂的厂房。1994年，总部设在大阪的大和纺织株式会社决定让金泽的工厂停工，之后金泽市政府买下了这片土地。起初政府计划拆除这些建筑，但由于人们认识到了这些厂房的重要性，它们被改造成了艺术空间，包括戏剧、音乐、美术等多用途工作室。在艺术村的场地中有一片任何人在任何时间不经预约就能进入的空地，以及一座林中小屋。艺术村由市民自主管理，并任命艺术总监管理每个工作室。这些设施全年365天、全天24小时开放。艺术村因此成为金泽市民的艺术技能训练中心。

与此同时，艺术村也附设了同级别的重要训练设施，例如金泽工匠学院（Kanazawa College of Craftsmen）。金泽工匠学院提供各种课程传授石作、瓦作、抹灰、造园、木作、榻榻米制作、隔断制作、板金、裱糊等高级技艺。所有这些专业对于金泽的历史建筑和传统城镇景观保护都是必需的。每一组学员大约由50名年轻的工匠组成，经过三年学习后将以金泽匠技能士（经过认证的技术人员）的头衔毕业。在特殊课程中，包括那些从主要课程中毕业的40名工匠将有资格花三年时间学习修复真实的对象，使学员有机会在实际的历史建筑修复项目中工作，这为他们提供了实践知识和技巧。完成课程后，他们将被授予“历史建造物修复士”（经过认证的保护人士）的头衔。

（4）金泽21世纪当代艺术博物馆

金泽21世纪当代艺术博物馆是金泽市政府在2004年建立的。它的任务是产生新文化并复兴社区。博物馆坐落在城市中心，毗邻市政厅，那里曾是县政府办公室所在地。“随心”、“喜悦”和“可亲”是博物馆的目标。它是一座以人为本的开放“公园”，由国际著名的建筑师SAANA（妹岛和世与西泽立卫）设计，造价达到了110亿日元，有着醒目的外观、玻璃材质的环形走廊和室外庭院（图3-11）。

这座博物馆拥有顶级的当代艺术展品，举办各种工坊、研讨会，为参观者提供了世界最前沿的当代艺术体验，因此是一座“与当代社会共同前进”的博物馆，同时也是为市民服务的“参与导向型”博物馆，努力承担起服务教育、休闲、娱乐和交流的新型“城市广场”的职能。值得注意的是，博物馆通过市民和产业界之间的相互协作，探索使金泽独特文化传统不断具有生命力的方式，起到了“实验室”的作用。它重点关注让孩子们观赏、触摸和体验艺术的项目。随着孩子们不断长大，博物馆也将继续为未来的几代而发展成长。总而言之，金泽21世纪当代艺术博物馆架起了连接城市传统和未来的桥梁。

图3-11　21世纪当代艺术博物馆（图片由金泽市政府提供）

3.4.5 将文化与地方经济相连的挑战

21世纪初，金泽的重要挑战在于将文化和地方经济联系起来，从而为城市提供就业岗位并保持城市独特的文化和地方手工艺传统。结构性的变化和老龄化的人口正在对城市产生影响。面对全球化以及工业生产向海外迁移的浪潮，日本的产业结构和企业模式正转向利用信息通信技术和创新进行知识型高附加值生产。

金泽以纺织工业集群和其他机械工业为基础的多样化产业结构带动了零售和批发业等大量第三产业的发展（图3-12）。它的顶级利基企业在国内和国际市场中仍然具有竞争力，第三产业的雇员数量占到所有劳动力的80%左右[1]，批发和零售业总额对于这种人口规模的城市来说是十分巨大的（2009年批发和零售业总额分别为2.2万亿和6000亿日元）。另一方面，城市中有不到10%的劳动力从事制造业，2010年的销售额为3700万日元。

金泽的制造业生产与批发有着很强的关联性。换句话说，制造企业仍然是金泽经济的先导力量。虽然纺织工业等过去的主导产业出现衰退，但近年来，横河电机株式会社和小松制作所等跨国公司在金泽建立了工厂和分支机构，增加了城市产业结构的多样性。新的信息通信产业也在涌现。不过，随着产量和工人数量的持续下降，制造业产能正逐步萎缩。

① 这部分所使用的数据来源于日本经济产业省年度工业统计、商业统计和经济普查数据。

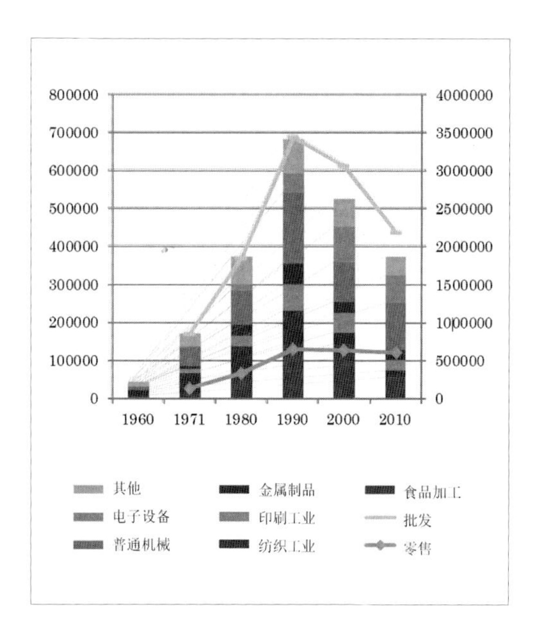

图3-12　金泽的工业生产（交付数量）和批发/零售业走势（单位：百万日元）

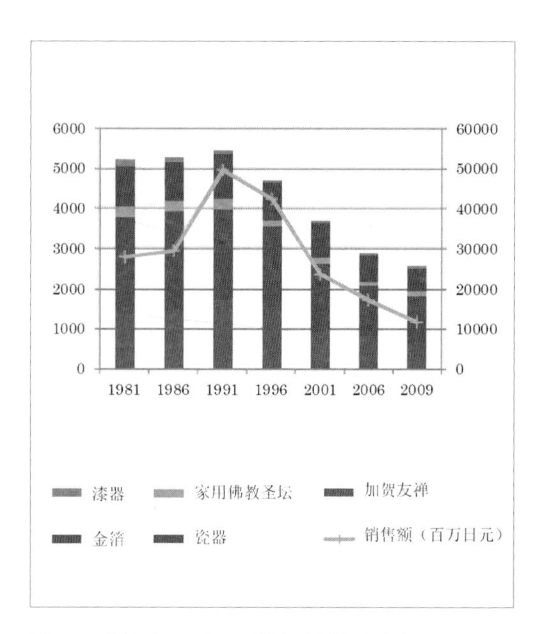

图3-13　传统手工业（工人数量和销售额）走势

传统地方手工业更是处境危险。在金泽有大约2800人在850个机构中从事各种领域的传统手工业，他们在2009年贡献了大约110亿日元的销售额（图3-13）[1]。但传统手工业的重要性要比这些数据所显示的更为突出。它们是旅游业的珍贵资源，而且最有可能成为创新的基础。

顶级利基公司的主打产业仍然具有竞争力，而龙头行业纺织业已经十分成熟了。因此尽可能地保持并复兴龙头行业是十分重要的，但金泽同时也需要有新的产业成长起来。政府和企业协会都认识到了上述的问题并采取了一些措施。2004年，金泽市政府宣布了“时装之都”计划，采取多种手段促进时装产业和业已存在的纺织业，以及基于地方文化的设计行业。大学、工坊以及21世纪当代艺术博物馆等文化机构成为了实现目标的有利条件。“制造业基本条例”也于2009年颁布实施，它严格规定了市政府承担的义务。政府必须租用城市中心区的空置住房，将其用作家庭办公创业者可以利用的办公室，还要把面临拆除的传统住宅改造成工匠的工作室，促进不同产业和不同企业间的跨领域合作。为了提升加贺友禅和金箔装饰的发展水平和销量，政府也为它们设立了研究机构。一个新成立的政府部门组织了时装贸易会，它得以使各种支持政策延伸到时装、设计、信息通信技术和其他新兴产业中去。

① 这部分所使用的数据由金泽市政府提供。

3.4.6 创意金泽2012及其他

从历史建筑、城镇景观、传统工艺到美食，金泽有着广泛、丰富、多层次的文化资源。以内生型发展的经验为基础，它一步步向世界开放。2008年，法国和日本的地方政府共同参加了在法国南锡举办的一次会议。2010年，这场由44个日本和法国地方政府参与的会议在金泽召开。下一次会议计划于2012年在法国夏特尔举行。

金泽将联合国教科文组织在2009年授予它的创意城市称号视为对这座城市在保护传统工艺方面所作努力的认可，同时也将这个称号看作直接通往世界和国际市场的珍贵机遇。为了这一目标，金泽市政府发布了三条基本原则：将文化与商业相连、培养创意人士、吸引世界目光，也启动了一系列项目。“创意华尔兹”是一项将金泽美术工艺大学、卯辰山工艺工房的学生和其他年轻工匠派往其他海外联合国教科文组织的创意城市的计划，通过国际交换培养未来的工匠。“工艺旅行”旨在鼓励人们参观金泽的工坊。21世纪当代艺术博物馆还在2010年举办了“第一届国际工艺三年展”。政府也组织了“2010创意城市论坛”和“2011工艺创意城市工作坊”，加强金泽与国际城市网络的联系并相互交流信息。

联合国教科文组织的认定以及其他国际交往活动必将使得金泽实现“品牌金泽”的终极目标，将其确立为世界知名的文化和创意城市。然而时间终将见证城市的政策制定者能否最终在竞争越来越激烈的全球市场中成功地支持并革新传统地方手工业。在将地方内生性资源作为发展战略的基础，投资创意和知识产业应对结构和技术变革的挑战，以及促进依靠这些产业发展的新型城市经济等方面，金泽堪称典范。

致谢：这篇文章受到了国家政策研究大学院项目中心研究基金的资助，合作方金泽市政府提供了所有必需的信息和数据。

参考文献

[1] KAKIUCHI E. Tokyo. In: SHIRLEY I, NEILL C (eds). Asian and Pacific Cities: Development patterns. Routledge, 2013 in press.

[2] KOBAYASHI A. Endogenous Development of Local City-Empirical Economic Analysis of Kanazawa. In: SHIBATA T (ed). Megacity in the 21st Century. Tokyo: University of Tokyo Press, 1986 (in Japanese; the title translated by the author).

[3] NAKAMURA K. A City Development Strategy under the Age of Globalization: Suggestion to Kanazawa World City Strategy of the City of Kanazawa. Yokohama Journal of Social Sciences, 2002, 6(5): 507-541 (in Japanese).

[4] NISHIMURA T. Kanazawa at the Cross Road of Endogenous Development. In: AJISAKA M, TAKAHARA K (eds). Comparative Studies of Regional Cities, Houritsu Bukasha. Tokyo, 1999.

[5] NISHIMURA Y. Urban Conservation Planning. Tokyo: University of Tokyo Press, 2004.

[6] ONISHI T. Urban Planning by Ordinances. In ONISHI T (ed). Urban Planning in the Era of Population Shrinkage. Tokyo: Gakugei shuppan sha, 2011 (in Japanese; the title translated by the author).

[7] TANAKA Y. Castle Town Kanazawa. Kojun-sha, 1983 (in Japanese; the title translated by the author).

3.5 横滨 / Yokohama

借文艺繁荣的市中心

秋元康幸（Yasuyuki Akimoto）著

林超　译

Yokohama：Revitalizing Yokohama City Center through Culture and Arts

3.5.1 城市复兴的定义

一座城市的最大吸引力在于它如何基于其特定的历史和文化背景以及经济活动基础，源源不断地产生新的文化和产业。成熟的社会具有独特的城市文化、公共活动（如节日）以及某个城市特有的商品、饮食文化和商业活动。保护这些独特的文化很重要，同时人们又会利用智慧和创意，创造出新的文化和行业，而新老文化间的交流碰撞正是一座城市活力和兴盛之所在。

横滨市中心只有短短150年左右的历史，却拥有极富历史价值的建筑、码头、仓库和广阔的海域。更重要的是，横滨拥有着极具进步精神且珍视城市历史的市民和管理机构。

很长一段时间以来，横滨市就致力于通过城市设计政策创造有视觉吸引力的城市。此外，“通过文化艺术提升城市魅力”是横滨“创意之城”政策的最终目标。为了实现城市复兴，最重要的是让有创造性的个体能从历史、文化和经济等方面为现有的活动增加花样，创造新的文化。针对上述目标，横滨已经创造了能够吸引艺术家和创意工作者的良好氛围，以及能够触发他们与现有当地活动协作的机制。

与此同时，全球化进程使得越来越多的城市开始丧失特色，变得千篇一律。在资本主义世界，越是国际化、商品化、管理合理化，城市里就会有越多的批量产品和国际连锁店。然而，如果一个城市无法综合新要素和本地文化来创造新的文化和产业，这个城市就会立即丧失其吸引力。你能够在电影院里观影娱乐，能够在杂货店里购物消费，能够在连锁店里大快朵颐，还能够从电视和网络上获取新奇的信息。但是，城市却因为人们这种生活方式而变成了静态空间。由于社会过于追求经济效益，横滨面临着成为消费之城的危险——在其中人们只是消费者，只追求消费的效率。

根据横滨创意之城政策，. 城市要在珍视城市特色传统的同时，积极吸引艺术家和创意工作者。新旧因素难免会相互碰撞冲突，但是非如此不能迸发出创造新文化新产业的能量。从这个意义上说，横滨的创意之城政策实际上是一个极度本土的政策。一些新生的文化和产业最终走向世界，但它们却源自相当本土的理念。因此，政府要明确创意政策，鼓励争论，不断为新想法新创造提供机会。

3.5.2 横滨的形成

横滨市位于东京市中心以南30公里，面朝东京湾，是神奈川县最大的城市（图3-14）。

由于安政六年（1859年）港口对国际贸易开放，横滨开始发展。此前一年，日美修好通商条约签署，锁国政策画上句号，横滨同长崎、神户、新潟、函馆一起开放了它们的港口。横滨入选是因为其临近江户（今东京）的优越地理位置以及虽为内陆湾却仍拥有的天然深水港条件。然而最重要的是，出于政治考虑，当时日本国内政治环境尚不稳定，横滨作为一个落后的小村庄，与主要交通线“东海道”联系较弱，在此开放口岸能够避免国民与外国人之间不必要的摩擦。

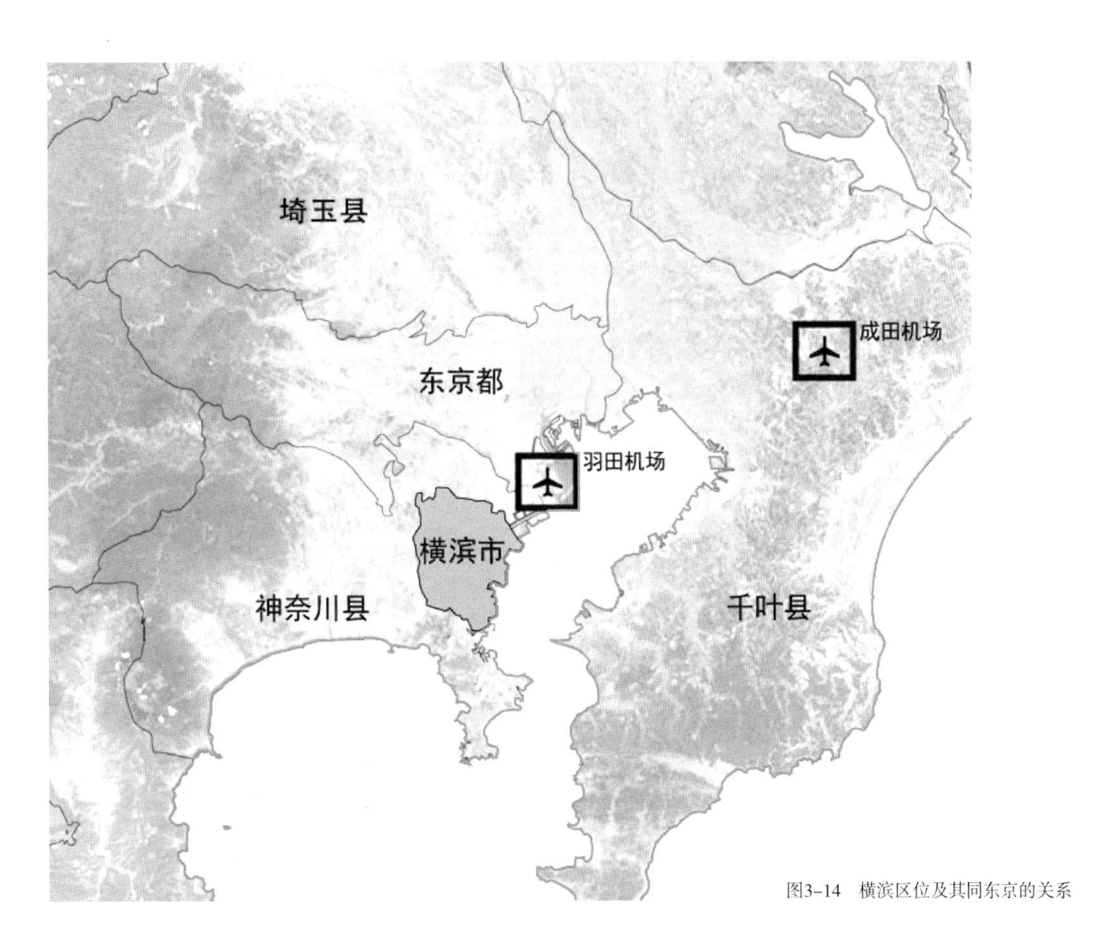

图3-14 横滨区位及其同东京的关系

由于与主要交通线相对隔离，横滨的唯一发展机遇就是成为日本对外贸易的主要港口，这也是横滨时至今日的发展道路中最重要的一点。

横滨港由诞生时贩运诸如日本丝绸的贸易港，发展成客运港，后来又飞速转变为产业港，孕育了日本最大的工业区——京滨工业地带。横滨市也因此成为日本主要的国际港口城市，市域面积437平方公里，共有18个区，人口370万，为日本第二大城市。

3.5.3 横滨市中心的形成

横滨市中心主要由三个区构成：关内关外区、横滨站区、21世纪未来港区（图3-15）。由于这三个区有着不同的历史沿革，因此它们各自在横滨城市更新政策中也扮演着不同的角色。

关内关外地区是横滨开埠以来的市中心，至今仍有许多传统商业街，如元町、唐人街、马车道、伊势佐木町和野毛，以及许多起源于横滨的公司总部。在这里残留着的历史建筑物和仓库与港口空间相融合，形成一个很具横滨风情的地区。昭和时期（1926—1989）的旧建筑的租金很低。基于上述原因，年轻的艺术家和创意工作者会集于此，加之此地仅有的自家经营的小餐馆也很多，都使得这个地区生机勃勃。

横滨站区位于关内关外区东北约3公里处。其中心横滨站是东京都市圈内最大的车站之一，包括JR、东急、京急、相铁和地铁线等线路都在此停靠。车站由商业中心包围，云集了百货商店、商业

图3-15　艺术和文化的创意之城横滨

综合体、大型电子商店以及地下购物区。依托交通便利的优势，商业中心周边聚集了各种办公楼，主要是销售公司，再外围则是中小型信息技术公司。

为了联系关内关外区和横滨站区两个城市中心以及增加横滨的日间人口，横滨市通过改造再利用和现代城市规划手段创造了新的城市中心“21世纪未来港区”。这个区由用地重划形成的宽马路、大街块、海滨公园、大型企业进驻的大型办公楼和商业大厦、大型博物馆和会展中心等公共建筑所组成。其业主往往是国际公司，具有国际影响力或是日本顶级的商业公司。这是一个对商务人士和旅游者充满吸引力的区域。

横滨的城市政策是建立在这些区域各自分明的特征的基础上。对于横滨这样拥有370万人口的城市而言，国际公司和商业中心的聚集是非常必要的。与此同时，充满新想法和新创意的本土生命力也非常重要，因为这样才能持续不断地产生新文化和新产业。在21世纪未来港区，国际公司和总部汇集于此，这一区域也成为横滨经济的发动机。而在毗邻的关内关外区，横滨市正在推行创意之城政策。艺术家和创意工作者云集，与本地企业协作，充满活力地创造着新文化和新产业。未来这一区域将继续不断创造新的只属于横滨的本土魅力。

3.5.4 横滨的城市设计管理

横滨的城市设计管理已经延续了40年。城市设计旨在通过在实用价值（城市功能和经济效益）和美学价值（美观、趣味和舒适）间谋求平衡，最终创造有特色和吸引力的城市空间。横滨城市设计政策的特征是其能够从20世纪60年代以来战略性地综合下面三种定位推进城市发展，即：1）发起项目，由六个主要项目（The Six Major Projects）[①]开始；2）开发控制，以《宅地开发纲要》和《城市环境设计制度》为代表；3）城市设计。这不仅涉及公共项目的引导，也兼顾私人项目的引导。借此，横滨能够在珍视历史和自然特征的同时，创造出一个适于步行的、优美舒适的城市景观序列。

从市中心开始的城市设计计划可以描述为创造具有吸引力的步行空间的城市改造（图3-16），包括步行商业街改造、街角广场和公园建设、历史建筑保护和利用，后来又加入了通过照明提升城市空间魅力、充分利用郊区自然环境等内容。关于公共空间设计，未来港轨道线沿线的每个车站都经过精心设计，之后是对街道设施和公共标识的设计，后来甚至扩展到对诸如日本大通大街开放式咖啡馆系统等的软件设计。城市设计司参与的这些行动不局限于关内区的港口及周边，同时也有21世纪未来港

图3-16 Kishamichi——日文作“汽车道”，意为铁路改造的散步道

① 六个主要项目：1965年提出的六个横滨市城市项目，即：（1）强化市中心（21世纪未来港的建设）；（2）金沢沖的造陆计划（作为市中心造船厂和工厂的搬迁安置区及居住区）；（3）港北新城（为防止城市蔓延，城市管理部门主动参与新城建设）；（4）高速公路建设；（5）铁路及轨道交通建设；（6）海湾大桥建设。

和港口区的大型城市设计项目。经过长期的努力，横滨市尤其是市中心地区保持了高质量且极富横滨特色的城市景观，也成为其他许多城市提升城市景观品质和改造步行空间的样板。

横滨尤其重视在城镇规划中对历史建筑进行保护和再利用，以充分利用历史资源。1968年，《利用历史资源城镇规划纲要》颁布，并依靠同文化遗产系统的协作，横滨在城市规划领域内对历史文化景观的保护一直处于领先地位。在日本大通大街，这里特有的历史景观被很好地保护下来。历史建筑的底层部分受到严格保护，而高层则建设在其背后，如横滨地方法院和横滨信息文化中心。市中心还保留着许多其他代表横滨的历史建筑，如“三塔”（神奈川县政府大楼、横滨海关大楼和开埠纪念堂）、横滨红砖仓库、日本兴亚马车道大楼，不一而足。

3.5.5 横滨的创意之城政策

日本已经实现了城市发展同经济发展和国际社会的呼应，因此日本也成为世界最大的经济体之一。为了解决诸如环境问题、出生率下降、人口老龄化等日常关注的问题和挑战，充分利用本地资源和市民活动开发创意活动对于城市来说很重要。在开埠成为国家商贸港后仅仅150年时间里，横滨发展成为日本一座独树一帜的城市。此外，依靠城市设计方面长时间的努力，横滨已经拥有独具魅力的城市景观和丰富的本土资源，诸如风景优美的港口及其周围的历史建筑。这些都吸引了大量的横滨市民和外来游客，也孕育了多样的艺术和文化。

为了在提高市民生活质量的同时实现城市的自立发展，横滨试图培养一座能够创造新价值和新魅力的城市。其途径就是充分利用文化艺术的创造力，以及借力自身最大的优势——围绕港口的独特历史文化资源。通过推进艺术、文化和经济共同发展等有形无形措施的结合，形成一个独具横滨特色的魅力城市空间，这就是横滨新的城市愿景，即“创意之城”。

这一城市政策不同于以往将公共艺术品放置于城市中的各类项目，而是依靠艺术家和创意工作者创造新艺术、新文化和新产业来激活城市中心的文化和经济活动。

（1）创意邻里的核心设施

横滨创意之城的主要项目是创意邻里的核心设施。历史建筑、仓库和空置的办公楼被改造成创意活动空间，使艺术家和创意工作者能够留在市中心创作、展览他们的作品，以此激活横滨。从非盈利组织 BankART（历史建筑的创意性开发的先驱）开始，横滨已有5家公设私营型设施和超过20家私营设施。那些核心设施由富有个性的主管负责管理，如横滨创意之城政策的核心项目“横滨创意之城中心”、当代艺术的另类空间BankART Studio NYK、作为非法红灯区改造的黄金町艺术区（Koganecho District）、曾是表演艺术训练中心的陡坡工作室（Steep Slope Studio）以及作为文化旅游中心的象之鼻公园里的象之鼻Terrace（Zounohana Terrace in Zounohana Park）。

（2）BankART和创意之城

以日本邮船海岸通仓库（BankART Studio NYK）为例，除“当代艺术展”这个主要内容外，它还运作了很多项目为年轻艺术家提供支持，诸如“BankART学校”、“BankART工作室”（为年轻艺术家提供展览空间）等（图3-17），为艺术和建筑相关院校的学生举办毕业设计展。这里直到深夜

图3-17　体本邮船海岸通仓库（BankART Studio NYK）

还在经营的咖啡馆和书店也吸引了艺术家、创意工作者和对当代艺术感兴趣的市民，成为讨论艺术和文化的平台。

此外，BankART还致力于在市中心催生创意集群，如“Kitanaka（北仲）Brick & White”，“本町大厦四五层（Honcho Building 4F 5F）”，“宇德大厦第四层（Utoku Building 4F）”，后来发展成横滨的一项城市政策——艺术地产的更新项目。同样，在朝鲜通信使这个项目中，活动不是只局限在横滨，而是通过追溯朝鲜通信使走过的路径这类艺术形成了一个城市网络。

（3）横滨艺术三年展

从2001年起，横滨每三年举办一次国际当代艺术展（图3-18）。威尼斯双年展已有超过一百年历史，但以其他城市命名的当代艺术双年展或三年展在世界各地都有举办。近来，这些展览在亚洲几乎每年都在某地举行。

2011横滨三年展是其第四次展览，为期三个月，成为国际顶级当代艺术展之一。横滨博物馆第一次做为主会场。此次策展理念被有意设计为“拓‘展’为城（Expansion of Triennale to the City）”。作为特别合作项目，由名为BankART1929的非盈利组织主办的“新港城——未来小城（BankART LIFE Ⅲ）”，以及同是非盈利组织的黄金町区域管理中心主办的“2011黄金町市集”同期举行。许多艺术家和非盈利艺术机构都希望在三年展期间开展艺术活动，因此有70个项目作为配合项目并入三年展。在三年展举办10周年之际，这一数字也反映了越来越多的驻扎横滨的艺术家和艺术机构对它的认可。

因为三年展的举办吸引了许多艺术家前来横滨。横滨也成为当地艺术双年展和由创意核心设施带动的日常艺术活动的结合体。对艺术家多样化的支持使横滨能够为艺术家和创意工作者提供各种各样的机会。

图3-18　2011横滨三年展

3.5.6 横滨的创意产业

横滨创意之城政策已成为其城市设计政策的延续，并由于其在艺术三年展和创意核心设施方面的努力广受国际赞赏。如今，横滨正努力实现创意产业的集聚（图3-19）。创意之城政策的初衷是让艺术家和创意工作者来到横滨工作和生活，并同当地企业家和公共活动互动。在由此形成的两种人群的冲突、融合和化学反应中，新的属于横滨的文化和经济活动得以诞生。横滨的创意之城政策之所以领先，在于它将城市设计、文化政策和文化产业集聚有机结合起来。

2005年启动创意之城政策之后，横滨立即推行了针对在市中心新开业的艺术家和创意工作者的激励政策。资助为每平方米14 500日元，最高总额200万日元。结果，艺术家和创意工作者逐渐聚集到横滨，这座风景优美、文化艺术氛围浓厚（归功于艺术三年展和创意核心设施）的城市。

然而关内区的旧城空置率已达11.55%（2010年9月）[1]，换算成办公面积为1650平方米。由于大型办公楼和商业建筑在毗邻的21世纪未来港区和横滨站区的开业，也给这里带来了巨大的经济滑坡，过去十年里有约35万人失业，营业额也下降了一半。[2]

但另一方面，旧城中心的小型办公楼和旧办公楼租金低廉，符合艺术家和创意工作者要求，因此成为创意产业的绝佳环境，也成为实现创意之城政

① 依据横滨市立大学鈴木伸治实验室相关研究。

② 同上。

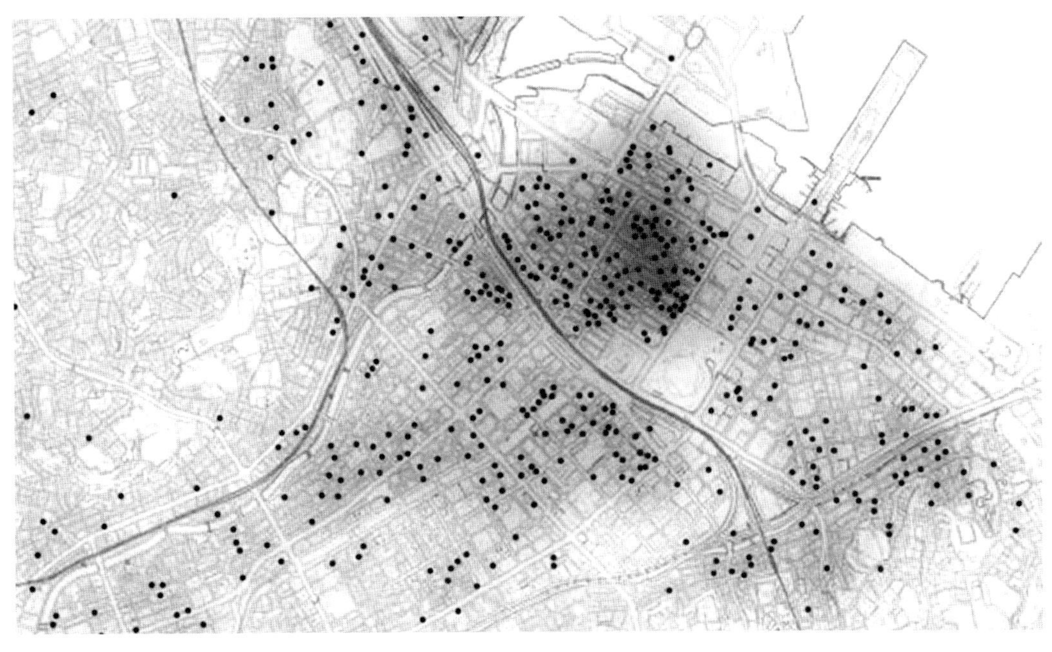

图3-19 横滨创意产业布局（资料来源：横滨市立大学鈴木伸治实验室）

策的目标。在关内区的旧办公楼里，如Bashamichi Otsu大楼和本町大厦（已不存在），都有艺术家和创意工作者进驻后形成文化产业集群的案例。最终发展成公设私营型（亦即私营）创意核心设施。

（1）艺术地产

对于公设私营型设施，横滨市提供历史建筑和仓库等建筑空间，租给非盈利组织等机构，交由行政主管管理。由于拥有场地和政府提供的一些补贴，行政主管能够稳定地推行他们的项目，而且有着高度的自由而不需要受行政体制的束缚。

公设私营创意核心设施的一些代表有：万国桥仓库（Bankokubashi SOKO，“SOKO”日语意为仓库)内一个由著名建筑师和设计师开设的工作室；作为年轻艺术家工作地点的“宇德大厦第四层（Utoku Building 4F）”。

除了在艺术家和创意工作者入驻时给予支持外，政府正着手为建筑所有者提供修缮费用补贴。这一项目旨在通过修缮横滨老市中心关内—关外区的旧办公建筑和仓库来实现整个区域的复兴。在经济的进一步增长难以实现时，在旧城市中心区实施更新计划也很困难，因此利用现存建筑更新城市功能就尤为必要。通过修缮旧建筑供艺术家和创意工作者使用以及打造办公楼再生的样板，横滨市成功树立了都市发展的再生模式。

在2011年11月，驻扎在这些更新建筑里的113个艺术家和创意工作者团队举办了一次名为“关内外开放”的系列活动。活动期间，当地的商店里设有临时工作室并举办活动。在此次活动中（迄今是第三年），艺术家和创意工作者间以及他们同当地商业区之间的协作增加了。艺术家为商业街设计旗帜，为酒吧和餐馆周围绘制涂鸦。在不同领域里，艺术家和创意工作者变得更加活跃。

（2）新港区锤头工作室（Hammerhead Studio，Shin MinatoKu）

2012年5月，一个名为新港区锤头工作室（Hammerhead Studio, Shin MinatoKu，日语里意为“新港区”）的艺术家和创意工作者的新工作室开张（图3-20）。这里曾是2008年横滨三年展的主会场。虽然这里只能使用两年，但在约4 000平方米的大空间里，现已活跃着50位艺术家和设计师团队，涉及建筑、艺术、摄影、舞蹈和时尚等不同领域。该项目由名为BankART1929的非盈利组织和新港码头利用协会共同运营。

新港码头大约建成于100年前，毗邻横滨主要的旅游基地横滨红砖仓库，是横滨城市景观和历史的绝佳代表。锤头起重机作为旧时港口环境的标志被保留下来，也成为横滨开拓精神的象征。通过吸引先锋艺术家和创意工作者聚集于此，分享生活，他们之间的互动激发了合作，也由此开创了一个充满各种可能性的新天地。

3.5.7 横滨内港计划

横滨创意之城政策在文化、艺术、旅游促进市中心复兴的研究会上讨论了近两年时间，直到2004年1月题为《文化、艺术和创意城市——迈向创意之城的横滨》的提案提交给市长后方才启动。为了推行这一政策，城市在2006年又制定了一项名为《国家艺术公园规划》的总体规划来促进滨水空间的艺术活动功能的开发。

如今，旨在引导横滨未来50年发展的《内外

图3-20 锤头工作室内景

港城市中心规划》已经制定（图3-21）。横滨港在开埠150年的历史中，通过填海造陆实现了扩张和发展。临港城市中心（关内—关外区、21世纪未来港区、横滨站区）、港口区（如山下Yamashita码头和大黑Ooguro码头）和工业区（如京滨临港工业区Keihin Waterfront）被横滨湾大桥和高速公路联系成一个环。由这些区域包围而成的水域面积约1 200公顷，成就了横滨面朝大海的城市特征。横滨将这片水域和环绕其周围的区域定义为“内港地区”（约3 200公顷），通过制定《内港计划》充分利用横滨珍贵的滨水环境资源以促进城市发展。

内港计划有5条基本理念：1）城市以人为本；2）保证环境可持续发展；3）充分利用人力和智力资源的社会；4）实现文化、艺术与创意城市的进一步发展；5）建成市民社会。横滨内港计划成为创意之城政策的延伸。作为一座富有魅力的城市，有必要保持其区域活力，充分发挥“艺术之都”的氛围和交通技术的优势，来促进新旧文化之间以及不同领域的企业之间的互动交流。为了使横滨在未来50年里更具吸引力，城市还在着手更新这项计划。通过不断解决现存问题，横滨正一步步朝着创意之城的理想坚实迈进！

致谢：笔者于2009年4月到2012年3月间作为横滨创意之城推进部部长参与创意之城政策的实施推进。在此期间，笔者从理论和实践方面都得到横滨市立大学副教授铃木伸治先生的悉心教导。特此感谢其对此文的指导，此外亦向其对横滨创意之城政策做出的杰出贡献致敬。

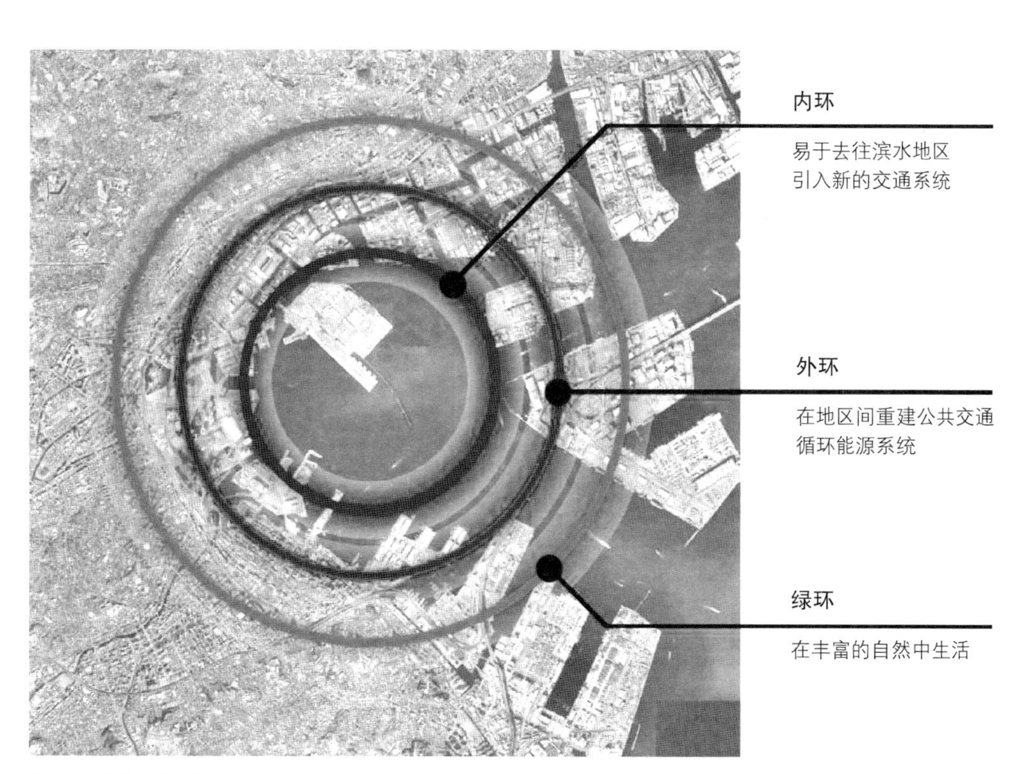

图3-21　横滨内港规划

3.6 台北 / Taipei

基于创新与传统文化的创意城市

陈光洁、林建元 著

Taipei：A Creative City Based on Innovation and Traditional Culture

长期以来，中国台湾地区当局将台北定位为“华人文化之都”——就文化层面来看，这里有繁体中文字的保存与台北“故宫博物院”里的典藏；从日常生活层面来看，1949年跟着国民党政府撤退来台的移民（刘克智、董安琪，2003），将中国各省美食文化完整地在台北呈现。此外，超过半个世纪的日本殖民统治使得台北的城市规划、公共建设、教育体制、口语用语以及日常生活习惯等，均受到日本大和文化的影响，进而衍生出一套自己特有的生活模式与社会规范。繁华的街道以及多样丰富的夜生活（例如：观光夜市与24小时书城等），满足着现代工作形态多变的群众需求；而台北最具吸引力的资源，其实就是这座城市的居民，新时代的人群赋予这座城市多变的个性和面貌。

3.6.1 创意台北的资源支撑与推手

创业产业掀起的经济研究热潮，使之成为许多国家和地区的施政重点，台湾也不例外。2002年，台湾“行政院”发起“创意台湾”（Creative Taiwan）的政策概念，由当时隶属于“行政院”的文化建设委员会（现在的“文化部”）主导，将文化、艺术及设计等原分属不同专业的相关产业统筹到“文化创意产业发展计划”之中。2003年，“行政院”将文化创意产业纳入“挑战2008：‘国家’发展的重点计划”，文化创意产业被选定为台湾新兴发展的六大产业[1]项目之一。在台北，特殊的发

[1] “行政院”经济建设委员会所推动台湾六大新兴产业分别是：生物科技、绿色能源、精致农业、观光旅游、医疗照护以及文化创意（Available at: http://www.ey.gov.tw/policy9/default.aspx）。

展历史、深厚的文化根基以及兴盛的教育、科技和设计行业，为它迈向一座真正的具有国际影响力的创意城市打下了坚实基础。

（1）丰富的文化艺术资源

台北能够发展文化创意产业的重要资源，除了各式群聚艺术表演团体，例如林怀民的云门舞集以及赖声川的表演工作坊，同时也包括许多工艺与艺文的企业，诸如广受青睐的法蓝瓷（Franz）、琉璃工房（LIULI LIVING）以及诚品书店（Eslite）等。不仅如此，台北的历史文化资产也相当丰富。台北“故宫博物院”（National Palace Museum）拥有超过69.3万余件的丰富典藏，中外驰名。根据《艺术新闻报》（*The Art Newspaper*）[①]的报道，台北“故宫博物院”位列2011年世界十大最受欢迎博物馆排行榜的第七名，并在亚洲居首位。台北市立美术馆（Taipei Fine Arts Museum）定期举办的双年展、各项艺文活动和博物馆整体网络的流通，更是加深了台北地区浓厚的艺术文化气氛。

20世纪的台北，由于历经了不同文化背景的政权统治，在不同都市邻里空间中形成了生活风格迥异的氛围。特别是具有独特性与多元文化特质的商业邻里，为台北文化创意产业的成长提供了发展契机。这些热闹而又独特，拥有地方节庄活动（local events）与地方自明性（local identity）的邻里街道有机地成为台北另类的文化资产。根据“台北市98年文化创意产业聚落调查成果报告”（刘维公，2010）的结果，台北的创意街区分别是东区的粉乐町街区、民生社区/富锦街街区以及永康青田龙泉街区；南区的温罗汀街区；西区的西门町街区、牯岭街街区以及艋舺街区；北区的中山双连站街区、天母街区、外双溪街区（含东吴大学、实践大学）以及北投街区等……累计11个特色分明的创意街区成为台北无可取代的创意资产。

（2）便利宜居的生活环境与休闲氛围

《远见》杂志241期的报导指出（游常山，2006），台北吸引杰出华人来此定居的魅力是整体的都市生活环境。除了艺术活动的多元频繁，人性科技环境、大众运输系统、购物环境、医疗体系的便利和各种类型私人企业的投入，使得整座城市相较于其他华人城市，在食衣住行育乐方面的选择更为弹性且自由。此外，拜访过台北的外来游客，对台北感到最为惊讶的是它是一座非常适合散步的城市。2011年由德国西门子公司委托经济学人研究机构（EIU）所进行的“绿色城市评比（Green City Index）”中，台北的城市绿化工作位居亚洲第二，仅次于新加坡（唐永青，2011）。2004年起新开航的台北蓝色公路，从淡水河口一路往台北内城蔓延，将都市蓝带与绿带串联成极具体验经济价值的休闲运输网络。

（3）创新与创意实力

根据台湾创意设计中心（Taiwan Design Center）的统计，从2003年到2011年5月中，台湾在国际级的四大设计评奖中，包含德国的iF设计大奖和红点设计大奖（reddot）、日本Good Design及美国工业设计优秀奖（IDEA），台湾的企业以及学生参赛的设计作品，八年间总得奖数达1431件。从此记录上来看，台湾堪称是工业设计类设计竞赛

① Brazil's exhibition boom puts Rio on top. The Art Newspaper, No.234, April, 2012 （Available at: http://www.theartnewspaper.com/attfig/attfig11.pdf ）。

的得奖大国。台湾获得设计竞赛奖项的厂商，除科技业之外，也不乏传统产业和其他中小企业（林佩萱，2011）。

文化和创意的渗透同时促使传统制造业不断由代工（OEM）迈向自我品牌研发（OBM/ODM）以扩大产品附加价值。因此，无论是大同电饭锅（传统家电类）获IDEA设计金奖、Charming水龙头（精密机械类）获IF设计大奖，还是捷安特（Giant）自行车在伦敦奥运公路车赛事夺金等，均是创意产业与传统产业相辅相成的结果。此外，累积30年的高科技产业生产技术，配合新颖的工业设计以及TFT-LCD屏幕的研发，产生了宏基以及华硕等台湾知名的计算机品牌。2006年宏达国际电子推出自创品牌“HTC”智能型手机，正式脱离代工转型为自有品牌，展示出台湾整体制造业在创新技术与创意产业发展上的实力。

（4）接轨国际的勃勃雄心

丰富的文化艺术资源与便利宜居的都市环境，使得台北能够以华人文化之都的身份鼓励并期许自己，在艺文传承上更为精进，在生活科技上追求创新和突破。然而，相较于创意形象深刻根植（embedded creative image）的时尚之都巴黎、艺术之都纽约、会展之都新加坡以及亚洲流行文化之都东京等等，台北一直缺乏明确的城市定位。因此，作为一个新兴的创意之都，除却色彩浓郁的都市文化与经济活动，台北还需借助都市更新、都市再生以及策略性都市规划等手法，探索建立属于台北自己的城市意象，并不断扩大其国际影响力。

2010年，在台北举办的国际花卉博览会（以下称花博）（图3-22），获得国际园艺家协会（AIPH）认证，并创下了30多项“台湾制造（Made in Taiwan）”的世界第一的纪录。根据“全球设计观察2010（Immonen，2011）”报告指出，台湾的设计竞争力全球排名13；同年，文化统计报告数据指出，台北市设计产业营业额占台湾的57%，每10家设计产业有3家在台北市，台北市文创产业营业额占台湾的62%。2012年，台北市政府延续重塑台北都市形象的计划，决定申办2016世界设计之都（2016 WDC Taipei）。这是台北下一

图3-22　新生四馆展区（照片来源：http://travel.network.com.tw/2010taipeiexpo/xinsheng-park-area/pavilion-of-future.asp#；http://spiderjosh.pixnet.net/album/set/16421614）

阶段重整都市形象的决心，也展现出台北与国际创意城市网络（ creative city network）接轨的勃勃雄心。

3.6.2 台北文化创意产业的突出特色

创意城市的构成条件，需要具备专业的创意人才（Florida，2002）、都市发展环境（Landry，2000; Montgomery，2007）以及社会经济活动（Peck，2009;Scott，2006）三个要素，同时透过实际的都市政策（Evans，2009）来推动。台北在创意人才与培育、创新的产业项目与产业发展空间，以及台北暨有的创意活动方面，形成了建设创意城市的组成条件。

（1）创意人才与设计教育

过去，台湾的设计教育是工程导向的，偏重于工学院和技术学院的技术研发。不同于欧美国家的设计教育在人文方面的着重，台湾设计教育背后的传统实践操作功能，为台湾设计教育带来一大优势。随着文化创意产业与美学教育的推广，兼容创新科技的发展，台北也逐步走出了属于自己的设计教育路线。设计教育突出发展带来的大量创意人才资源，为工业设计领域的个性化发展提供了最好的智库。从2001年到2011年，台北市与新北市大专校院艺术相关科系所的毕业学生人数，累计到达24684人[1]，涵盖科系超过20种。这些艺术相关领域的毕业学生，在音乐、美术、表演艺术、舞蹈与文学等方面，都为台北的文创事业开启了新局面，特别是在影视产业以及华语流行音乐这两方面。总体上，台湾的北部地区（以大台北地区为主）聚集了全台56.3%的创意企业，地区营业额约新台币546.55亿，占产业总营业额的82.61%。被这些创意企业吸引到台北就业与就学的人员，赋予这座城市多变的个性和面貌（“行政院文化建设委员会”，2012：140-143）

（2）高科技产业的创新与发展

除了工业设计，另一个代表台北创意产业实力的新领域是数位内容产业（Digital Content Industry），它是台湾创意产业中最具产值潜力与前景的门类。数位内容产业之所以受到如此大的关注，是因为这项产业透过高科技影音技术，统合了媒体产业、传统产业技术、艺文信息与讯息，以及软件游戏市场的开发；并且，数位内容产业的发展是将台北的创意产业与其他都市经济资源联结的关键之一。目前台湾在亚太前十大娱乐多媒体市场中排名第六[2]。

所谓的数位内容产业是将图像、字符、影像、语音等数据加以数位化并整合运用的技术、产品或服务，包含数位游戏、计算机动画、数位学习（如语言互动学习软件）、数位影音应用、行动应用服务、网络多媒体应用服务、数位出版、数位教科书以及各类内容软件等。台湾较为著名的信息研发游戏，诸如游戏橘子研发的“天堂”、大宇信息研发的“仙剑奇侠传”、“轩辕剑系列”以及智冠科技发行的“金庸群侠传”（曾盛杰、林虹君，2004）等，都是目前台湾在软件游戏市场成功的案例。

---

① 数据来源：中国台湾“教育部”全球信息网（Available at: http://www.edu.tw/files/site_content/B0013/106-16.xls）。
② 数据来源：PricewaterhouseCoopers，2008。

虽然台湾（新竹）在高科技产业上持续耕耘，至今拥有超过30年的生产与制造经验，但直至20世纪90年代，台湾政府与民间企业才开始朝向软件研发迈进（刘克智、董安琪，2003）。1999年台北南港软件工业园区（边泰明、麻匡复，2005）成立以及台北内湖科技园区的成功转型（蔡汝玫，2008：189），开启了台北数位内容产业研发的新局面。南港软件园区由行政院经济部工业局主导，目的在吸引计算机、电子、信息、电信等制造业的研发单位、自动化规划设计公司、IC设计公司进驻台北，园区内设有育成中心，支持着前述业别的信息设施服务、软件工具应用、软件工程及管理等。内湖科技园区是台湾第一座由民间投资及政府放宽产业进驻而发展出来的科学园区，主要进驻厂商以信息、通讯、生技等产业为主，全球知名的光宝、仁宝、明基等26家企业营运总部及51家相关企业，12家研发中心、三大固网厂商和新兴的IPS、SDC总公司均在此设址。

3.6.3 支持创意产业发展的策略与政策

台北在推动创意城市的发展，除了注重都市环境的改善，更重视都市经济永续发展的可能性。隶属于台湾行政主管部门的经济建设委员会（Council for Economic Planning and Development，CEPD）从辅导传统产业升级的角度并行推动创意经济的发展。历经十年努力，于2011年1月通过的“文化创意产业发展法”，以明确的产业租税抵减优惠、奖励辅导措施、及产业人才培育相关事宜等，为全面扩大创意产业在台湾的发展创造了新的机遇。2012年，台湾“行政院”文化建设委员会（Council for Cultural Affairs，CCA）正式升格为“文化部”，成为文化创意产业的主要主管机关，统筹文化创意产业的所有项目，希望文化创意产业至此能够为台湾带来下一波的经济浪潮并具体落实到地方（台北）。为了实践创意台北的发展目标，进而竞争2016世界创意之都，台北市政府文化局与旗下的台北文化基金会、台北市都市发展局都市更新处以及台北市产业发展局商业处，负责联合推动台北市文化创意产业各项计划，其业务分属情况如下：

（a）台北市文化局：负责办理各项文化与艺文活动，以及国际间不同城市与台北的艺文交流。

（b）台北市产业发展局：旗下所属商业处负责台北商店街区推动、特色商业辅导及举办商业推广活动以及人才培训课程等。

（c）台北市都发局：旗下所属都发处所推动的“都市再生前进基地计划”（URS，Urban Regeneration Stations），以都市再生手法，美化并再利用旧建物，通过与当地社区合作，以租税检面等策略方式，提供创意工作者所需的创意基地与展览空间。

根据各局处的负责项目及其政策属性，台北推行的文化创意产业发展政策主要包括下面五大策略：

（1）人才培育

台湾当局大力协助地方政府、大专校院及文化创意事业充实文化创意人才的培育，鼓励其建置文化创意产业相关发展设施，开设相关课程，或进行创意开发、实验、创作与展演，设置文创产业的创新育成中心等。例如，台北艺术大学以“艺术”创业的辅导机制，设置北艺风创新育成中心，并于2008年年初成立“北艺风”品牌，同时北艺风创育中心也积极辅导毕业校友登记公司在育成中心内，藉由学术机构的资源协助校友成立自己的艺术企业品牌。“西园29服饰创作基地（Fashion Institute of Taipei）”则是扶植特定文化创意产业项目的案例，由台北市政府文化局与经济部工业局合作，中华民国纺织业拓展会协办，以项目合作方式推动服饰设计的信息平台。设计师不仅可以从这里获得各种资源与协助，创作基地也将建立设计师与厂商数据库，提供工作室给新创设计师登记使用。

（2）空间策略

包括租金补贴、低利贷款、场地租借（包含展览场地与表演场所）等三项。目前台北市积极的推动“都市再生前进基地计划（URS）”，属于任务取向的空间再生策略，针对各种可能的领域（特别是文化创意产业），建置一个能够凝聚地方共识的场所。所以URS计划善于利用艺文进驻的手法，活化社区里的闲置空间以及实现旧建筑物的再利用。烟酒公卖局的中山配销所（URS 21）、南港瓶盖工厂（URS 13）以及迪化街127号（URS 127）都是成功将都市再生与文化创意产业相结合的案例。

（3）营销活动（event-based strategies）

为协助文化创意事业塑造国际品牌形象，台北市政府每季都结合城市营销，举办国际与两岸文化博览会、艺术节庆等活动，并提供相关国际市场拓展及推广销售来协助文化创意产业博览会以及台湾设计博览会等的举行。此外，著名的台北电影节（Taipei Film Festival）、台北国际爵士音乐节（Taipei International Jazz Festival）以及举办超过六年的两岸城市艺术节（Cross-Strait Cities Art Festival）等，都是台北市政府不断努力的成果（Bartholomew，2009;Brownlow，2006）。

（4）资金补助

根据台湾文化创意产业发展法，台湾文化主管部门提供常设资本经费，协助民营企业及文化创意事业的发展，以及将创意成果及文化创意资产转化为实际的文化商品。而台北市政府文化局的资金补助分为两方面：艺文补助以及电影补助。艺文补助主要以演艺团队补助、各式展览、以及鼓励社区自发性办理社区营造活动为主；电影补助主要分为长片与短片。短片补助旨在培养基础电影新创人才，长片补助的目的在于帮助台湾的电影片制作业，制作具有地方文化与商业价值并存的国产电影。仅2012年上半年度，台北市政府文化局补助案件达3040件，金额超过7000万新台币（不含电影补助）[①]。

（5）行政协助

在“文化创意产业发展法”公布以前，台北市政府就已经主张保留公共场所场站与相关设施中的一定比率的广告空间，以优惠的价格优先开放给文化创意产品或服务使用。政府同时以行政协助的方式，相继公布“台北市街头艺人从事艺文活动许可办法”以及“台北市街头艺人从事艺文活动实施要点”，直接保障了街头艺人从事艺文活动的空间与工作权益。为了配合各类型的文化活动与艺术节，政府还会采取封街和都市空间协调调配等举措。

① 数据来源：台北市文化局历届补助资料，包含第101年艺文补助结果公告第一期、第二期、紧急重要补助结果。（Available at: http://www.culture.gov.tw/frontsite/content/artHisDownListAction.do?method=viewDownLoadList&subMenuId=1901&siteId=MTA0 ）。

3.6.4 台北的创意街区

政府为创意文化产业发展提供的政策和资金等支持，一定程度上刺激了台北创意城区和街区的发展。台北与其他亚洲城市最大的不同，就是随处可见的低密度、有机生活形态以及连栋公寓充斥的小尺度巷弄街区。由于各个商业街区内的经营方式、地方文化以及生活形态的迥异，逐渐形成了东、西、南、北四个主要的核心聚落；此四大聚落所产生的11个创意街区（刘维公，2010），其都市活动的内容不尽相同。台北创意街区的发展以“巷弄”为主要空间结构形态[①]，将创意氛围以树枝状延伸的方式，呈现在都市空间当中。最具代表性的东区粉乐町街区与西区西门町街区，充分展示了镶嵌式创意经济模式的探索与文化街区（cultural quarter）的多样性，及其对后现代都市文化地景的影响。

（1）台北东区粉乐町

一般大众对于台北的印象，不外乎是高耸的101大楼、精致的设计产品以及流行时尚与娱乐文化的蓬勃，而这些形象都主要散布在台北东区。1994年，台北市政府的东迁计划，将台北市的经济与行政核心由西向东移转。随着捷运板桥南港线（简称板南线）的拓展，主要的百货公司群以及企业行号，也迁往腹地较为宽广的台北市东区，东区遂成为台湾众多本土企业的基地，更是台北人心中首选的时尚信息区。粉乐町（Very Fun Park）原本并不是东区的代名词，仅是富邦艺术基金举办的艺术节庆的称谓。在文化部（原行政院文化建设委员会）以及台北市政府的协助下，“粉乐町”成为台北年度举办的艺术节项目之一。

粉乐町之所以能够成为创意活动与商业区结合的代表，主要是由私人企业所提供的资金与政府单位的行政资源共同合作，所达成的都市形象改造计划。富邦艺术基金会发起活动，组织义工并开放艺术相关科系同学参与活动，同时利用基金会的力量协助参展的艺术家与商家合作。透过这样的辅导机制，艺术家必须学习如何在有限并且已经有鲜明主题的街道或是商店中，将自己作品的元素以不突兀的方式，融合进这样的商业空间当中。而市政府所需要配合的，就是在行政资源上，帮助富邦艺术基金会与街道邻里的居民实现沟通，并且提供公益广告机会（图3-23）。

粉乐町艺术节对于市政府是一次成功的产官学合作的成果，不仅艺术家得到免费的展览空间、富邦集团本身的企业形象得到提升、市容获得改善，更重要的是促使社区的独立设计师、小企业、以及民众藉由艺术活动，拉近了彼此的距离并成功地营造出积极的地方认同感。目前粉乐町所在的大安区，已经是台北主要的文化创意产业工作室、小企业以及店面的聚集地。该区目前共有 3298家文创意企业群聚，分别以工艺类企业（927家，占28.11%）、广告类企业（769家，占23.32%）以及出版类企业 （422家，占12.80 %）为主 （刘维公，2010）。由民间基金会支持的文创活动与都市空间结合的案例，还有忠泰建筑文化基金会所打造的城中艺术街区。从都市再生的角度来看，这种更新项目藉由多元又丰富的艺文场域，形塑新的都市空间氛围，让创意工作者认同其所处的社区，给予社会大众新的地区形象，达到了文化导向的政策（cultural-led policy）要求。

① 西方城市是以街廓（block）的空间形态为主，而常见的文化街区（cultural quarter）则是街廓与街廓以块状的形式拓展与联结而成。

2007年粉乐町案例B10号（照片来源: http://blog.roodo.com/chao_sheng1008/archives/3855031.html）

2012年粉乐町案例19号（照片来源: http://www.flickr.com/photos/ann-yang/7696356718/in/photostream/）

图3-23　粉乐町台北东区当代艺术展（照片出处：粉乐町官方网站）

（2）西门町红楼创意市集

都市再生与文创产业结合的最具代表性的案例不得不说西门町。西门町的发展历史长达一个世纪。在日据时代，这里就是日本人所打造的大东亚共荣圈亚洲娱乐样板。20世纪70年代，西门町娱乐文化达到全盛时期，电影街、影像街（摄影、相机等器材）、百货文化与歌舞厅等行业，各自占据西门町不同的角落。然而，随着20世纪80年代台北东区精品百货与时尚文化的兴起，消费形态的变迁和台北都市轴心的转移，台北西区代表的西门町商圈逐渐被东区的顶好商圈取代。1997年西门红楼熄灯歇业，西门町经历自第二次世界大战以来前所未有的萧条。

1998年起，台北市政府透过社区总体营造的方式，打造新的西门町徒步区，期望藉由新产业的导入、街道与公共设施的更新规划以及民间参与公共空间兴建等三阶段，重整西门町暨其周边环境的风华（丁育群，2011）。同时，透过许多签唱会、街舞表演、以及次文化（包含涂鸦文化）的引入，让青少年重新回到西门町。2007年，由台北市文化基金会以多元发展的区域规划策略，重整红楼。2008年，红楼造景获得第七届台北市都市景观大奖的历史空间活化奖，当年累积近250万人次的参观人潮。2009年，红楼在“台北市电影主题公园”与“西门町行人徒步区街头艺人”等策略计划执行下成为西门町文创工作者的基地和文化局指定的台北西区的文创产业育成中心（林建元，2008）。目前，红楼主导的文创产业创育计划，聚焦在经营提供给创意工作者营销空间的“创意市集”，并借助“孵梦基地” 和“16工房”协助设计师与艺术工作者进行品牌开发、市场拓展与竞争实力提升（图3-24）。

图3-24　红楼文创中心暨创意市集（照片来源：http://www.redhouse.org.tw/Active/ActiveIntro.aspx?AboutUSID=4302&subid=6）

西门町街区的再生，与粉乐町的最大不同在于：西门町街区是以都市更新的手法，从街道景观与公共设施环境改善着手，试图由更新的徒步空间引入活动。而粉乐町却是以艺术活动做为策略性引导（event-led policy），以软性的文化活动，提升商业区形象并凝聚社区居民的向心力（图3-25）。

3.6.5 台北创意产业的未来

就台北的经验来说，推动创意城市有助于都市可持续发展，除了带来新的就业机会之外，也是提升都市文化地景的重要步骤。“创意台北”概念对城市的影响除了都市形象提升、投资环境改善，更重要的是社会价值的转变，以及教育、人才与培育政策的兴盛。台湾过去十年，在通过空间策略、资金补助、市场营销以及产官学合作来推动创意产业发展上多有着墨。然而，面对竞争世界设计之都（2016 WDC）以及联结全球创意城市网络（Creative city network）的特殊目标，台北仍需要朝下列三个方向努力。

（1）政策引导

过去十年，台北市政府配合中央的执行政策，致力于大型的软件与创意园区开发，但实际上，政府对产业走向与地方企业发展趋势的敏锐度，仍然走在民间企业之后。因此，积极有效的都市战略与产业政策是台北当前急需的政策工具，包含成立非政府组织基金会，跳脱僵化的行政程序，以各类奖励促进融资的辅助策略，主动与民间业者合作等。

图3-25　台北西门町街头（张宇翔，2010）

（2）民间投资

台北看似聚集了多元与多样的创意企业群，但创意产业总体产值的分布情况显示，主导产业仍是软件研发与媒体产业等以信息科技为导向的产业。如何扩大文化厚植产业项目的资金投入，仍需要民间企业的参与。怎样营造能吸引大型企业（如：富邦集团的富邦文教基金会、实联集团的学学文创基金会）投入的产业环境，并为小型的新建文创企业提供赖以生存的投资市场，是台北文化创意产业未来发展的重点。

（3）跨域整合

台北发展创意城市的关键在于创意产业的推动与执行，其主管机关是“行政院文化部”。然而，要实现台北都市创意产业的永续发展，需要借重产业与经济方面的专才，实现文化界与产业界的跨境合作，这样才能通过合理的资源分配、专业和专才的辅导、产业旗舰计划与都市地景的整合、都市更新（硬件）与都市再生（软件）手法的综合运用，来进一步树立台北的创意城市形象。

参考文献

[1] BARTHOLOMEW L.‘Best Artists’ and ‘Best Audiences’ to Meet at Culture Fest. Taipei Times, Fri, Sep 18, 2009:13. (Available at: http://www.taipeitimes.com/News/feat/archives/2009/09/18/2003453823)

[2] BROWNLOW R. Sleeping with the Enemy. Taipei Times, Fri, Oct 20, 2006: 15. (Available at: http://www.taipeitimes.com/News/feat/archives/2006/10/20/2003332649)

[3] FLORIDA R. The Rise of Creative class and How It's Transforming Work, Leisure, Community and Everyday Life. New York: Basic Books, 2002.

[4] IMMONEN H. Global Design Watch 2010. NIEMINEN E (ed). Aalto University, Aalto 2011: 20.(Available at: http://www.seeproject.org/docs/Global%20Design%20Watch%20-%202010.pdf)

[5] LANDRY C. The Creative City: A Toolkit for Urban Innovators. London: Earthscan, 2000.

[6] MONTGOMERY J. Creative Industry Business Incubators and Managed Workspaces: A Review of Best Practice. Planning Practice & Research, Vol.22(4), 2007: 601-617.

[7] PECK J. Creative Moments: Working Culture, through Municipal Socialism and Neoliberal Urbanism. At: MCCANN E, WARD K (eds). Urban/global: relationality and territoriality in the production of cities. Minneapolis: University of Minnesota Press, 2009.

[8] PES J, SHARPE E. Brazil's Exhibition Boom Puts Rio on Top. The Art Newspaper, Vol. 234. London: Umberto Allemandi, 2012: 35-43.(Available at: http://www.theartnewspaper.com/attfig/attfig11.pdf)

[9] SCOTT A J. The Changing Global Geography of Low-Technology, Labor-Intensive Industry: Clothing, Footwear, and Furniture. World Development, 34(9), 2006: 1517–1536.

[10] 边泰明, 麻匡复. 南港软件园区产业群聚与制度厚实. 地理学报, Vol. 40. 台北: 台湾大学理学院地理学系. 2005: 45–67.

[11] 蔡汝玫. 内湖科技园区发展历程探讨. 台北: 台北科技大学建筑与都市设计研究所, 2008: 37–72.

[12] 丁育群. 都市发展局工作报告. 台北: 台北市政府都市发展局, 2011. (Available at: http://www.tcc.gov.tw/bar17/files/1/11103%E9%83%BD%E5%B8%82%E7%99%BC%E5%B1%95%E5%B1%80%E5%B7%A5%E4%BD%9C%E5%A0%B1%E5%91%8A.pdf)

[13] 林元建. 全球化与都市再生、土木水利，Vo135，No.3. 台北：中国土木水利学会，2008：25–30。

[14] 刘克智, 董安琪. 台湾都市发展的演进一历史的回顾与展望. 人口学刊, Vol. 26. 台北: 台湾人口学会, 2003: 1–25.

[15] 刘维公. 台北市 98 年文化创意产业聚落调查成果报告. 台北: 台北市政府文化局, 2010.

[16] 唐永青. 亚洲绿色城市评比. 台北产经期刊, Vol.5. 台北: 台北市政府产业发展局, 2011: 46–53.

[17] “行政院”文化建设委员会. 第五章: 文化与经济, 2010

文化统计. 台北: 有限责任行政院文化建设委员会.
[18] 游常山. 台北市的魅力吸引杰出华人定居. 远见杂志, Vol.241. 台北: 天下远见, 2006.
[19] 曾盛杰, 林虹君. 台湾在线游戏产业之经营策略分析——以智冠科技为例. 第七届企业经营管理个案研讨会. 台南, 成功大学: 2004.
[20] 张宇翔. 街友重生新途径. 喀报, Vol.95. 2010.12.19. (Available at: http://castnet.nctu.edu.tw/castnet/article.php?id=345&from_type=issue&from_id=19)
[21] 周志龙. 后工业台北多核心的空间结构化及其治理政治学. 地理学报, Vol.34. 台北: "国立"台湾大学理学院地理学系, 2003: 1–18.

第四章

国家视野下的创意城市实践

National Perspectives of Creative Cities Practice

英国视角下的创意城市 / UK

意大利创意城市：新景象与新项目 / Italy

法国视角下的创意城市 / France

中国文化创意产业发展与城市更新改造 / China

镜头里的创意实践

北京（215页、218页）
都灵（216页）
米兰（217页）

《布拉格行动》
贵点
4月28日至5月19日
藝瑪拉雅·畫廊
展
遼東美術名家邀請展
金麦工作室
油
画
展
向东300米
电话: 13261688473 13693209842
左
4
左
5

ALLA GALLERIA SABAUDA
E ALLA REGGIA DI VENARIA
Classeditori
RADIO MONTE CARLO
RMC 1
MEDIA SPONSOR
BUYERS

A VITTORIO EMANUELE II I MILANESI

CAN ART
顏石林 Yan Shili
To the Other Side
4.21-5.20
opening
4.21 15:30

4.1 英国视角下的创意城市

The Creative City: An English Perspective

莉娅·吉拉尔迪（Lia Ghilardi） 著

丁寿颐　译

4.1.1 简介

自20世纪90年代开始，许多国家纷纷提出“创意国家”的概念。这一概念最早起源于1994年的澳大利亚，随后传入包括英格兰(1997)、新西兰（2000）和苏格兰（2009）等在内的英语国家，并成为这些国家政策框架的一部分。这些国家通过标榜他们的文化，延伸其政策框架至我们今天所说的“创意经济”领域来推广他们国家的独特性。“所谓创意经济的升温和文化产业的增长，已经使得政策重点转移到有经济潜力的艺术和文化部门”（Throsby, 2010:271）。这种政策转移伴随着大规模的信息和通信科技的发展，后者又反过来促进了文化产品与文化服务的生产、分配和消费方面等新模式的出现。

过去若干年中，在英国人看来，不论是在西方国家还是金砖四国[1]中，经济学家、政论家和城市专家一直在强调创意关联产业的增长将成为繁荣城市经济的重要组成部分，另外，能够吸引、保有和支持创意人士及强大的创意经济能力已经成为一个城市和国家成功的象征。

20世纪90年代后期以来，英国已经开始逐渐引领这一进程，创意部门不仅是经济发展的重要驱动，也被视为是促进社会包容、多样性和发展的重要工具。英国声称其拥有欧盟最大的创意部门，在GDP方面，其创意经济的规模也是全球最大的。根据联合国教科文组织（UNESCO）的数据显示，如果按绝对值估算，英国创意经济已成为全球文化商品和文化服务最成功的出口国，甚至高于美国的出口值。特别值得一提的是，在2004年，英国文化传媒与体育部门（DCMS）经过评估

[1] 金砖四国是巴西、俄罗斯、印度和中国的简称，这四个国家被视为世界上主要的经济发展的代表。加入南非，称为“金砖五国”。

得出创意产业[1]能够贡献英国国内经济总增加值的7.3%，同时，这一产业自1997年开始，以平均每年6%的速度增长。新近，联合国贸易与发展会议（UNCTAD，2010）将这一数据调整为5.8%，与其比较，法国仅为2.8%，美国为3.3%。此外，最新出版的英国研究文献大力强调了这样一个事实，即文创职业和机构与创意人士和创新者一样具有价值，这在文化及其他领域均是如此。[2]

从落后地区的经济振兴来看，很明显，新的想法主要来自于艺术家、设计师、建筑师和许多其他种类的创造性专业人员的通力合作的结果。在英国，新的工党政府（New Labour administration）[3]对文化策略发展的回应（大城市和小城市情况类似）主要聚焦于关注文化产品的供给和艺术与创意人士的生活状况。可以说，在英国很多后工业化城镇，这些策略帮助其创造了积极的形象，激发了对内投资，改善了人们对当地的整体感受，并有助于形成生活质量良好的总体印象。支撑这些策略的是创意指标和各种创意经济评估工具包的兴起。在某些情况下，这些工具被设计成既具有“修正性”（针对问题），又具有“雄心壮志”。这是因为，一方面，这些工具提供了一个关于如何诊断问题和收集活动证据的实践导则（比如在文化和创意经济方面）；另一方面，这些工具又提供了关于如何扩大地理范围（即便是缺乏基本前提条件的地方）来确立创意城市的宏大地位的方法。

4.1.2 英国创意城市的挑战

城市从来不是静止的，而是在一种不断波动的状态中去尝试适应经济和文化的变化，在一些情况下这些变化往往又难以控制。每个城市都有它自己特殊的工作方式和“文化基因”。关于是否存在这样一组属性，城市必须拥有这些属性才能成为创意城市，这是一个与很多方面相关的问题，尤其涉及政策和管理方面。

在英国，第一股创意城市浪潮的支持者们[4]一直在推行这样的理念——每个城市都能够变得具有创造性，达成目标的方法就是忠实地执行一系列的“创造力指标”，而执行这些指标的行动源自于放之四海而皆准的指导方针。

英国第二股创意城市浪潮的政策[5]反而展示出了使城市变得更有创意这一问题的复杂性。由于地方层面软弱的政策实施与管理、市民代表的缺乏以及国家和地方政府之间的脱节，吸引和留住所谓的“创意阶层”（参见Florida，2002）开始变得困难，更不用说去处理好创意网络与网络之外人士之间日益增长的鸿沟这一问题。与此同时，政策探索者开始大规模寻找短期内将城市成功转换为创意城市的要素。换句话说，每个人都在寻找一种准则，如果坚持不懈地应用这一准则，就能够迅速实现目标并看到具体的成果，哪怕面对棘手的城市问题时也能应付自如。矛盾的是，在21世纪的头十年里，随着越来越多的地方政府采纳创意城市这个华丽的

---

① 创意产业定义包括如下子部门：广告、建筑、艺术与古玩、工艺、设计、时尚设计师、电影和视频、互动休闲软件、广播电视、表演艺术、音乐、软件和计算机服务。

② 参见英国文化媒体和体育部（DCMS）创意经济计划（2007）和由巴克什（Bakhshi H.）、麦克维迪（E. McVittie）、西米（J. Simmie）起草的研究报告《创意创新：创意产业能否支持更广泛领域的经济创新？》。

③ 1997年5月到2010年5月，首相托尼·布莱尔（Tony Blair）和继任者戈登·布朗（Gordon Brown）。

④ 整个20世纪90年代，这些人都是在不同岗位为当地政府服务的工作人员，或是重建顾问，或是亲近工党的政策制定者。

⑤ 它大致遵循英国文化传媒与体育部门关于文化创新策略的政策轨迹及2007年建立的创意经济计划。

词藻——越来越多的合作伙伴关系和专门的创意计划被付诸实践以阐述、监控和评价公共资金资助下的政策干预效果——城市面临的风险也就越大。

另外，政策制定者和城市领导对创意城市的狭窄解读——几乎完全只是针对创意阶层，确立那些能够在有利的消费环境下提供高度集中的文化/创意生产的地方——为双重挑战埋下了基础，最终无助于事业的推进。采用集中的创意产业、文化机构和文化园区作为衡量创意城市的标尺，这意味着需要开发出一整套能够图示化数据的工具包，从而对可能塑造城市创造性的那些文化资源加以描述。随着时间的推移，作为一个研究领域，文化和创意产业的范围变得越来越难以界定（比如，从1998年英国文化传媒与体育部门第一份相关文件出版至今，概念界定仍未达成）。这在一定程度上说明了，为什么倡导将创意产业作为公共投资"优先部门"的研究被采用，却没有硬性证据进行支撑的原因。

如今，全球经济危机的加深带来了减少文化公共投资的压力——英国区域发展机构的废除，以及其他同创意城市要素治理和传播相联系的政策机制的废止——整个途径开始受到质疑。尽管现在的联合政府重新开始关注地方化，围绕能够为城市吸引和留住"创意阶层"（目前公开用作中产阶级的代名词）提供适宜环境的潜在要素的动员辞令也很可观，但是新的城市政策倾向于给房地产商和公司，而非本地社区，提供更多的机会。

在有关历史上城市创意和创新环境的卓越研究中，彼德·霍尔（Peter Hall）得出结论：创意城市的建设是一个缓慢的过程，其结果很少能被保证或提前预知。霍尔也补充道，尽管创意氛围的发展有一些先决条件，但在某些情况下，这些条件很难实现，并且它们的存在并不总会产生预期的结果（Hall，1998）。他的观点是城市需要有一个长远展望，并且就政策能够产生或者不能产生影响的方面进行经验学习。在某种程度上，这也是一些最为成功的本土创意城市采用的方式。

以下部分是英国在过去十年中能够创造一个繁荣的创意城市环境所实施的政策工具的总览。一方面，这部分选择性地阐述了在国家和地方两个层面上谋划、支持、积聚和发展地方创意生态环境的计划；另一方面，它也描绘了一些城市在创意城市治理中开发运用的合作伙伴关系和联合机制。

4.1.3 培养创意城市：国家政策计划

自20世纪90年代后期英国政府发起了一系列计划，从而让英国能够在创意经济中扮演高速增长的、具有竞争力的全球领导者的角色。在这段时间里，英国已经率先通过对创意部门的定量数据采集来确定创意地图的绘制框架。在创意经济专家更新和提升定义的同时，英国文化传媒与体育部门在2000年出版了第一份创意产业图示研究，开始成为政府在国家层面（比如新西兰、新加坡和澳大利亚）、区域与城市层面（比如中国台湾、昆士兰、伦敦和布里斯班）委托的同类研究的范本。

在英国，当图示实践于2001年再次开展时，持续努力关注创意经济的原因开始变得清晰。当时，研究者们表明创意产业在经济增长速度和创造就业岗位方面都优于大部分经济部门。这一观察结果在2003年的时候得到英国金融时报（Financial Times）的支撑，他们宣布，相较于伦敦的金融服务，创意产业对英国经济贡献更多。

绘制地图文件背后的首要目标是在政策制定者、城市领导者、实践者和地方社团之间形成对于地方独特创意资源的共识，从而使城市能够变得更具创造性。可以证实，地图文件作为一系列发展计划的催化剂，目前已经在整个英国经济中传播开来，从而使人们对创造力在经济和社会整体中的重要性的认识更进一步。这也是为什么地图文件展示的创意产业理念，不仅在国家政府层面，还在地方和区域层面能被迅速接受的原因，它部分得益于英国文化传媒与体育部门的区域事务工作组[①]（regional issues Working Group）的激励。这个组织于1999年成立，负责创意部门的数据收集和信息传播，并通过与基层政府的接触来唤起人们对于创意城市的意识。

2002年，伦敦建设创意城市更进一步的举措是成立创意产业委员会（Commission on the Creative Industries），该委员会由当时的伦敦市长肯·利文斯通（Ken Livingstone）发起。这一委员会随后又促进了2004年4月由伦敦发展署（LDA）支助的"创意伦敦"战略的形成，旨在提升首都的创意产业和动员大家重整城市破败地区。创意伦敦的核心计划之一是在首都建立十个"创意中心"(Creative Hubs)。格雷厄姆·希钦（Graham Hitchen）是伦敦发展署创意产业的负责人，他在描述建立创意中心这一过程时说："识别我们认为有潜力真正巩固创意集群活动的地方，然后通过创意产业部门带动地方经济的急剧增长"。在最初的计划中，创意中心由私人团体和艺术或培训组织组成的合作伙伴来加以管理，中心会"跟踪记录及识别创造性人才"，并形成一个覆盖伦敦的网络以分享信息和执行策略。然而，到2008年保守党领袖鲍里斯·约翰逊（Boris Johnson）当选时，只有一小部分创意中心建成，其中被用作为创意生产中心的更是少之又少。伦敦发展署意识到，过去的管理无法提供确凿的证据说明中心的再生能力以继续赢得公共投资，故而最终停止了这一计划。

与此同时，2006年英国政府在国家层面正式采用了"创意经济"这个广义的术语，一方面是为了更好地争取创意产业对于经济和社会生活的贡献；另一方面是为了促使人们意识到创意产业在城镇更新过程中的关键角色。从那时起，工党政府的策略集中于收集创意产业具有更为宽泛的社会利益的证据，以及引导能够证明创意城市方法的价值的地方计划上，这些计划在处理城市玩忽职守、地方个性和品牌、社会与空间分隔、低教育程度，以及提高各种背景的年轻人获得工作机会等方面显示出了创意城市的价值。

仅仅一年以后，英国文化传媒与体育部门在2007年发起了创意经济计划，这个研究项目直接导致了2008年"创意英国"[②]的产生。"创意英国"是由英国文化传媒与体育部门联合商务、企业和规范改革部（Department of Business, Enterprise and Regulatory Reform）、创新大学与技能部（Department of Innovation Universities and Skills）共同撰写的政府战略文件。它提出了一个针对创意部门的广泛支撑框架，涉及技能、教育、创新和知识产权。然而，从新联合政府于2010年上台以来，创意经济计划已经近乎完结，也许作为一个长期行动的组成部分，它已经变得陈旧。但并非一切都没有意义，创意经济计划的研究者和专家所做的工作已经被采纳，并在2010年英国委员会（British

① DEPARTMENT FOR CULTURE, MEDIA AND SPORT (DCMS). Creative Industries: The Regional Dimension. The Report of the Regional Issues Working Group. London: DCMS, 2000.

② DEPARTMENT FOR CULTURE, MEDIA AND SPORT (DCMS). Creative Britain: New Talent for the New Economy. London: DCMS, 2008.

Council）开发的工具包中得到了进一步的拓展。这个被命名为“绘制创意产业：一个工具包”[1]的广泛文件，提供了通过确认健康的创意经济给地方带来的经济效益以评估地方创意潜力的方法。这个文件被设计为一个绘制地图的实践指南，它吸取了英国的经验，以及英国文化委员会创意经济部门支持的世界上大量地图绘制项目的经验。

大部分计划不仅仅是关于如何绘制地图和收集素材，还包含城市如何能够通过提供适合创新生产的物质基础、具有吸引力的公共空间、有趣的文化生活和完善的消费设施来吸引创意人士并保持创新环境。尤其，从20世纪80年代早期开始（在布里斯托、利物浦和伦敦的城市骚乱造成的灾难之后），对城市更新和文化发展的投资管控和治理成为文化、城市和经济政策领域的关键问题。英国的许多创意城市论著[2]表示，需要为破败地区建立协调一致的政策来进行文化导向的城市更新。它们赞成为丰富文化环境，这些政策应同时在促进企业集聚、交通通畅和可支付的工作空间方面推行开明的规划干预。

因此，在过去的十年间，创意活动集群如雨后春笋出现在英国很多城市，在不同程度上促进了当地城市的经济复苏。有时创意集群是有机形成的——在良好的场所氛围，以及地方城市肌理和建筑的粗犷品质的吸引下，艺术家和创意人士迁移并聚集到某个邻里——在当地开发出了新的功能和新的经济形式。其他案例中，当地政府通过将街区打造成“文化创意区”等做法，有意识地去努力强化地方的创意环境。一个有趣的有机集群的例子是东伦敦的肖迪奇（Shoreditch），创意产业在过去15年间为当地的更新重建作出了巨大贡献。

20世纪以来，首都地区制造业的下滑使得肖迪奇的传统工业比如家具和纺织业逐渐荒废，引发了贫困和城市衰变。然而，工业下滑也带来了一个积极要素，就是之前的工业建筑和仓库留下来的大量空间。20世纪90年代中期，为了租到便宜的工作室空间，大量艺术家和各类创意人士开始涌入肖迪奇。随着时间的推移，这里吸引了更多主流领域的创新型企业，诸如广告、建筑、摄影、新媒体、动画设计（之后甚至包括会计和金融）。这些富裕的专业人士反过来吸引了酒吧、餐厅和俱乐部到这一区域落户，使得这个地区富有吸引力、酷炫且前沿。今天，这一地区的受欢迎程度和它放荡不羁的边缘文化已经导致了租金和生活消费水平的增高，使得艺术家和创意人士无法负担继续在这里生存下去的费用。如今肖迪奇已成为一个典型的“绅士化”的内城，英国其他地区通过学习其经验教训，谨慎地在文化创意产品的生产和消费之间采取相对平衡的政策，并最大化地利用当地发展框架的空间规划政策来使得本地区的情况走向好转。

2008年以来，地方空间规划（Local Spatial Planning）里的政府建议中列举了如下四类文件，它们可包含与地方艺术、文化和创意部门相关的政策和建议[3]：

① BOP CONSULTING. Mapping the Creative Industries: A Toolkit. British Council's Creative and Cultural Economy Series/2. London: British Council, 2010.

② 从Landry和Bianchini (1995) 到Oakley与Leadbeater (1999), Evans (2001),Landry (2000，2007).

③ DEPARTMENT FOR COMMUNITIES AND LOCAL GOVERNMENT (DCLG). Planning Policy Statement 12: Creating Strong Safe and Prosperous Communities Through Local Spatial Planning. London: TSO, 2008.

（a）地方开发框架的核心策略（Local Development Framework Core Strategy），它涵盖了地方整体愿景，整合了地方的关键性目标；

（b）基础设施履行计划（Infrastructure Delivery Plan）作为核心战略的补充，列出了需要的基础设施（包括文化基础设施）从而履行规划政策；

（c）地方行动计划（Area Action Plans）对重要转型区或遗产保护区的框架进行了细化，例如，它倾向于在其他目标之中激励文化导向的城市更新；

（d）补充规划文件（Supplementary Planning Documents）详细解释了地方发展框架的政策，包括那些规划义务（106条款：开发人员与当地政府的协议）以便带来各种收益，包括为艺术家提供规范的、负担得起的工作空间，对可支付的租金水平的界定，甚至于对创意空间管理特征的建议 。[①]

这些城市和地方当局处理城市事务的强大工具如果能够被合理利用，可以为创意城市建设带来积极的效果。

在伦敦（当然也包括英国的其他城市），这些规划工具已经被用于目标贫困地区，以便当地社区能够在创意经济中获得工作机会。可支付的工作室空间是帮助创意经济成长的关键要素，因此，106条款协议既有利于给空置房产提供有益的用途（由于缺乏商业活动或者经济衰退），同时也有益于保留历史建筑，在某些案例中，106条款协议帮助整合了高等教育部门，比如能够为那些外迁的大学提供教学空间。

一个关于有效利用补充规划协议（Supplementary Planning Agreements）和规划增益的有趣例子，是位于伦敦东南部佩卡姆街区（Peckham）的由佩卡姆广场（Peckham Galleria）提供的艺术家工作室综合体。佩卡姆广场于2006年6月开张，是一个涉及艺术家组织“ACME工作室（ACME Studios）”和开发商“巴莱特之家（Barratt Homes）”的获奖开发。这座大厦提供98套私人租用或者共享所有权的公寓，还包括50套以社会租金租赁的艺术家工作室。起先，伦敦南华克区（the London Borough of Southwark）拒绝给开发商颁发规划许可，因为开发商在场地中（之前的打印店最近刚关闭）安排的全部是住房，没有就业空间，而地方政府决心保留这一区域的就业功能。通过聪明地使用规划补偿机制，这一挑战得以化解。目前的这些工作室满足了给地区再次提供就业空间（文化和创意工业产品）的要求。

4.1.4 创意城市的本土思考与本土行动

创意企业借助场所成长和发展起来，它反过来又能帮助场所的转型。文化和创意基础设施——从一个画廊到一个大学的孵化器，从一个博物馆到一个专家网络倡议——有助于将构成“场所感”的要素整合到一起。借助混合的政策干预措施来支持当地的创意生态、基础设施转换和新治理机制的实施，英国一些城市已经成功重塑自我。通过将一些地方的专业基础设施连接起来，创意产业已经获得了很多刺激、灵感、想法和信心。

① 描述改编自：“提供可支付的艺术家工作室——空间规划的作用”，由全国艺术家工作室提供者联合会出版。

同样在伦敦和英国东南部，这种重要基础性设施的组合集中在“核心城市”最有效，比如伯明翰、纽卡斯尔、利兹、利物浦、曼彻斯特、布里斯托、谢菲尔德和诺丁汉。一直以来，这些城市就是创意产品和消费的重要中心,与一系列小地方一起为富有竞争力的英国创意经济扮演着自己强大而独特的角色（比如伯明翰、莱斯特和诺维奇）。

核心创意城市

在过去十多年里，许多大城市通过与核心城市合作来平衡伦敦的统治地位。这些大城市已经在不同尺度上开发出有趣的政策案例：从创意产业的生产消费到观众培育，包括平衡城市更新计划和改善整体生活质量。

在英国和欧洲，尤其是在经济方面，由于城市“边界”的扩大，人们对于“城市区域”的兴趣开始增长。许多决策者认为城市区域的这个功能范围——取决于工作通勤、服务出行、休闲和旅游的方式——使其成为最为合适的治理尺度。副总理办公室（Office of the Deputy Prime Minister）开展的调研（ODPM现更名为社区和地方政府部门）[1]显示：小企业，特别是创意产业的小企业，严重依赖于它们所在的城市区域的供应链。然而，鉴于非正式的个人网络在发展这种供应链中的重要性，拥有高品质环境和适宜工作空间的城市，作为“会面场所”的作用仍然十分关键。这就是为什么核心城市集团（Core Cities Group）在1995年成立的原因。同时，布里斯托、伯明翰、利物浦、曼彻斯特、利兹和谢菲尔德组成的城市委员会，开始共同制定关于大城市应该在国家和区域生活中扮演的独特角色的愿景。这些大城市自己发起了“自下而上”的倡议，核心城市集团作为正式实体与政府合作，共同推进城市，特别是城市区域，在经济增长中的作用。

在这些城市集团的成员中，布里斯托因其长期致力于创意城市而格外突出。成功的关键是一个由公共、私人和志愿部门组成的长期合作伙伴关系：布里斯托文化发展伙伴关系（BCDP）。自1996年以来，布里斯托文化发展伙伴关系实施的项目（从大的首府城市项目到节庆活动，再到小社区行动计划）都与城市、经济和社会发展的长期战略关系相适应。布里斯托文化发展伙伴关系也有助于开发一系列开创性的文化项目和计划，比如年度短篇电影节、短期聚会、分水岭媒体中心（Watershed Media Centre）的创建和阿尔诺菲尼（Arnolfini）当代艺术画廊。分水岭媒体中心是一个典型的例子，这是一个具有高度连接性、灵活性、文化和创造性的基础设施。它已经有机地发展多年并很好地嵌入当地，如同布里斯托文化吸引力的催化剂，将独特“城区”中广泛的文化设施联系起来（包括阿尔诺菲尼的画廊、布里斯托尔工业博物馆、布里斯托大教堂、城市图书馆和一个混合零售与其他消费的空间）。分水岭媒体中心已经成为布里斯托许多创意实践者和企业愿意选择的文化空间。虽然这种环境很难规划和获得保障，但是文化的开放性与连通性，对场所品质的深刻理解，以及以创意为导向的意愿，使得布里斯托真正驶入了创意城市的发展轨道。

在其他地方，“核心”城市伯明翰和纽卡斯尔代表了两种不同的创意城市发展方式。两座城

① OFFICE OF THE DEPUTY OF THE PRIME MINISTER（ODPM）. A Framework for City Regions–Research Summary. 15 February 2006.

市的人口都占所在区域的18%，同时拥有区域20%~26%的就业。两座城市都经历了工业的巨额亏损（伯明翰的金属和汽车；纽卡斯尔的钢铁、造船和采矿）。在过去10年里，两座城市都进行了大规模的城市更新，其中大部分由文化和创意产业驱动。值得注意的是，在两个案例中（布里斯托也类似），文化领域的投资和当地发展创意城市的途径可以追溯到很久以前，至少是20世纪90年代。

在过去20多年间，伯明翰花了大量的时间和金钱来重塑它的城市中心。文化建筑如交响乐大厅和圣像画廊一直是这一努力的重要组成部分。城市拥有的创意产业，最著名的是位于迪格巴斯（Digbeth）的奶油冻工厂（Custard Factory）的重要小创意企业集群，以及位于之前的珠宝城区（Jewellery Quarter）中的创意企业。文化是城市的大规划的重要线索，伯明翰接下来20年的城市中心的总体规划就围绕文化展开。规划明确指出了创意产业在城市未来发展中可以扮演的角色。为强化这一信息，2012年7月来自大伯明翰地区的公众、艺术和文化（包括艺术委员会）、创意和商业部门（包括英国广播公司）的伙伴们签署了一份谅解备忘录，以创建一种新的创意城市的合作伙伴关系。这一伙伴关系将管理一个新基金来支持文化创意活动与项目，利用这些行业的潜力来推动经济复苏。

在纽卡斯尔-盖茨黑德（Newcastle-Gateshead），为了振兴地方经济和提高当地文化活动的参与度，一些区域角色（包括区域艺术委员会的北部艺术机构）吸引大型文化公共投资的能力已经被广泛地记录在案（Bailey et al.,2004）。各种发展项目，例如1996年的视觉艺术年，创建了大型公共资金资助的文化基础设施和活动，从而为区域中强大的地方创意经济的近期发展铺平了道路。2000年，纽卡斯尔城市委员会和盖茨黑德委员会联合起来创立了“纽卡斯尔-盖茨黑德计划”（Newcastle-Gateshead Initiative）。这是一个公共和私人共同资助的商业项目，通过推动该地区成为全国乃至国际的文化导向的城市更新的前沿阵地，以及世界级的生活、学习、工作和参观之地，来宣传和推广这个地区。2002年《新闻周刊》（*Newsweek*）发表的一个著名文章中，纽卡斯尔-盖茨黑德被称为世界八个顶级创意城市之一。在那个时间点，文章的作者记者亚当·皮奥里（Adam Piore）更愿意忽略掉前面提到的丰富的文化投资的历史，反却认为60英尺高的北方天使安东尼·葛姆雷的雕像，带着比一架波音767更大的翅膀，所站立在的A1高速公路是创意城市的催化剂。当然那时，盖茨黑德千禧桥、波罗的海当代艺术中心、鼠尾草音乐厅和音乐学校只是刚刚开放，但即便如此，很明显，纽卡斯尔-盖茨黑德有渴望、信心和必要的社区支持使它们获得成功。

这种长期展望——以及整合管理、政策和地理边界的能力，与当地社区的强烈愿景和抱负联系起来——让这个地区能够在更大的空间尺度上实现创意议程。甚至于英格兰东北经济发展署（One North East）①的废止，也不会停止“纽卡斯尔-盖茨黑德计划”（和本地委员会）将其构想付诸实践，即创建具有地方特性的年度节日和

① 东北英格兰区域发展机构2012年初被联合政府废除。

庆典，以及建立一个大型国际会议中心和展览空间。

要对英国尝试发展创意城市的例子进行总结的话，有许多观察结果，并且主要聚焦在目前的全球金融和经济危机上。首先，积极的方面是，目前低迷的经济可能成为一种决定因素，它促使城市和区域决策者结合自下而上的社区引导计划，激励和支持更加创意产业导向的经济发展（例如，创意城市议程有更多积极的自愿部门的参与，或者系统创建地方的治理机制从而把规划和经济发展、教育和文化部门等联系起来）。因此，经济低迷甚至被认为是因祸得福。然而，这场危机也可能是另一种因素，即导致政策撤退到更加安全的经济活动上，而非促进创意产业及其环境的发展。在布里斯托、伯明翰和纽卡斯尔-盖茨黑德，经验表明，为了发展繁荣的创意环境，地方和区域政府、房地产开发商和商业部门必须进行非常可观的货币和非货币投资。例如，必要的预算削减可能会导致对创意经济的投资意愿的下降，更甚者可能会导致地区不愿意冒险去推行更加积极的创意城市政策。对优先权和投资的重新定位也许需要很快提上日程，而如何在危机中幸存下来则将成为大多数城市最优先的考虑（与此同时，为当地社区创造新的机会去从事有意义的工作）。

参考文献

[1] BAILEY C, MILES S, STARK P. Culture-led Urban Regeneration and the Revitalisation of Identities in Newcastle, Gateshead and the North East of England. The International Journal of Cultural Policy, 2004, 10: 47-65.

[2] BAKHSHI H, MCVITTIE E, SIMMIE J. Creating Innovation: Do the Creative Industries Support Innovation in the Wider Economy? London: NESTA, 2008.

[3] BIANCHINI F, LANDRY C. The Creative City. London: Demos, 1995.

[4] BOP CONSULTING. Mapping the Creative Industries: A Toolkit. British Council's Creative and Cultural Economy Series/2. London: British Council, 2010.

[5] DEPARTMENT FOR COMMUNITIES AND LOCAL GOVERNMENT (DCLG). Planning Policy Statement 12: Creating Strong Safe and Prosperous Communities Through Local Spatial Planning. London: TSO, 2008.

[6] DEPARTMENT FOR CULTURE, MEDIA AND SPORT (DCMS). Creative Industries Mapping Document. London: DCMS, 1998.

[7] DEPARTMENT FOR CULTURE, MEDIA AND SPORT (DCMS). Creative Industries: The Regional Dimension. The Report of the Regional Issues Working Group. London: DCMS, 2000.

[8] DEPARTMENT FOR CULTURE, MEDIA AND SPORT (DCMS). Creative Industries Mapping Document. London: DCMS, 2001.

[9] DEPARTMENT FOR CULTURE, MEDIA AND SPORT (DCMS). The DCMS Evidence Toolkit, Technical Report. London: DCMS, 2004.

[10] DEPARTMENT FOR CULTURE, MEDIA AND SPORT (DCMS). Creative Britain: New Talent for the New Economy. London: DCMS, 2008.

[11] EVANS G. Cultural Planning: An Urban Renaissance? London: Routledge, 2001.

[12] FLORIDA R. The Rise of the Creative Class. New York: Basic Books, 2002.

[13] HALL P. Cities in Civilization. London: Weidenfeld & Nicolson, 1998.

[14] LANDRY C. The Creative City: A Toolkit for Urban Innovators. London: Earthscan, 2000.

[15] LANDRY C. The Art of City Making. London: Earthscan, 2007.

[16] LEADBEATER C, OAKLEY K. The Independents: Britain's New Cultural Entrepreneurs. London: Demos, 1999.

[17] NATIONAL FEDERATION OF ARTISTS' STUDIO PROVIDERS. The Provision of Affordable Artists' Studios – A Role for Spatial Planning. July 2011.

[18] OFFICE OF THE DEPUTY OF THE PRIME MINISTER (ODPM). A Framework for City Regions – Research Summary. 15 February 2006.

[19] PIORE A. How to Build a Creative City. Newsweek International, 2 September 2002.

[20] THROSBY D. The Economics of Cultural Policy. Cambridge University Press, 2010.

[21] UNCTAD (UNITED NATIONS CONFERENCE ON TRADE AND DEVELOPMENT). Creative Economy Report 2010. Creative Economy: A Feasible Development Option. Geneva/New York: United Nations Publications, 2010.

[22] UNESCO, GLOBAL ALLIANCE FOR CULTURAL DIVERSITY. Understanding Creative Industries: Cultural Statistics for Public Policy Making. Paris: UNESCO, 2006.

4.2 意大利创意城市：新景象与新项目

Creative Cities in Italy: New Scenarios and Projects

毛里齐奥·卡尔塔（Maurizio Gart） 著

胡敏 译

《国际城市规划》（*UPI*）杂志于2009年出版了一辑专刊，介绍了意大利城市规划的相关情况和背景。意大利是一个具有2000多年文化创造传统的国度，城市在意大利的发展历程中始终发挥着重要作用。作为一个事实上的城邦国家，意大利的城市发展深深根植于当地的市民文化。

4.2.1 城市新景象

最近几年，从理查德·佛罗里达和查尔斯·兰德利的著作开始，人们对“创意”这一城市竞争要素的反思和实验交织在一起，引发了对其理论与实践的进一步反省，其目的是为了给创意城市提供更宽阔的空间，付诸实际行动，提高实施效果，改善生活品质。《创意城市：活力、革新、行动》（Carta, 2007）一书指明了产生实效的必要性，明确了哪些因素可能让城市创意不仅仅作为吸引人力资源的磁石，而是能成为新经济的驱动力和新城市的创造力。今天，创意城市的范式需要进一步地向前跨越——第三次跨越——以实现城市的跨越式发展和更新。

在当前经济危机的背景下，随着全球性GDP的下滑，那些连续15年强劲推动城市发展的金融、社会和相关资本已经无法轻易获得。在不远的将来，最具活力的将不再是那些依靠房产市场吸引开发项目的城市，而是那些拥有广泛独特的文化资源，并能够依托这些资源创造新文化和新价值的城市。长期投资、跨国公司的资本所得或主权基金很难再轻易从城市复兴中获得金融收益，但新的创意城市必须为城市的真正发展——不仅是量的问题，更是质的问题——提供良机，并应能使公共资产和私人资本均从中获益。

由于评价国家发展和社会幸福的唯一依据是如何以创意方式应对全球金融危机，创意城市将不再仅是经济学家、社会学家内部讨论或者阐述城市规划问题的简单学术分类，创意城市将更强调呼吁决策者采取实际行动，要求规划师和建筑师作出坚实承诺。城市时代（urban century）的构成不单是超级城市（hyper cities），也包括中等城市群、分布广泛的城镇聚集区以及小城市网络。这在意大利尤其明显，其“全球城市”网络由中等城市和“较小的中心城市”（small capitals）共同构成，这些小城市呈现出一种有别于特大城市的发展愿景——依托文化，追求品质。

建造活力四射的城市以创造新的城市价值和获取翻倍的投资回报，是执政者、管理者、规划师、设计师、创办者和传播者、企业家以及投资者无法拖延的承诺。在未来，这些城市应当成为人民乐于居住、工作、前往和认知的地方，和能够吸引投资的多产之地。

在“第五时代（Quinary Era）”（即知识和传播时代），我们开始了解、认识和理解男人和女人的理想、年轻一代的诉求和压力、生产阶层的积极性、创意阶层的想象力，以及与知识相关的、作为开发建设中新结构性要素存在的活动。然而城市不仅仅是聚居地的基质，而是从本质上能够促进创意空间的建立，进而大大提升城市品质。许多城市都致力于自觉自愿地推动创意发展（支持创意活动选址来巩固城市创意场所），推动城市自身成为强有力的投资“增效器”。

可达性、相关性、经验性、连通性和多样性是《新城市活力：意大利创意城市》一书的关键词，该书没有沿用传统的类别、性质和重要性去划分城市。在城市激烈、分化、多级的演化过程中，存在两个共同之处：创意阶层的出现——有些城市已经将其作为与众不同的特征和发展资本；城市创意的作用——新“后福特时代”的发展资源和工具，能够应对疲软的经济环境和体验经济时代的竞争。在创意城市发展过程中，文化、交流和合作成为新的竞争要素，这在意大利尤其突出（图4-1）。

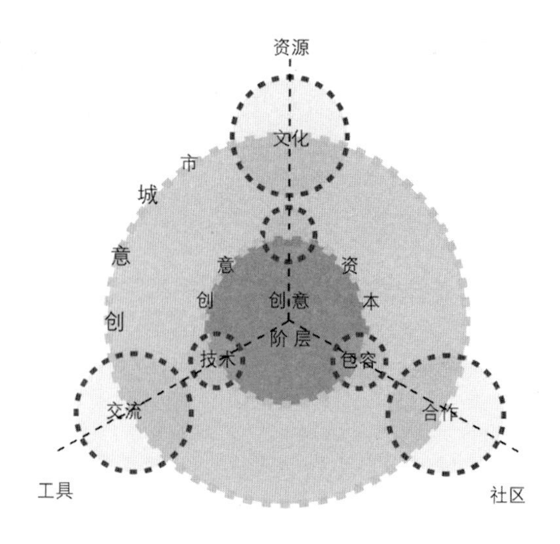

图4-1　创意城市发展中的竞争要素

在意大利，文化是城市创意的基本要素，是根源于城市层叠的历史、并使之延续发展的一种资源。意大利城市文化包括场地、民众、遗产以及市民认同，这构成了城市的“纤维结构”（fibrous structure），造就了抗衡常规全球化的独特个性。城市文化特性是城市的禀赋特色、优势资源、有待发挥的价值以及在历史中累积传承的声望。因此，文化资源不能局限于作为理解无形的历史、艺术或者教育培训的一种捷径，也不应满足于兼作产品发布与展览的临时之用，而应当通过采取切实措施满足社区聚会的空间需求，巩固其文化服务和公共中心职能（剧场、音乐厅、媒体商店、考古公园、博物馆、画廊、讲堂和图书馆，以及咖啡馆和文化协会等）。

城市创意的第二个要素是交流，即能够实时通知、宣告和让城市居民参与进来，而且多种多样的非城市居民途径或进入城市，成为城市与外界联系的纽带。城市始终是强大的交流工具，其交流功能是最有效的创意要素之一，通过转换，其使社会环境提升成为可能，并引导资源和创意工作者实现共同目标。此外，城市交流还能方便参与、巩固组群、减少冲突、促进战略形成和协作开展。

城市创意的第三个要素是合作，合作通常被看作是一种积极的参与方式，一种审视城市大熔炉特性的新规划视角。在全球城市和多元文化城市中，人们已经不能满足于包容，换句话说，就是不再简单地接受与其他文化和民族的共存，因为这种包容没有改变城市活力流动受阻的现状。创意城市面临的挑战在于整合演变过程中的差异时如何开展合作，以及在谋划未来时如何实现不同文化的协作。新生活方式在意大利城市中的出现和发展，引发了对城市中心和边缘地区的重塑，促使了多中心、多特性的视角下角色的重新界定。创意城市不仅是开放的城市、多元文化共存的城市、多民族聚集的城市，还是一个能够运用多样特征勾勒新蓝图的城市：各种论坛将活跃起来，“毗邻空间”（proximity places）将用于公众讨论并谋划共同愿景，确定新的多元文化中心的所在。

在这一演变的背景之下，由于其动态变化，有必要了解并判断城市和地区如何发生变化。人们确信这不仅对判别“创意媒介”在城市发展中的作用不可或缺，也是让“城市创意”成为社区和经济发展过程中首要因素之一的保证。从空间、社会、文化、关系资源开始，城市必须再次成为“价值创造者”。

4.2.2 作为意大利城市规划策略的创意

意大利创意城市项目所面临的挑战很明显：如何从一个吸引创意阶层的被动发展城市，变为一个能够创造新特性、制造新经济和谋划新布局的真正创意城市？意大利城市要成为规划中设想的真正意义的金融创意城市尚需努力。在金融创意城市里，富有创意的人能够获得投资，创意将创造新的城市形态，激发丰富创新的城市活动。

要摒弃仅将创意作为标签的简单认识，必须回答以下两个问题：是否所有的城市都能够有效利用创意要素？是否它们都能够努力成为连接整个地球的创新城市链中的关键？只有对当前创意环境进行一次彻底鉴别与评价，才有可能激活资源，因地制宜地建造创意城市。因此，需要运用战略、政策和项目去“激活创意城市”，这些战略、政策和项目应当能够相互影响、扩大效果、激发活力、引起变革、促进转型。人们确信只有遵循以下六项战略性措施，创意才能变成不可或缺的资源“倍增器”。

首先，也是最重要的，必须采用跨尺度方法（trans-scale approach），它融合了整体综合方法与能够为具体目标挑选出最有效工具的实际操作方法。而实施整合城市发展项目的战略规划，就是获得更为丰硕成果的方式之一。例如，巴里（Bari）由于正在实施的一项据称主要关注创意和创新的战略规划，而在城市吸引力方面处于领先地位。根据“巴里门户城市”的目标，巴里已经开始建设新的大学技术中心来促进城市复兴。即使一些地方由于重要的经济活动被迫取消而引发了危机，创意作为更大尺度策略中的一种工具也已经取得了上佳效果。近年来，都灵已经完成从企业之城向文化之城的转型，城市的发展定位回归文化、设计和技术研究，采取措施构建全新的产业竞争力，实现国际化的开放。在都灵的国际化战略中，知识和文化成为新“非实体经济”的关键，而人们认为“非实体经济”是欧洲大都市内部的竞争要素之一。

其次，创意城市必须激活其“地域开关”（territorial switch）职能，截流下全球网络中的现金、人力、技术和资本能量，并将其转化为本地资源。在当前危机下，面临流动性减少的困境，必须更加重视通过建立坚实协议、达成战略一致和实现协作规划来进一步强化城市的地域开关职能。例如，博洛尼亚在新高铁火车站门户地区周边建设会展项目，截流住经济网络中的各种能量，其目的就是将城市变成国际商务中心和世界经济的新焦点。在越来越激烈的城市竞争中，博洛尼亚的自我城市定位为衔接长途高铁网和短途交通网，服务于地方的全球门户城市。

因其内在的文化特性，创意城市须通过“阐释规划”（interpretation plans）和“结构规划”（structural plans）引导可持续竞争力的构建，以确保在保护遗产和促进创新之间实现平衡。例如，热亚纳和博洛尼亚将技术—经济创意和艺术—文化创意的相互作用作为它们担负欧洲文化首都职能的关键。由此引发的城市更新提升了城市品质，使其成为能够刺激创意、革新环境、激发才能、促进创新的多元空间（multi-dimensional place）。在指导众多重建规划的指标——文化政策与休闲活动——的基础上，里亚斯特（Trieste）港口地区再创辉煌，传统、创新、包容是其成功的关键要素。依靠基础设施的建设和城市公共空间质量的提升，以及对韦基奥港（Porto Vecchio）地区建筑遗产的保护，里亚斯特开始了转型，希望能够重建城市和港口的和谐关系。里亚斯特同样希望能够成为运用技术革新的智慧城市（smart-city）以扩展“适应性”原则的内涵，这种“适应性”通常被看作是满足新的城市利用方式的一种工具。

创意的第三个关键是推动按性别或年龄分类制定政策（适合儿童的城市，为职业女性采取的措施，老年人的安全空间，等等）。这些政策的制定和实施能够减少社会矛盾，增强合作意识，例如，通过运用时间表以及真正参与的社区规划，促使新的生活方式得以实现。

规划必须契合城市、文化、社会、种族和功能的多样性，让语言、习俗和生活方式充分融合。规划不应是简单的建筑模仿，而创意应出自本土人才而不是规划师之手。随着城市规划与训练、研究体系的结合，城市的创意媒介作用越来越突出，城市中心和季节性研讨会（quarter workshops）也变得十分关键。今天，在意大利出现了一个由多个城市（巴勒莫、佛罗伦萨、热那亚、博洛尼亚、米兰、罗马等）构成以推动城市创意政策制定为目标的城市中心网络。

第五个关键与推进多人参与、分层决策（分层管治）程序的建立相关，这将保证决策既充满理性也兼顾直觉，既是实现对物质资源的组织，也达到对人力社会资源的动员。通过在 “市长计划”的操作和“当地企业”的合作之间寻求平衡，这一过程能够实现社会竞争与社会凝聚的糅合。

最后一个关键是提升合作，实现转型。合作将城市中不同社会群体整合起来，同时也将通常分离的观点和行动统一起来。实际上，创意是激活城市新陈代谢的有力工具，能够让城市的输入输出在能源利用效率和环境品质之间实现平衡。卡利亚里的滨海区是探索生态可持续的最重要试验场之一，它采用高新技术，尊重地域环境——全部使用天然和再生能源，建筑也经过专门设计，如果建筑自身不能产生能量则其被设计成能耗很低的建筑。环境可持续和再生能源是卡利亚里建设创意城市的重要组成部分，作为先锋城市，卡利亚里通过实现城市新陈代谢探索城市规划的创新之路。

4.2.3 激活创意再造城市

近年来，创意欧洲组织对意大利主要城市进行了分析，建立指数揭示各个城市实现城市创意的能力，有力地促进了城市活力、竞争力和凝聚力的提升。意大利创意指数（Italian Creativity Index, ICI）仅作为描述和解释之用，其目的在于将多项度量综合成单一指数，便于人们直观了解每个城市，但是其不涉及整体性评价（表4-1）：

（a）规模最大的城市其得分也最高（罗马、米兰、博洛尼亚、佛罗伦萨等）。与小城市相比，这些城市能够更好地在3Ts（Talent, Technology, Tolerance）中取得平衡，并在3Ts整体上取得更好表现；

（b）然而，我们同样观察到中等城市也具有良好的竞争力。尽管在3Ts平衡上略有不足，中等城市的排名仍较为靠前，这归结于它们相当包容、开放的环境，部分也是因为拥有一个强大和富有创造力的产业背景（比如摩德纳、帕尔玛和帕多瓦）；

（c）意大利的南北差异显著，南方城市的技术能力、文化环境存在明显欠缺，其文化环境中显现出的传统和保守在大部分多种文化并存的城市都能感受到；

（d）但是，意大利东北部的很多传统工业城市似乎也在同样努力发展创意经济，创建创意城市（如罗维戈、库里奥、维琴察），在这些城市，传统经济结构与单一社会结构并存。

然而，该指数仅表示当前情况，并不反映未来趋势。尤其是该指数没有考虑“创意阶层”的存在和其吸引力的重要性，也没有将衡量创意活力的参数纳入进来。但是，一个对意大利城市更为深入的分析显示出，许多城市项目正在进行之中，并已经出现成功典范。新一代创意城市投资城市更新项目，提升门户城市作用，通过系统化文化优势而创造价值。因此，对创意城市而言，一个更依托规划的解决之道不仅要求继续识别创意阶层的作用和创意环境特征，还需要继续再造环境要素，重建衰落

表4-1 创意欧洲组织测算的意大利创意指数（2006）

总排名	意大利创新指数部分	人才排名	技术排名	包容度排名
1 罗马	0.786	1	4	1
2 米兰	0.720	5	1	2
3 博洛尼亚	0.665	4	2	4
4 的里雅斯特	0.602	2	8	9
5 佛罗伦萨	0.585	6	6	3
6 热那亚	0.555	3	7	20
7 都灵	0.518	19	3	17
8 帕尔马	0.516	11	8	6
9 里米尼	0.489	21	12	5
10 佩鲁贾	0.477	12	19	10
11 摩德纳	0.468	58	5	12
12 帕多瓦	0.466	15	10	19
13 比萨	0.463	9	34	14
14 雷焦艾米利亚	0.413	78	13	11
15 拉文纳	0.407	57	14	21
16 特尔尼	0.406	17	40	28
17 维罗纳	0.403	75	18	13
18 锡耶纳	0.398	15	73	16
19 皮亚琴察	0.395	38	21	25
20 佩萨罗	0.392	29	43	23
20 佩斯卡拉	0.392	7	41	56
22 普拉托	0.391	72	17	18
23 因佩里亚	0.384	51	44	15
24 弗利	0.375	59	19	29
25 萨沃纳	0.372	25	33	39
26 波尔查诺	0.368	80	56	7
27 瓦雷泽	0.365	53	51	22
27 布雷西亚	0.365	87	46	8
27 安科纳	0.365	24	35	46
30 特雷维索	0.364	69	21	27
31 威尼斯	0.363	53	16	41
32 卢卡	0.362	40	53	26
33 卡塔尼亚	0.361	20	50	45
34 那不勒斯	0.357	8	29	68

续表

总排名	意大利创新指数部分	人才排名	技术排名	包容度排名
35 维琴察	0.353	84	11	34
36 里窝那	0.351	34	15	61
37 阿雷佐	0.350	48	42	33
38 马切拉塔	0.342	45	24	49
39 特伦托	0.341	27	69	35
40 格罗塞托	0.336	63	54	30
40 拉奎拉	0.336	10	60	65
42 戈里齐亚	0.329	41	39	53
43 费拉拉	0.327	56	37	47
44 皮斯托亚	0.325	77	52	31
45 拉斯佩齐亚	0.320	31	46	62
46 乌迪内	0.320	55	27	55
47 巴勒莫	0.312	13	28	83
48 诺瓦拉	0.311	67	67	32
49 马萨卡拉拉	0.306	32	24	73
50 亚历山德里亚	0.305	65	65	37
50 帕维亚	0.305	36	78	42
52 卡利亚里	0.302	27	38	72
53 巴里	0.301	42	29	67
54 波代诺内	0.291	82	26	57
55 克雷莫纳	0.290	79	62	38
56 奥斯塔	0.284	81	35	59
57 曼托瓦	0.283	89	49	43
58 墨西拿	0.280	14	58	86
59 拉蒂纳	0.279	76	32	66
60 泰拉莫	0.273	49	75	58
61 萨萨里	0.271	36	64	71
62 列蒂	0.267	72	61	60
63 贝尔加莫	0.262	94	92	24
64 特拉帕尼	0.256	63	29	79
65 克森扎	0.255	18	81	78
66 萨莱诺	0.253	23	80	77
67 莱科	0.251	70	88	51
68 比耶拉	0.249	97	77	36

总排名	意大利创新指数部分	人才排名	技术排名	包容度排名
69 阿斯科利皮切诺	0.247	47	76	70
70 雷焦卡拉布里亚	0.245	22	59	96
71 科莫	0.242	68	96	52
71 莱切	0.242	60	72	69
73 贝卢诺	0.231	87	23	81
74 桑治奥	0.230	92	82	48
75 阿斯蒂	0.228	98	83	40
76 卡坦扎罗	0.225	26	79	85
77 拉古萨	0,219	89	44	76
78 维泰博	0.218	85	85	63
79 锡拉库扎	0.217	49	55	90
80 韦尔巴诺	0.216	95	93	44
81 马泰拉	0.213	30	71	95
82 卡尔塔尼塞塔	0.212	86	57	75
83 卡塞塔	0.210	39	73	89
84 基耶蒂	0.207	52	86	80
85 洛迪	0.204	91	86	64
86 韦尔切利	0.202	99	84	54
87 库内奥	0.198	101	90	50
88 弗罗西诺内	0.190	83	67	84
89 塔兰托	0.184	96	48	87
90 恩纳	0.178	71	103	74
91 坎波巴索	0.176	44	91	92
92 伊塞尔尼亚	0.174	32	101	97
93 阿韦利诺	0.171	35	94	99
94 维博瓦伦蒂亚	0.170	46	97	91
95 克罗托内	0.167	62	98	88
96 阿格里真托	0.163	60	89	98
97 福贾	0.189	72	70	102
98 罗维戈	0.152	103	66	82
99 贝内文托	0.150	43	98	103
100 布林迪西	0.139	100	62	93
101 波坦察	0.135	66	100	100
102 努奥罗	0.094	93	101	101
103 奥利斯塔诺	0.092	102	94	94

地区，这将有助于汲取好的经验方法并将其转化为城市振兴和发展的手段要素。

创意，作为规划的手段，应当能够使城市迸发新的能量，重启城市的新陈代谢。因此，除了提升空间质量，城市转型地区还寻求成为真正的“创意集群”（creative clusters）。在这里，从已经存在的活动开始，经济、社会和基础设施的创造力使得创造“革新项目”（innovative projects）成为可能，这些项目将作为促进地方发展规划战略的组成部分。特别是在金融危机和经济紧缩期间，投资创意的效果更佳，一些纯理论的概念被丢弃，而当地社会经济系统从中获益良多。建设创意城市集群的有效政策能够分解为以下相互作用的三个层次：

第一层次由加强集群竞争力的政策构成，包括分期实施和发展策略，发展策略能够稳固城市潜力并促进都市区整合。该层次的目标是延伸当地基础设施，尤其是交通和电信设施，重点是大型交通网络的节点（港口和机场），同时为公司提供服务，特别是提供具有较高附加值、有助于网络构建的创新服务。必须重视人力资源的拓展和专业技能的提升，除了加大力度设立中介机构外（代理商、混合公司、顾问等），还应在城市集群和城市内部集群的参与者中开展培训和研究，促进相互作用。最后，运用财政、金融手段也是十分有必要的。例如，佛罗伦萨已启动亚诺河两岸重建工程。其左岸项目包括修整商业场所和社会空间，扩建乌菲兹地区旧市场和公园休闲区，对希尔地区的绿地和圣塔卡罗斯地区的一个公园的进行规划选址。比较而言，右岸项目更具结构性，能够吸引新的投资，采用了协同规划工具和经济刺激手段的综合措施。

在意大利，长期以来米兰都是一座真正的“活动之城”（events-city），这某种程度上归功于近年来诸如新博览会（New Fair）和“时尚之都”活动的举办。设计和时尚日益成为米兰经济发展的两个着力点：大家最耳熟能详的“创意是米兰未来所在”的宣传口号指引着大量项目的发展和建设。某些新项目的重新选址顺延这一思路：除了米兰三年展（Milan Triennial）重新选址于Bovina地区，以及小型创意区沿着Ventura 、Savona、Tortona设立外，人们还需要考虑位于Pirell旧工业区内 Bicocca大学和Arcimboldi剧院的重新选址以及将工学院和设计系外迁的问题。2015年的世博会将是米兰未来发展的另一重要支撑，活力、人才、集体智慧和创意将主导米兰的未来，这些要素将协力建设一个可持续的“无限之域”（infinite city）、构建一个服务于整个地区的“地域开关”，在这里，以文化、贸易、技术、特性为基础，与创意相关的非物质资源将转变成为物资资源和经济收入，并促进城市环境的提升。

第二个层次与使创意集群成功扩散到整个城市的政策相关，重点关注通过有效工作促进城市可持续发展。可持续发展的基础不仅包括减少环境污染和能源依赖，同样也包括激发公司的社会责任，促使企业拿出补偿资金并将部分盈利用于提升城市品质。

中心区政策必须与集群内的各种活动和公司建设的合理选址相互配合，以重新规划交通流向，恢复中心区平衡，避免由于土地和服务的新需求带来交通堵塞风险。

最后，为了增强城市信誉，加强对投资、人口、使用者以及重大项目的吸引，必须通过对城市形象的传达和巩固将集群的成功引向城市。在卡塔尼亚，旧工业区的更新无疑是 “Le Ciminiere”地区新建和改造的开始，该地区未来将成为文化复兴的象征。当代艺术画廊、工作室和休闲场所的存在，使得卡塔尼亚迈入主流国际（艺术）圈，并从与当代艺术网络的交流中获益。

我们不知道全球经济危机何时开始影响这些大项目，也不知道哪些项目直到经济好转后才能完成。但毫无疑问的是，在利用基础设施建设抵抗经济危机的当前背景下，那些详尽制定了长远、连贯战略规划的城市能够推动公共资源用于私有化领域，从而避免早期投资的损失。

第三个层次由减少创意集群发展负面影响的行动构成，这涉及对房地产市场的调控，以避免出现下层住宅绅士化现象（gentrification）和保证市场投机行为不失控，这在那些没有制定补偿政策（租金控制、私人房屋储备、税收优惠等）的地区尤为重要。例如，萨勒诺的新区建设就与恢复滨水地区的私人建筑补偿相关，这一地区未来将成为探索满足可达、多样和自由选择要求的居住模式的试验场。居住规划采用新模式，遵循高居住密度和花园城市的建设原则，建造二三层带私家花园的房屋，重视生活空间和水体之间的联系。这为城市住宅建设提供了新思路，由于市政当局的行动，住宅不仅为少数人享有，还面向社区开放。此外，规划没有忽略社会需求，相反，通过公共空间和与社区活动相关的服务设施的布局保障了社会需求，避免了该地区的下层住宅高档化，降低了边缘化的危险，减缓了物质空间和社会空间的衰落。同样，在拉斯佩齐亚，港口区成为一群年轻意大利建筑师的试验场，他们充满激情地探索建筑创作和规划革新，使得创意成为城市变革的最活跃驱动力。在该地区的规划中，居住被再次赋予了城市的核心功能，规划竭力避免平民窟的形成，推动公共和私有居住建筑的建设，并将其与基础设施和公共服务设施联系起来。

通过规划基础设施和公共交通系统，以及对不同交通模式的升级，城市交通环境得以改善，为避免交通堵塞作出了积极贡献。20个“创新城市”构成的城市网络实现了上述目标，这些城市由基础设施部挑选以引导创意城市合理规划港口、车站和居住地的相互关系。

最后，为了促进城市向创意产业转型，必须采取行动提供合格就业岗位，帮助当地就业市场，并将培训和就业紧密结合。在与大学和吸引人才相关的选址问题方面，费拉拉将工业区与城市结合，建立了一个新的城市大学校园，以官方和竞争姿态去迎接欧洲高等教育系统中的挑战。佛罗伦萨采用了类似的策略，它主办的“创意节”（Festival della Creatività）已成为一个有关创意研究和发展、能够吸引到国际游客的盛事，每年的创意节使得“Fortezza da Basso”展馆成为意大利和国际创意的活力中心。

制度主体和在创意集群中发挥作用的利益相关者之间关系的强弱程度和接近程度是成功的要素，要求足够的“场地”和“条件”促使其发生。从这个意义上讲，周边地区和相关场地的发展、文化体育娱乐活动的举办是增强区域中城市社会资本的重要条件（表4-2）。

4.2.4 两个港口城市的创意规划过程：热那亚和巴勒莫

滨水区是今日意大利创意城市最富变化的地区之一——一个高密度、混合使用地区。在这里，城市的资源、机遇以及梦想和雄心转化成新的愿景、新的关系和新的设计。创意港口城市有能力创造新的城市形态和城市景观，实现城市文化延续，为重要关系网提供能量，使其更具活力、沟通和竞争力。滨水区重建的最重要意义在于应当将这一特殊地段作为构成城市整体的结构性要素予以对待。

表4-2　意大利主要城市的创意要素和创意效果（2009）

城市	创意要素				创意效果		
	文化	交流	合作	技术革新	环境可持续	社会凝聚力	生活质量
博洛尼亚	●	●		○		○	
卡利亚里		●	●		○		○
卡塔尼亚	●	●		○		○	
费拉拉		●	●		○		○
热那亚	●		●		○	○	
米兰	●		●	○			
巴勒莫		●	●	○	○	○	
帕尔马	●		●				○
佩鲁贾	●		●				○
佩斯卡拉		●	●			○	
比萨		●	●	○			
里米尼		●	●				○
罗马	●		●	○			○
锡耶纳	●	●		○			○
托尼诺	●		●				○
的里雅斯特	●	●				○	○

在地中海地区，城市与港口紧密联系的必然结果之一就是对城市滨水区的处理不能仅限于海岸沿线，必须对整个城市进行截流、展现和改变。化解将城市滨水区变成“城市更新”的挑战，需要有的放矢地采取措施营建滨水氛围，不是指某个具体场所，而是指整个城市的流动感。

在热那亚，旧港口地区于1992年得到了“哥伦比亚博览会”（Esposizione Colombiana）对其首次更新的资助，此次更新项目的选址位于Magazzini del Cotone、新水族馆以及Piazza Caricamento、Calata Rotonda、Mandraccio和Porta Siberia之间的整个地区及周边。上述更新项目赋予了该地区动态、活力的滨水特色，而滨水特色是新创意经济发展的最重要推动力之一。热那亚将港口变为滨水区是其在整个历史中心区开展城市更新的开始，历史中心区的更新要兼顾建筑修缮和文化活动组织，这将大量增加休闲设施的数量，大幅提升人们的环境意识。城市更新过程贯穿于整个城市规划实施，从旧港口地区开始，人们在整个海滨都能感受到更新效果，这也符合伦佐・皮亚诺[1]

（Renzo Piano）的新流动城市设想。与历史中心区更新相结合的旧港口地区，其创意功能代表着热那亚的文化、休闲和多产特性。通过后续项目，这里将成为一个充满动感、活力四射的滨水区和城市新经济的引擎。

热那亚的战略规划以港口、文化、旅游、环境和区域为基石，将城市规划为全新的“教育之城、和谐之城”。伦佐·皮亚诺全权负责城市港口公园的建设，这一策略性的选择保证了项目的连续性和一致性，其任务就是为城市构建文化架构，提供综合服务和完善基础设施。该项目将历史港口地区与城市其他部分联系起来，其中包括港口附近被列入联合国教科文组织世界遗产名录的新街[2]（Strada Nuova）。

实施过程包括规划之间的相互协调：热那亚总体规划、景观规划和海岸地区的保护规划。为此，当地议会设定了多重复杂程序，对港口后面的重要历史地区给予重点关注，而在港口地区第三产业能够沿着新住宅项目发展。

总体来看，城市规划包含城市政策的具体发展规划，作为控制着整个转型过程的战略性规划，其思路与多中心主义和权力下放理念相一致：采取措施增加社会凝聚力、对历史建筑住宅改造的补助、对道路的建设和维护、对社会经济和劳动力的干预、对市政造船厂和帕罗迪桥（Parodi Bridge）地区的更新、对城市不同地区的商业升级。在城市外围的滨水区更新项目，即所谓的“壁画”（affresco），也计划采用相同的战略，该规划同样由伦佐·皮亚诺操刀，是一个构建流动城市的全新总体规划。

在项目涉及的所有地区中，棉花仓库地区（Cotton Warehouses）的升级转变最为深刻。该地区功能丰富，能够为各个年龄阶层的民众提供休闲娱乐服务（图书馆、迪厅、购物中心、电影院、酒吧、餐馆和游戏场所）。在旧港口地区，散布着水族馆、餐馆和其他游乐设施，以及旅游接待、居住和商业设施，这为整个地区的土地紧凑使用树立榜样。此外，更新项目最近关注旧船坞地区以及加拉塔（Galata）地区，这与海洋博物馆创意相契合。博物馆选址于一栋海军老建筑，是一个以海洋为主题的教育博物馆。

该市也实施了一系列的社会政策，以减少年轻人、老年人和移民中出现的边缘化现象，通过共同努力提升居住品质、保护居民权益、方便老年生活。

巴勒莫提升城市品质的规划始于1994年的城市项目。回顾历史，巴勒莫希望在未来成为地中海的门户城市：欧洲城市框架中的一个都市中心，能够截流大网络中的各种能量，并将其转化为利益、投资、产品，实现本土化，满足城市发展和更新的需要。城市发展与更新是新战略的组成部分，该战略重点关注地中海联盟内的再集中（recentralization）。

---

① 伦佐·皮亚诺是著名的意大利建筑师，1998年第20届普利兹克奖得主。他出生于热那亚，目前仍生活并工作于这一古城，因对热那亚古城保护的贡献，获选联合国教科文组织亲善大使。他受教并于其后执教于米兰工学院（MilanPolitecnico），代表作有巴黎的蓬皮杜艺术中心、提巴欧文化中心等。——译者注

② 2006年，热那亚的新街和罗利宫殿体系（Genoa: Le Strade Nuove and the system of the Palazzi dei Rolli）因符合文化遗产遴选标准C（ii）（iv）被列入《世界遗产目录》，新街（Strada Nuova）是该遗产项目的组成部分。——译者注

上述战略中的关键之一就是滨水区：创意城市建造的启动力。在巴勒莫，滨水区发展的雄伟目标与复杂现实交织并存，滨水区是启动“流动城市”重建的强有力资源。作为试点的中央滨水区不仅将门户地区与历史中心区连接起来，还为港口地区提供利用文化遗产开展重建的机会。中央滨水区紧密地与历史城区相连，必须被作为城市创意最为丰富的地区对待，在这里，须将战略、规划、服务和商业结合起来以提高品质和生产率。滨水区不仅代表了一个新的港口区，同样也代表了一座新的城市：融合石头古城的流动城市。

从战略规划将巴勒莫作为门户城市开始，中央滨水区就被定位为城市整体转型的主要地区之一，战略规划从两个层面引导该地区的发展：首先是提升港口功能，其次用“创意城市”理念去规划能够让城市经济发挥潜力、恢复活力的城市——港口，为城市提供新的发展空间，更为重要的是提供新的存在模式和生活方式。滨水区将成为新的“交易和创新之城”，在这里，港口功能将与更大范围的城市服务及新的邻里居住服务整合起来，海岸沿线将出现清晰的城市景象。

总体规划提出一个改善基础设施、优化城市功能和提升竞争力的整体战略，城市与港口的交接地区是该战略的主要承接空间，此外还提出了一个连接该地区与大海的结构规划。总体规划得到港口办公室（Officina del Porto）的有力支持。该机构由港区当局和巴勒莫市政府于2006年共同设立，受弗拉维奥·阿尔巴尼亚（Flavio Albanese）和毛里奇奥·卡尔塔（Maurizio Carta）的领导。港口工作室（port workshop）是一个创新机构，负责对滨水区的更新进行分析、阐述、规划和沟通。

滨水区项目不仅重视海岸地区，同样也关注毗邻地区：Kalsa市场是城市中一个具有活力、创造力和文化底蕴的地区，新建的商业、文化和接待中心坐落于该地区原有的水果蔬菜市场和Sampolp车站，能够提供都市级标准的服务，并提升整个地区居民步行、车行以及铁路出行的可达性。

总体规划提出了三种滨水类型，其中两种严格意义上属城市类型：具备航海、文化休闲和接待功能的流动港口（fluid port）；将城市和港口地区联系起来的新居住区。换句话说就是为船只和游客准备的地方，在这里人们可以享受城市与交通系统密切联系的便捷，而沿着码头区展开的各类设施和建筑则引导城市向海发展。第三类为纯粹的港口，为了保障港口的满负荷运转，该地区不对公众开放。

最能体现滨水区更新战略的是Trapezoidal码头区：该地区是城市与港口的主要连接区，是“创意城市”的标志，使城市骨架能够伸展至大海，让住宅建筑采用新风格。“创意滨水区”改造现有房屋，更新工业建筑，将它们作为创意人士的工作场所；艺术家、设计师和音乐家能够将这些灵活空间用作起居场所、工作场地、当代艺术展厅、艺术的动态表达形式。运河和船坞为社会活动和滨水生活的新形式提供了场所。最终，最外围的地区，也就是离海最近和最符合该地区创意特征的地区，将变成“当代艺术和创新之城”：公共空间和建筑构成的一套复杂系统，为艺术、音乐、多媒体作品的创作提供动力，并与滨水区的公共服务相结合。

4.2.5 结论

上述分析得出的这些特质非常值得一提，因为其对新政策的制定和实施产生了重要影响。首先，在许多城市，创意要素和其他发展条件间存在差距，例如，很多城市拥有良好的科技人才但缺乏创意阶层，而有些城市的创意要素水准很高，但是缺乏相对应的人力/科学资源或者合适的城市政策（如那不勒斯、巴勒莫和卡塔尼亚）。

这种差距是意大利城市的共性，可能与下述两点相关：a）存在强有力公共研究机构，但其与城市/地区的生产组织关系松散；b）某种程度上，高度分散、技术革新能力低的企业可能产生高水准创意阶层（包括企业家和经理人），但不会对人力资源或技术人才的整体水平产生显著影响。

从吸引创意阶层的城市到能够产生新形式、发展新关系和发展新经济的创意城市，连接全球市场的国际地区的出现让城市面临进入国际网络、丢失地域文化的威胁。因此，必须界定适宜的行动标准，以确保发展要素能够因创意集群的存在而发挥作用，这不仅与城市特性和可持续发展模式相一致，事实上也将帮助整个城市进入全球创意城市网络之中。

创意城市、体验经济、战略规划以及有效管治是指导城市建设的新口号，但同时它们也必须转化成新规划需要的资源和程序。

最后，套用安东尼·德·圣-埃克苏佩里[①]的话："建设创意城市，依靠傻干苦干和有限的人才投入是难以成功的，只有将强大的创意之能传递给人们，才能使其得以实现。"

参考文献

[1] AMADASI G, SALVEMINI S, et al. La città creativa. Una nuova geografia di Milano. Milano: Egea, 2005.

[2] BEGG I (eds.). Urban Competitiveness. Policies for Dynamic Cities. Bristol: Policy Press, 2002.

[3] BONOMI A. Il modello italiano di capitalismo. AREL Informazioni, 2005(2).

[4] CAROLI M G (ed.). I cluster urbani. Milano: Il Sole24Ore, 2004.

[5] CARTA M. Next City: culture city. Roma: Meltemi, 2004.

[6] CARTA M. Creative City. Dynamics, Innovations, Actions. Barcelona: List, 2007.

[7] EUROPEAN COMMISSION. KEA, The Economy of Culture in Europe. 2006.

[8] FLORIDA R. The Rise of the Creative Class. New York: Basic Books, 2002.

[9] FLORIDA R, TINAGLI I. Europe in the Creative Age. London: Demos, 2004.

[10] FLORIDA R. Cities and the Creative Class. New York: Routledge, 2005.

[11] INSTITUTE FOR METROPOLITAN AND INTERNATIONAL DEVELOPMENT STUDIES. Accommodating Creative Knowledge—Competitiveness of European Metropolitan Regions within the Enlarged Union. Amsterdam: University of Amsterdam, 2006.

[12] LANDRY C. The Creative City: A Toolkit for Urban

① 安东尼·德·圣-埃克苏佩里，1900年6月29日生于法国里昂市。他是飞行家，作家，著名童话《小王子》的作者。——译者注

Innovators. London: Earthscan, 2000.
[13] LANDRY C. The Art of City Making. London: Earthscan, 2007.
[14] LLOYD R. Neo-Bohemia. Art and Commerce in the Postindustrial City. New York: Routledge, 2006.
[15] KLINGMANN A. Brandscapes. Architecture in the Experience Economy. Cambridge: Mit Press, 2007.
[16] KOTKIN J, DEVOL R. Knowledge-Value Cities in the Digital Age. Santa Barbara: Milken Institute, 2001.
[17] ROZENBLAT C, CECILLE P (eds.). Les villes européennes. Analyse comparative. Paris: Datar-La documentation française, 2003.
[18] TINAGLI I, FLORIDA R (eds.). Italy in the Creative Age. Milano: Creativity Group Europe, 2006.
[19] URBAN AFFAIRS, PATTEEUW V (eds.). City Branding: Image Building and Building Images. Rotterdam: Nai Publishers, 2002.
[20] URBAN AGE GROUP. Towards an Urban Age. London: LSE, 2006.

4.3 法国视角下的创意城市

The Creative City: A French Perspective

查尔斯·安布罗西诺（Charles Ambrosino）、
文森特·吉隆（Vincent Guillon） 著
贾丽奇、刘海龙 译

4.3.1 创意城市：法国视角的解读

毋庸置疑，巴黎在文化和政治方面一直被视为世界上最具创意的城市之一。它是欧洲排名第一的观光胜地，拥有世界上最伟大的博物馆之一——卢浮宫，是首屈一指的创意城市。然而，当提及法国人对创意城市范式的态度，法国的其他城市如里昂、里尔、南特、圣艾蒂安、尼斯和马赛都同样值得探讨。本文选取里昂、圣艾蒂安和里尔这三个城市为例。位于罗纳（Rhone）河畔的里昂是法国的第二大城市（2010年有130万居民），拥有悠久的工业和文化历史，如今是高科技和知识产业密集发展并提供高品质生活和美食的地区。圣艾蒂安（37.6万居民）离里昂不远，曾经是一个重要的矿业城市，拥有知名的矿业学校。本文提到的第三个城市——里尔（110万居民），在应对结构性变革的管理方面也已相当成功。要想了解法国的创意城市，就必须要知道：视觉艺术和表演艺术在法国社会中发挥着重要作用；同时，文化和创造力的提升在其所有物质空间、教育及其他虚拟维度方面，从传统意义上都是公共部门的主要职责。

自20世纪90年代中期以来，创意城市的概念已经逐渐介入法国城市区域治理和发展的相关讨论中。这种介入出现在推崇地域性文化特色的论文中。创意城市的概念本形成于盎格鲁—撒克逊国家，至今仍在法国吸引着众多地方决策者。文化因此成为城市的核心战略，被视为一种在政治、经济或社会计划中具有流动性并被广泛使用的资源。就公共政策的执行而言，这一新趋势从城市权力的不断扩张中获益匪浅，而且也从城市经济的“后工业化”中收获良多，文化在这其中是地域展示的一部分。然而，很难界定出现在公共行动领域及科学研究领域之间的概念。因此，本文沿着三条主线检视创意城市：治理、消费和生产。尽管这三个方面相互影响，我们还是为了解释清楚而有意识地将其区分。这篇文章的目的是双重的：首先，基于国际上已出现的大量文献，剖析创意城市的概念；

其次，通过里昂、里尔和圣艾蒂安三个中等规模城市中进行的一系列案例研究，对出现的不同观点进行阐释。

4.3.2 通过政府治理的视角来看待创意城市

首先应当指出，一些学者使用“创意城市”一词来阐述支撑城市治理模式重构的原则。在这种情况下，创意城市概念与文化规划方法就会在公共行动的地域而非部门层面上产生联系。这也是基于对文化作为一种生活方式的广泛认可，并且包括许多活动领域：经济发展、医疗卫生、教育、社会行为、赋权、旅游、城市生活、娱乐和艺术创作等。在某种程度上，“文化规划”反映了“文化政策”的终结，因为后者在与文化有关的决策和与其他城市问题有关的决策之间偏好一种横向交叉方法，从而已经丧失了其特性。文化规划实际上是实施城市政策中的一种文化途径，也是文化政策的一种替代品。同时它也是一种基于横向或交叉方法的模式。在这种情况下，行政管理体制（politico-administrative system）不再把文化从其他类型的公共干预中区分出来。文化成为地域发展的一个方面，源于文化的公共行动也因此不能再以中央政府层次上设计的、标准的文化政策模式为基础。创意城市被视为一个开放的场所，它承认有助于确定公共利益的那些经济、社会、环境和文化维度。从这个意义上说，管理创意城市非常依赖于那些能够跨学科或行业来思考、进而联合不同行动领域的联络者（NetWorker）的存在。有些学者将之称为文化政策的“消亡”，这是为了指向一种出现于20世纪90年代初的倾向，即通过外部标准使文化公共干预合法化[①]。文化规划，或政府推动建设创意城市的方式，就是这一过程的结果。它将这个逻辑推进一步，其目的不是为基于内在固有结果的文化政策（一种文化被工具化了的作法）辩护；相反，它的目的是在广泛的发展视野中（“新公共行动”原则——全球、交叉和区域化）使文化部门真正趋于消解。

现在让我们从创意城市作为一种城市治理模式的角度入手，对法国城市进行案例研究。里昂市曾试图通过签署一项文化合作宪章，向区域范围开放其所拥有的机构和文化活动。这项宪章通过利益相关者之间的新的合作形式，力图将文化政策与社会及城市发展政策联系起来。为此，里昂成立了一个负责文化合作的委员会，作为市级行政机构的组成部分，并受到文化和区域发展代表团的监督。该委员会旨在促进文化机构、城市政策的行动者、重大活动、独立公司、非政府组织，以及大众教育、卫生、城市复兴和新经济等方面的网络之间的合作。它通过确保不同领域之间的信息传递而扮演着联络者（NetWorker）或设计者的角色。在里尔和圣艾蒂安，城市政策中对文化资源的调动，并没有引发市政管理体制发生同样的变化，相反，这些是通过一些全市性的项目及管理模式的转变而实现的。大里尔委员会（Grand Lille Committee）是一个将经济、政治、文化、高等教育和研究等领域的城市群精英们汇聚起来的联盟组织，它发起了里尔竞选欧洲文化之都的活动。其提案是由里尔大都市区城市文化组织（Agence d' Urbanisme de Lille Métropole）推动的，该组织发挥着联系不同利益相关者的桥梁角色，在法国如此关注文化尚属首次。

---

① 参见URFALINO P. L' invention de la politique culturelle. Paris: Hachette, 2004.

《里尔2004，欧洲文化之都》计划的提出，高度动员了包括公共、私人和非政府部门在内的当地各方利益相关者，并成为众多城市复兴和经济及社会发展项目的催化剂。至于圣艾蒂安，该市一直试图通过发展以设计为中心并利用当地资源以满足当代需求的项目，从深刻影响其发展的工业和人口危机中恢复过来。设计被视作一种对共同的地域价值观的支持，并深深嵌固在圣艾蒂安的工业历史中。这一城市尺度的项目广泛地调动了地方精英的热情，并跨越了多个公共行动领域：经济发展、文化、教育或城市设计。联络者（NetWorker）的角色最初由城市艺术（美术）学院承担，随后由“圣艾蒂安设计城”（Cité du Design）接手。鉴于这些新的治理模式在法国的大城市正逐渐制度化，我们不必再谈论文化政策了。因此，对按地域划分的干预和调控模式的部门属性的挑战，构成了重塑文化公共行动的决定性因素。从这个角度来看，创意城市涉及了广泛的文化视野，已远非在国家层面上制定的基于类别和远见的方法所能涵盖的。

4.3.3 **通过消费的视角来看待创意城市**

我们建议的第二种思考创意城市的方法是通过消费的角度。这种方法是针对一个目标人群，即理查德·佛罗里达（R. Florida）称之的创意阶层。根据他的观点，城市创意阶层的存在和探讨中的城市经济发展之间有着直接的联系。主要议题在于确定高素质创意人员的定居选择因素。这些人员流动性强，生活方式特别新颖，甚至超过了雇用他们的公司。因此，佛罗里达透过一个“真实的”城市文化透镜，并通过充满活力的城市文化提案，分析了如何重组各类元素，以构建城市的竞争力。这种观点建立在都市差异性的逻辑之上，并通过文化消费得以证实。文化生活现在是特定区域中一项被认可了的生活品质指标。从这一观点来看，创意城市被视为一个商业品牌，可以作为城市间全球竞争的一部分而具有机动性。这种公共行动定位是地缘文化营销策略的产物，以知名建筑师的杰出作品或高水准文化服务设施的聚集为基础。这些场所或建筑成为城市后工业转型以及管理大型项目能力的象征。它们在土地价格的上涨和具有象征意义的城市区域更新中发挥着一定作用。通过消费研究创意城市的方法，本质上是基于城市重构战略，此类战略产生了由文化服务展示所引起的新的流动和新中心。地方决策者试图通过这种方法来提高城市空间的内在品质。因此，他们的目的是鼓励开发创造力和一种“酷”的氛围。主要难点在于，这些大型设施并不能保证文化生活的活力，因为当代创作和艺术创新趋向于回避这些被规划和格式化的文化空间。这种趋势通过废弃空间和棕地得以反映，并且新的艺术提案以及与市民间的新关系也出现在这些地方，没有任何形式的控制或管理[①]。

创意城市的概念作为一种文化消费的领域，可以采取其他形式。在里昂，汇合美术馆（Musée des Confluence，目前在建）位于城市的门户空间，被定为一座科学和社会博物馆。其壮观的建筑外形意在显示出里昂是一座知识城市和一座发展认知经济（cognitive economy）的城市。文化多样性的议题也因此成为一个地域营销的元素，因为根据佛罗里达的观点，创意阶层希望居住在开明豁达的城市里。以鲁贝市（Roubaix）为例，它试

① 参见VIVANT E. Qu'est-ce que la ville créative? Paris: Presses universitaires de France, 2009.

图通过正在进行的城市更新过程营建出一种新的语境，从而发展成为里尔卫星城中的创意城市。这种语境包括人口的文化多样性（“世界城市”），城市文化的活力，两个新型文化设施——戏剧表演基地（La Condition Publique）和游泳池博物馆（Le Musée de la Piscine），时装季（Quartier des modes）和有吸引力的房地产市场，特别是带阁楼公寓（loft）的房地产项目。为了展示“真实的”、非传统的和多元文化的氛围，鲁贝市希望吸引勇于创新、寻找有独创性文化体验的人。这就是地方议会和文化利益相关者交流中的口号——某种“鲁贝制造”（made in Roubaix ）的感觉。圣艾蒂安市的旗舰发展项目[①]是圣艾蒂安设计城[②]（Cité du Design）、天顶[③]（the Zenith）或电车轨道等。这项政策的明确目标是要吸引大量可能会产生新发展动态的创意阶层，以对抗“去工业化”（deindustrialization）现象的影响。它是建立在一个假设上，即城市领域的实力与它们的创作力相关，并反映在文化和艺术生活中。这些不同的发展战略牵涉到重大的规划项目，例如“里昂汇流”（Lyon Confluence）或圣艾蒂安的“阿基利平原”（Plaine Achille）。这些项目的目的在于引导城市人口的演变，或者换句话说，使他们中产阶级化。

通过消费的视角来研究创意城市，也许是城市区域中最可见的方式。它是通过相对共享和控制性公共政策来调动文化资源，使城市富裕人群和知识分子回归城市。从这个角度来看，创意城市产生了社会分异：它实质上瞄准的是新兴城市中产阶层，其界定标准则基于个人与文化的关系以及与文化消费相关联的身份认同形式：所谓创意阶层，当然还包括技术雅皮士（techno-yuppies）、布波族[④]（bourgeois-bohèmes）或文化中间人[⑤]。

4.3.4 通过生产的视角来看待创意城市

研究创意城市的最后一个方法是研究文化经济的区域动力。因此，分析应聚焦于文化或创意产业的发展与大都市地区的经济表现之间的联系[⑥]。在很大程度上，城市集中了文化产品的设计、生产和扩散等能力。由于市场和人口的高度多样性，这些城市是规模效益的聚集场所。一些城市也有类似的品牌声誉：巴黎的时装、圣艾蒂安的设计、里昂的电子音乐和视频游戏等。作为生态系统，这些城市允许多种互动，为创新提供碰撞的机会。从这个视角看，支持创意城市与其说是为了加强文化供给，不如说是确保当地行业技能的持续存在，并为创意环境的产生创造条件。因此，城市被视为创意经济

---

① 参见HARDING A., DAWSON J., EVANS R. et PARKINSON M. (eds.) European Cities towards 2000. Profiles, Policies and Prospects. Manchester: Manchester University Press, 1994.

② 由费恩・热菲尔（Finn Geipel）和朱利亚・安迪（Giulia Andi）设计。

③ 同上。

④ 布波族：bourgeois-bohèmes，指放浪形骸的、波希米亚风尚的中产阶级，他们大多从事时尚超前的行业，收入丰厚，衣食住行里处处包含着前卫流行元素，是小说或电影中人物的现实生活版。他们追求自由的生活，注重生活体验，消费观念当代且前卫。参见http://www.21tx.com/digihome/2005/08/17/14622.html.

⑤ 参见 BROOKS D. Bobos in Paradise: The New Upper Class and How They Got There. New York: Touchstone, 2000; LLOYD R. Neo-bohemia: Arts and Neighbourhood Redevelopment in Chicago. Journal of Urban Affairs, 2002, 24 (5): 517–532; FEATHERSTONE M. Consumer Culture and Postmodernism. London: Sage, 1991.

⑥ 例如参见SCOTT A.J. Creative Cities: Conceptual Issues and Policy Questions. Journal of Urban Affairs, 2006, 28(1): 1–17.

的一种资源，并可能取代创造城市财富的工业经济。工业经济逐渐“去本地化”（delocalise）并在全球范围内重组。然而，创意经济似乎是以地域扩张过程为基础，从网络和合作伙伴之间面对面的关系中获益。通过消费研究创意城市，会提出如何将艺术家的创造力转化为产品或服务的问题。地理上的接近促进了流动，允许组织建立在灵活——通常不稳定——的劳动力市场之上。在这种背景下，信任和关系是当地生产系统迈向成功的决定因素。它也允许本土的学习和创新过程的发生。这个过程是工作人员和公司携手并进，不断交流思想和技术诀窍的产物。

圣艾蒂安设计城（Cité du Design）要求通过实物、影像和服务，提供以生活方式的新创意为核心的设计视野。它提出设计作为一种工具，能够把创意和认知工作转化为经济活动，进而促使圣艾蒂安在新文化经济中重新定位。圣艾蒂安设计城建立这样一种假设上，即经济和文化利益相关者之间的合作对地域创新具有战略意义。接近性和空间集中性的影响预计将在不同地方利益相关者之间的知识和专业技能的传播和交流中反映出来。因此，圣艾蒂安设计城通过提供会面、合作交流和展示的机会，试图创建艺术家、企业、大学和其他从事设计的利益相关者的联系。在里昂，创意经济的发展主要围绕着视频游戏和数字文化。Infogrammes - Atari公司的成功推动了这一领域内的编辑和工作室的高度集中。随着“影像聚群”[①]（Imaginove pôle de compétitivité）或“像素群集”（Pixel cluster）的形成以及2008年圣艾蒂安获得教科文组织“创意城市”称号等，公共部门开始抓住这一新的经济机会。在里尔，“Digit@tion”计划旨在为新艺术趋势的创造者和总部设在大都市或专门使用新技术的企业之间创造联系。该计划通过鼓励艺术家和经济利益相关者循着不同主题（纳米技术、数码艺术、舞台设计、人工智能、交互式纺织品等）一起工作，形成艺术和产业创新的交汇。其目的是与欧洲卓越科技中心、蒙斯（Mons）的当代数字条目中心、Clubtex商业网络或集中在联盟区域（Zone de l' Union）的图像文化媒体等组织合作，形成将艺术家、工业和研究人员汇集起来的创新环境。里尔地方议会还首次呼吁为艺术家和商业财团提供资助，并通过“未来艺术之城”（Ville d' art du futur）的名号，建立艺术、科学和经济领域的合作习惯。

从生产角度研究创意城市意味着对19世纪的欧洲艺术与科学分离的重新思考。一些区域活动的自主权受到创新的挑战——这对任何艺术或科学创新的出现都是至关重要的。其目的是在特定的大都市区域产生艺术与科技元素的结合。后者甚至倾向于充当公司的替代品，作为生产组织的支持力，从而创建不同利益相关者之间的工作联系。这些利益相关者之间的网络应该有利于一个立足创新的、新型地方生产体系的涌现。

---

① 影像聚群（Imaginove）位于法国隆河、阿尔卑斯地区（Rhone-Alps Region）的里昂（Lyon），该地区是欧洲最有活力且繁荣的地区之一，产业发展重心为娱乐业，所涵盖领域包括视频游戏、电影、视听娱乐、动画与互动式多媒体，此地域特性促使里昂在此领域成为法国仅次于巴黎的领先发展区域。参见http://proj3.moeaidb.gov.tw/nmipo/content/viewcontent.aspx?sn=83875F60D376472F92FE410AEEBC1A6A#Scene_1.

4.3.5 结论

当研究创意城市的三种方法结合起来时，似乎像是地方决策者在制定发展战略时参考的理想类型或临时模式（表4-3）。从治理角度研究创意城市的方法强调文化规划原则，立足于交叉方法；从消费角度研究创意城市的方法提出创意阶层原则，着眼于吸引力；从生产角度研究创意城市的方法与文化和创意经济原则有关，重在创新。这种发展战略方向的文化变迁可能更容易吸引那些经济状况不足以与“全球城市”竞争的中等规模的城市。诸如此类的创意城市模式并不存在，但本文研究的案例或多或少地包括了体现创意城市特点的各种要素，构成了文化和城市领域内重塑公共行动的倾向。这种重塑反映出与文化的社会定义、文化的社会作用和组成文化的个人有关的临时共识。这一共识强调与“为艺术而艺术”理念的背道而驰，反映了高度的经济现实主义。它处在组织城市地域关系的新“语法”的起点。首先，治理创意城市意味着文化被视为地域调解工具，有助于将公共行动的不同领域连接在一起。在这里，问题是要知道是否还可以根据文化政策思考主要城市的文化状况。换言之，以部门为基础的社会组织不再允许理解法国城市公共行动的发展。因此，创意城市导致“城市场景”（urban scenes）[1]的出现，也可以说是特定地区的、作为文化领域标志的文化消费模式的出现。这种观点意味着，这项工作应该建立在某种氛围上以及可能吸引某些具有共同敏感度的社会群体的文化设施之上。最后一点，作为地方生产系统的创意城市反映出后工业城市经济的“文化转折点”。它产生了建立在文化产品特殊性上的区域战略。

然而，通过将文化发展的视角从某一部门的（文化）活动转向个人（创意），创意城市的范例将文化和创意层层回溯。混乱由此在文化的创造者（文化生产者和企业家）和文化的消费者（创意阶层）之间产生。这种混乱达到这样的程度，以至于城市政府使用这两个（有时是自相矛盾的）方法（一些地区内生于创意阶层的中产阶级化能够摧毁当地的生产系统），宣称他们的城市更加富有创意。创意城市的三种方法在法国产生了大量评论，反映出人们的担忧：城市政策中的文化可能会被工具化，社会空间分异可能会加剧，文化议题可能会被商品化。这些评论会造成城市中不同利益群体、社会团体和政治企业家之间的紧张局势。

表4-3 创意城市模式一览表

	创意城市模式	创意城市的评论	城市文化和区域的新“语法”
从治理角度	文化规划原则交叉方式	城市政策中文化的工具化	文化作为地域调节
从消费角度	创意阶层原则吸引力	社会空间分异的加剧	“城市场景”的出现
从生产角度	文化和创意经济创新	文化议题的商品化	城市经济的文化变迁

① 参见 SILVER D., CLARK T.N. et NAVARRO C. Scenes: Social Contexts in an Age of Contingency, 2007. http://tnc.research.googlepages.com/scenes%3Asocialcontextsinanageofcontingenc.

参考文献

[1] BIANCHINI F, LANDRY C. The Creative City. Londres: Demos/Comedia, 1995.

[2] BIANCHINI F, PARKINSON M (eds.). Cultural Policy and Urban Regeneration, The West European Experience. Manchester: Manchester University Press, 1993.

[3] BROOKS D. Bobos in Paradise: The New Upper Class and How They Got There. New York : Touchstone, 2000.

[4] EVANS G. Cultural Planning. An Urban Renaissance? Londres: Routledge, 2001.

[5] FEATHERSTONE M. Consumer Culture and Postmodernism. London: Sage, 1991.

[6] FLORIDA R. The Rise of the Creative Class and How It's Transforming Work, Leisure and Everyday Life. New York: Basic Books, 2002.

[7] FLORIDA R. The Flight of the Creative Class?: The New Global Competition For Talent. New York: Harper Business, 2005a.

[8] FLORIDA R. Cities and the Creative Class. New York, London: Routledge, 2005b.

[9] HARDING A, DAWSON J, EVANS R, et al. (eds.). European Cities towards 2000. Profiles, Policies and Prospects. Manchester: Manchester University Press, 1994.

[10] LANDRY C. The Creative City. A Toolkit for Urban Innovators. Londres: Comedia- Earthscan Publications Ltd, 2000.

[11] LLOYD R. Neo-bohemia: Arts and Neighbourhood Redevelopment in Chicago. Journal of Urban Affairs, 2002, 24(5): 517-532.

[12] SCOTT A J. Creative Cities: Conceptual Issues and Policy Questions. Journal of Urban Affairs, 2006, 28(1): 1-17.

[13] SILVER D, CLARK T N, NAVARRO C. Scenes: Social Contexts in an Age of Contingency, 2007.

[14] http://tnc.research.googlepages.com/scenes%3Asocialcontextsinanageofcontingenc.

[15] URFALINO P. L'invention de la politique culturelle. Paris: Hachette, 2004.

[16] VIVANT E. Qu'est-ce que la ville créative? Paris: Presses universitaires de France, 2009.

4.4 中国文化创意产业发展与城市更新改造

Creative Industry Development in China and Its Role in Urban Regeneration

刘健 著

4.4.1 中国文化创意产业的分类标准

在中国，关于文化创意产业实际上存在三个各不相同但又密切关联的概念，即文化产业、创意产业和文化创意产业；从国家到地方，三个概念的定义各不相同，与其相应的产业分类也有明显差异。

（1）文化产业

关于“文化产业”，中国国家统计局曾于2004年4月1日颁布《文化及相关产业分类》[①]，将其定义为“为社会公众提供文化、娱乐产品和服务的活动，以及与这些活动有关联的活动的集合”，并规定它所涉及的产业类型包括了新闻服务，出版发行和版权服务，广播、电视、电影服务，文化艺术服务，网络文化服务，文化休闲娱乐服务，其他文化服务，文化用品、设备及相关文化产品的生产，以及文化用品、设备及相关文化产品的销售九个大类。

（2）创意产业

关于“创意产业”，目前中国尚未对其概念定义和产业分类做出统一规定，各地普遍采用在国际上广为接受的概念定义，即“源于个人创意、技巧及才华，通过知识产权的开发运用，创造财富和就业机会的行业”；而对它所涉及的产业类型，各地往往又采用不同的分类标准。以上海市为例[②]，创意产业涉及的产业类型包括研发设计（与工业生产

① 《国家统计局关于印发〈文化及相关产业分类>的通知〉，请参照http://www.stats.gov.cn/tjbz/t20040518_402369832.htm.

② 《上海市创意产业分类》，请参照http://www.u7cn.net/News/Inv_view.asp?id=482。2011年9 月22 日，上海市文化创意产业推进领导小组办公室和上海市统计局联合发布《上海市文化创意产业分类目录》，取代了原有的创意产业分类，请参照http://www.creativecity.sh.cn/chanyezhenci/detail.aspx?id=93.

和计算机软件领域相关的研发与设计活动）、建筑设计（与建筑、环境等有关的设计活动）、文化传媒（在文化艺术领域中的创作和传播活动）、咨询（为企业和个人提供各类商务、投资、教育、生活消费及其他咨询和策划服务的活动）、时尚消费（在人们日常消费、生活娱乐中体现创造性及其价值的行业）五个大类。

（3）文化创意产业

不可否认的是，文化和创意之间存在着非常密切的联系；如果说文化是创意涌现的源泉，那么创意则是文化发展的途径。这使得文化产业和创意产业两个概念在实际应用中经常被习惯性地联系在一起，即所谓的“文化创意产业”，但其内涵又有狭义与广义之分。其中，狭义的文化创意产业是指文化产业和创意产业的交集，即以创意为手段的文化产业和以文化为核心的创意产业的集合；广义的文化创意产业是指文化产业和创意产业的并集，即与文化产业和创意产业相关的所有产业的集合。像“创意产业”一样，目前中国尚未对“文化创意产业”的概念定义和产业分类做出统一规定，各地在实践中往往采用不同的概念定义和分类标准。以北京市为例，2006年12月13日，北京市统计局和国家统计局北京调查总队联合公布《北京市文化创意产业分类标准》[①]，将文化创意产业定义为“以创作、创造、创新为根本手段，以文化内容和创意成果为核心价值，以知识产权实现或消费为交易特征，为社会公众提供文化体验的，具有内在联系的行业集群”，同时规定它所涉及的产业类型包括了文艺艺术，新闻出版，电影、电视、广播，软件、网络及计算机服务，广告会展，艺术品交易，设计服务，旅游、休闲服务，以及其他辅助服务九个大类。

由于从国家到地方存在多个不同的概念定义及其产业分类，在探讨中国的文化创意产业问题时，难免出现概念混淆的状况。但一般情况下，在国家层面上普遍采用“文化产业”的概念，并遵循国家有关文化产业分类的相关规定；而在地方层面上，各地则常常根据当地的实际情况，较多采用“文化创意产业”的概念，并遵循当地有关产业分类的相关规定。除特别说明外，本文的论述也基本依循上述原则，即在国家层面上倾向于“文化产业”概念，在地方层面上则倾向于广义的“文化创意产业”概念。

4.4.2 中国文化创意产业的发展历程

中国拥有历史悠久的文化传统，但文化创意成为一种产业类型还是改革开放以后出现的新事物。计划经济时期，受“变消费型城市为生产型城市”的指导方针影响，国家政策强调“先生产、后生活”，社会经济发展“重生产、轻生活”，城市居民的生活需求，特别是文化需求，被压缩到最低限度，文化创意产业发展根本无从谈起。20世纪70年代末中国实施改革开放政策，在经济体制改革的推动下，国民经济持续快速增长。一方面，由于经济全球化的影响，以北京和上海为代表的各大城市先后进入经济转型发展时期，在大规模的经济结构调整过程中，高新技术、新型服务业等新兴产业迅速发展；另一方面，伴随生活水平和收入水平的不

① 《广州建设现代化国际大都市文化发展总体规划（1995—2005）》，请参照http://www.guangzhou.gov.cn/node_602/node_604/2005-07/112236544162002.shtml.

断提高，城市居民的文化需求迅速增长。于是，在城市经济结构调整和居民文化需求增长的共同作用下，文化创意产业开始萌芽，进而成为中国社会经济发展的新热点乃至国家的产业发展战略。根据发展态势的变化，可将改革开放后中国文化创意产业的发展历程大致划分为三个阶段。

（1）1978年至1992年：中国文化创意产业发展从自发转向自觉的起步时期

改革开放之初，随着社会思想意识的转变和城市经济水平的提高，居民的文化需求增长迅速并趋于多样化发展，与居民文化消费密切相关的娱乐业借此悄然起步，音像、广播、电视和广告等行业发展迅速，成为那个时期文化创意产业的先导。尽管当时文化创意展示出蓬勃的市场潜力，并极大促进了社会文化消费的增长，但未被赋予“产业”的地位，产业发展也基本处于自发生长的状态。

1985年，国务院转发《国家统计局关于建立第三产业统计的报告》，把文化艺术作为第三产业的组成部分列入国民生产统计项目，正式确认了文化艺术可能具有的产业性质；1988年，文化部在政府体制改革、大幅精简机构的背景下，专门成立“文化产业司”，表明文化创意产业发展开始得到中央政府的重视，这也是“文化产业”概念首次进入公众视野。随后，北京、上海、广州等特大城市先后召开专题研讨会，率先探讨城市文化和文化创意产业的发展问题。

至此，面对居民文化消费增长强劲的不争事实，文化的市场地位得以确立，全国各地开始普遍重视文化发展，中国文化创意产业开始进入自觉发展阶段。

（2）1992年至2001年：中国文化创意产业发展的扩展时期

1992年10月中国共产党十四大以后，中央政府启动文化体制改革，社会力量和外国投资开始介入文化经济发展，带来文化市场的全面繁荣，推动文化创意产业从流通领域向制造业和服务业扩展。2001年10月，全国人大十五届五中全会正式提出“文化产业”的概念，意味着文化创意产业发展得到国家的正式认可，开始成为国民经济的组成部分。

自20世纪90年代中期开始，各地纷纷将文化创意产业纳入城市发展战略，通过编制专题规划明确城市文化发展目标、制定文化创意产业发展策略，对推动文化创意产业的繁荣发展发挥了重要作用。例如，20世纪90年代中，广州市先后颁布实施了《广州文化发展战略纲要》和《广州建设现代化国际大都市的文化发展总体规划》，提出了“建设社会主义的、适应市场经济运行规律的、具有地方特色和现代化国际水准的广州新文化”的文化建设战略目标[①]；1996年，北京市召开首都文化发展战略研讨会，并出台了《关于加快北京市文化发展的若干意见》，明确提出要“重新认识文化产业的巨大潜力，迅速壮大北京的文化产业，使其成为北京的支柱产业，并使北京成为全国重要的文化产业基地”，被认为是北京文化发展的“元政策”[②]；1999年，上海市也在世纪之交提出了新世纪文化产

① 《盘点2011年北京文化大事：“北京精神”诞生》，请参照http://edu.chinashishi.net/gb/content/2012-01/15/content_835996_7.htm.

② 《发展上海文化产业研究》，请参照http://www.fzzx.sh.gov.cn/LT/GZUCO1298.html.

业发展的目标，即“体现上海高档次、多样化、开放型的文化发展水平，形成以高新技术为支撑的多元化的产业格局，成为增强上海中心城市功能的重要支柱和推进文明城市建设的强大动力”[①]。

（3）2002年至今：中国文化创意产业发展的繁荣时期

2002年11月，中国共产党十六大确定了文化体制改革基本方案，并于2003年开始全国试点；2003年底，国务院办公厅印发《文化体制改革试点中支持文化产业发展的规定（试行）》，提出未来五年在文化体制改革试点单位和试点地区全面支持文化产业发展的财税、投资、融资和管理政策；2004年9月，全国人大十六届四中全会进一步提出“深化文化体制改革，解放和发展文化生产力”，“以体制机制创新为重点，增强微观活力，健全文化市场体系，依法加强管理，促进文化事业全面繁荣和文化产业快速发展，增强我国文化的总体实力”。一系列国家政策在全面推进文化体制改革的同时，也极大地推动了文化创意产业在全国范围内的加速发展。

2006年1月，国家主席胡锦涛在全国科学技术大会上阐述了他对创新文化和建设创新型国家的认识，做出了“加强自主创新、建设创新型国家”的决策。2007年10月，中国共产党十七大进一步提出要“积极发展公益性文化事业，大力发展文化产业，激发全民族文化创造活力，更加自觉、更加主动地推动文化大发展、大繁荣”。根据上述指示和精神，中共中央办公厅、国务院办公厅于2006年9月印发《国家“十一五”时期文化发展规划纲要》，提出了“十一五”时期文化产业发展的总体目标和具体计划；2009年7月，国务院常务会议通过《文化产业振兴规划》，从国家战略层面提出重点推进包括文化创意、影视制作、出版发行、印刷复制、广告、演艺娱乐、文化会展、数字内容和动漫等文化产业的发展，从而使文化创意产业和钢铁、汽车、船舶、石化、纺织、轻工、有色金属、装备制造、电子信息以及物流业等十大振兴产业，上升到国家战略的高度。2010年10月，全国人大十七届五中全会再次提出，要“提高全民族文明素质、推进文化创新、繁荣发展文化事业和文化产业，推动文化产业成为国民经济支柱性产业”。至此，文化创意产业已然成为中国产业发展的国家战略。

4.4.3 中国文化创意产业的发展现状

以经济结构调整和文化需求增长作为根本动因，以文化体制改革作为直接动力，中国文化创意产业在进入21世纪以后始终保持着强劲增长态势，呈现出总量增长迅速、业态不断丰富、投资持续升温、集群逐渐形成、机制日益完善的发展趋势，为增加就业岗位、促进经济增长、加快经济转型作出了积极贡献。

（1）总量增长迅速

作为国民经济的重要组成部分和经济结构调整的重要着力点，文化创意产业在近年的增长速度甚至高于国民经济的整体增长速度，占国民经济总量的比重也在不断提高。统计数据显示，2004年全国

① 胡锦涛主席在报告中指出，“一个国家的文化，同科技创新有着相互促进、相互激荡的密切关系。创新文化孕育创新事业，创新事业激励创新文化”；“建设创新型国家，必须大力发扬中华文化的优良传统，大力增强全民族的自强自尊精神，大力增强全社会的创造活力。要坚持解放思想、实事求是、与时俱进，通过理论创新不断推进制度创新、文化创新，为科技创新提供科学的理论指导、有力的制度保障和良好的文化氛围”。

实现文化产业增加值3439亿元，2009年达到8400亿元，五年中翻了一番多；“十一五”时期，全国文化产业年均增长超过15%，比同期GDP增速高6个百分点；2009年，面对金融危机的冲击，全国实现文化产业增加值8400亿元左右，占当年GDP的2.5%，比2008年现价增长10%，快于同期GDP的现价增长速度3.2个百分点①。各个城市的统计数据也显示出同样的发展态势（表4-4）。

（2）业态不断丰富

除传统的音像、广播、电视和广告等行业外，伴随信息技术的发展，动漫游戏、数字音乐、移动多媒体等新兴文化创意产业迅速崛起，拓宽了文化创意产业的领域。2009年，全国动画片创作生产数量达到322部17万分钟，比2008年增长31%；网络游戏市场规模达到258亿元，比2008年增长39.5%②。

（3）投资持续升温

文化创意产业的高附加值特性极大地吸引了投资者的目光，大量资本和人力资源涌进文化创意领域，使得文化创意产业成为社会资本追逐的新热点。例如，以电子信息产业为主导产业的深圳华强集团，大规模投资文化产业，近年来先后在安徽芜湖、广东汕头、山东泰安等地建成大型高科技主题公园——方特欢乐世界，成为国内文化主题公园的新锐；化工企业广西维尼纶集团参与投资制作的全球第一部山水实景演出《印象·刘三姐》，已经成为中国文化旅游的一朵奇葩。

（4）集群逐渐形成

从国家到地方，不同类型的文化创意产业园区

表4-4　部分中国城市文化创意产业增加值即占GDP比重

城市	行业	增加值（亿元）	占GDP比重(%)
北京	文化创意产业（2009）	1497.7	12.6
上海	创意产业（2008）	1048.8	7.7
天津	创意产业（2008）	290.0	4.5
南京	文化产业（2008）	361.2	9.6
杭州	文化创意产业（2009前3季度）	413.1	11.9
郑州	文化产业（2008）	128.6	—
深圳	文化产业（2008）	550.0	7.0
青岛	文化创意产业（2008）	319.4	7.2
丽江	文化创意产业	11.0	—

资料来源：张晓明、胡惠林、章建刚，2010

① 蔡武. 推动文化产业成为国民经济支柱性产业，实现十二五时期文化产业又好又快发展——在第四批国家文化产业释放基地命名授牌会议上的讲话。请参考http://wenku.baidu.com/view/abdac0669b6648d7c1c74609.html.

② 同上。

相继建设和投入使用，成为文化创意产业实现集群式发展的重要基地。一方面，国家级文化创意产业园区（或基地）发挥了重要的引领、示范和带动作用，包括文化部命名的5个国家文化产业示范园区和204个国家文化产业示范基地，广电总局命名的17个国家动画产业基地。另一方面，各地的文化创意产业园区也蓬勃发展；例如，北京市划定的市级文化创意产业集聚区有30家，覆盖了全部16个区县和8个重点行业；上海市设立文化产业园区75家，集聚了2500多家文化企业和2万多名高层次创意人才。

（5）机制日益完善

鉴于文化创意产业已然成为国民经济的重要组成部分，各地在实践中十分重视文化创意产业发展机制的建设，通过成立专门的领导机构和专门的行业组织，为文化创意产业发展提供从政策到资金的全方位支持，特别是针对文化创意产业发展和文化创意产业园区建设设立了各种专项扶持基金，促使文化创意产业进入良性发展的轨道（表4-5）。

（6）地方多元发展

中国地域广阔、民族众多、地区特征差异显著，各地的文化创意产业发展往往根据各自的经济发展水平和文化资源特点，采用了不同的发展策略，形成不同的发展特色，可谓百花齐放、各有千秋。以北京、上海、天津为代表的经济发达城市，更多地将文化创意产业发展与城市更新改造，特别是与合理利用历史遗产、老旧厂房和近代建筑紧

表4-5　各地文化创意产业发展机制

城市	领导机构	行业协会	扶持基金
北京	北京市文化创意产业领导小组（北京市委、市政府）	—	文化创意产业专项基金 文化创意产业集聚区基础设施
上海	上海创意产业中心（上海市经济委员会、上海市社团局）	上海市创意产业协会	东方惠金文化产业投资基金 宣传文化专项基金 华人文化创意产业投资基金 文化“走出去”专项扶持基金
天津	—	天津市创意产业协会（市发改委）	新技术产业园区鼓励软件与服务外包产业发展专项资金 滨海高新区动漫产业发展专项
重庆	重庆市创意产业发展领导小组（重庆市政府）	重庆创意产业协会（市文广局）	文化产业发展专项基金 创意产业发展专项资金
杭州	杭州市文化创意产业办公室（杭州市政府）		文化产业发展专项资金 文化创意产业集合信托债权基金
广州	广州市文化创意产业发展领导小组	广州市创意文化行业协会（市宣传部、发改委、文化局等）	
深圳	深圳市文化产业办公室（深圳市政府）	—	文化产业发展专项资金

资料来源：张晓明、胡惠林、章建刚，2010

密结合，建成了一批独具魅力的文化创意产业集聚区；以江苏、浙江、广东为代表的经济发达地区，更多地将文化创意产业与高科技产业发展紧密结合，大力发展数字文化产业；以河南、陕西、山西、安徽为代表的传统文化深厚地区，则侧重于将历史文化与现代技术相结合，通过文化创意产业挖掘古老传统文化的活力；以四川、云南、广西、青海为代表的西部地区，亦侧重于积极挖掘和合理利用当地丰富的少数民族文化资源，通过发展文化创意产业帮助少数民族增收致富。

尽管成就显著，中国的文化创意产业发展依然存在诸多现实问题。一是产业总量不大：2009年全社会文化产业增加值占当年GDP的比重为2.5%，距离国家提出的支柱性产业占当年GDP比重达到5%的标准仍有相当大的距离。二是产业集中度不高：现状文化创意生产仍以相对独立的文化单位为依托，属于封闭式的、“小而全”的小生产格局，尚未形成基于产业链条的配套协作，以及在此基础之上的集约化和社会化大生产。三是产品科技含量低：现状文化创意产品以对既有产品的生产加工为主，真正具有高科技含量和自主知识产权的原创性文化创意产品数量十分有限。四是知名品牌企业少：由于产业集中度不高，很难形成具有产业整合能力的龙头企业，由此导致知名品牌和企业较少，在国际市场上的竞争力不强。五是创意人才缺乏：仅以影视动画和影视特效为例，人才缺口就达15万人。六是政策法规不健全：既有政策常因政出多门而无法相互配套形成体系，而部分现行政策的门槛设置不合理，对具有创新活力的中小企业的资助相对不足。七是产业发展“行政化”：现状文化创意产业发展主要以文化体制改革作为直接推动力，行政干预的力量相对较大，难以与市场需求完全吻合。

4.4.4 文化创意产业的空间特性

文化创意产业的自身特性，例如产业关联度要求高、企业组织方式灵活、企业规模普遍偏小、生产成本控制严格等，赋予其特殊的空间特性，可具体概括为空间区位的选择性、空间布局的聚集性、空间使用的混合性和空间环境的创新性。

空间区位的选择性是指文化创意产业的空间布局普遍受到交通条件、房屋租金、配套服务、产业基础等因素的影响；总体上，出于对控制成本的考虑，文化创意的生产企业倾向于选择租金低廉的城市边缘地区，而出于对消费环境的要求，文化创意的消费企业则倾向于选择交通便利、服务完善的城市中心地区。空间布局的聚集性是指文化创意产业普遍在宏观和中观层面上聚集于经济发达城市，以充分利用当地雄厚的产业基础，在微观层面上则聚集于城市中的特定地区，以形成聚集发展的态势。空间使用的混合性是指文化创意产业的空间使用普遍具有多维度的混合特点，包括文化创意生产与文化创意消费的混合，工作、休闲、服务、居住等不同功能活动的混合，不同活动在不同时段上的混合，室内空间使用与室外空间使用的混合，等等，目的是获得并保持丰富多彩的城市生活，作为文化创意活动的触媒。空间环境的创新性是指文化创意产业聚集的地区普遍在环境塑造中表现出独有的特色，这一方面表现为文化创意人员对空间环境的创新性使用；另一方面则是因为独特的空间环境能够激发文化创意人员的创新性思维。

4.4.5 文化创意产业与城市更新改造

伴随文化创意产业在世界范围的蓬勃发展，文化创意产业与城市空间发展之间的关系逐渐成为空间规划领域的热点话题，并引起国内外学术界的广泛关注。2005年10月，国际城市与区域规划师协会（ISOCARP）在西班牙毕尔巴鄂召开第41次大会，主题即为“为创意经济营造空间”（Making Spaces for the Creative Economy），来自53个城市和地区的案例研究表明，地区和城市创意经济发展与城市空间发展密切相关[1]。2007年4月，香港规划师学会与中国城市规划学会在香港联合举办题为“创意产业与城市发展”的国际研讨会，旨在探讨文化创意产业与塑造城市形象、创造就业机会、促进经济发展之间的关系[2]。2010年，大陆学者方海清编辑出版了《城市更新与创意产业》一书，深入研究了创意产业与城市更新之间的互动关系。

总结相关研究成果不难发现，基于文化创意产业的空间特性，其与城市更新改造之间存在着一种良性互动的关系：一方面城市更新改造为文化创意产业发展提供了新的发展空间和多元的创意氛围，另一方面文化创意产业发展为城市更新改造注入新的动力和活力，特别是创造经济价值和增加就业岗位，并为地方文脉的传承和文化景观的塑造创造了条件。在实践中，文化创意产业与城市更新改造之间的互动关系集中体现在三类城市地区，即历史文化积淀深厚的传统街区、转型中的传统工业区以及急剧变化中的城乡交界地区，这在北京、上海、深圳等经济发达的特大城市表现尤为突出。

中国作为一个历史悠久的国家，拥有为数众多的历史城市和传统街区，但因为各种原因，在改革开放以后的大规模城市现代化进程中，历史城市和传统街区的更新改造常常陷入困境，长期处于停滞状态；大量的危旧房屋无法得到必要的维修改造，陈旧的市政设施也无法得到及时的更新升级，严重影响到当地居民生活环境的改善和生活质量的提高，以及整个街区乃至城市在社会、经济、文化等方面的可持续发展，成为各地城市建设中的巨大难题。然而相对于当代城市而言，历史城市和传统街区拥有独特的空间特性、深厚的人文积淀、众多的历史遗迹，具有发展文化旅游和文化创意产业的先天优势。因此自20世纪90年代以来，越来越多的城市开始将传统街区的保护与发展与文化旅游和文化创意产业的发展紧密联系起来，通过政府引导与居民参与的有机结合，在严格保护传统的城市格局、重要的历史建筑、宜人的空间尺度、独特的城市肌理等物质环境的基础上，充分利用当地丰富的文学传说和民风民俗等非物质遗存，着重发展文化旅游及其相关的文化创意产业，包括以工艺品、服装服饰为主的零售业和以餐饮、酒吧及经济型酒店为主的住宿餐饮业等，从而赋予历史城市和传统街区社会经济持续发展的动力。北京的什刹海和南锣鼓巷、上海的新天地、成都的宽窄巷子、宁波的老外滩等项目，都是以文化旅游和文化创意产业促进传统街区复兴发展的典型案例。

尽管中国在工业化进程上整体落后于西方发达国家，但在经济全球化影响下，自20世纪80年代以来，以北京、上海、广州等为代表的中国发达城市先后出现大规模的经济结构调整，以制造业为代表的传统工业逐步让位于以信息产业为代表的新兴高科技产业，曾经繁荣一时的传统工业区开始面临转型发展的挑战，出现了生产停顿、人员外迁、房屋空置等衰败迹象。虽然相对于历史城市和传统街区而言，传统工业区并不拥有悠久的历史和深厚的文脉，但它们却是新中国产业发展的见证者，其中有不少甚至曾经是新中国产业发展的摇篮和基地，

① 请参照http://www.isocarp.org/pub/events/congress/2005/index.htm.

② 请参照http://www.hkip.org.hk/Cl/chi/images/pressrelease070403.pdf.

因此被赋予了特殊的历史内涵；与此同时，传统工业区内尺度庞大、风格多样、体形各异的工业建筑和生产构筑物不仅成为工业文明的物质载体，也构成了风貌独特、可塑性强的城市空间。凡此种种，加之相对低廉的房屋租金，同样为以艺术创作、设计咨询、文化展示等为主要内容的文化创意产业的发展提供了可能的聚集空间。因此在世纪之交，北京、上海、深圳等城市先后出现了文化创意产业在部分传统工业区内集聚发展的现象，例如北京的798、上海的M50、深圳的OCT-LOFT等，并且逐步实现了从自发发展到政府引导的转变，成为借力文化创意产业促进传统工业区转型发展的成功案例。文化创意产业进入传统工业区集聚发展，不仅带来了文化和艺术创意活动的繁荣，同时也使大量工业建筑和生产构筑物得以保留并焕发新生，从而保持了传统工业文明的传承与延续，并且还有效拉动了各地文化旅游市场发展，显著改变了所在地区的环境面貌和城市氛围。

位于城市边缘的城乡结合部历来都是城市建设的活跃地区，却常常因为城乡二元体制的束缚而处于无序发展的状态，人员混杂、建设混乱，从建设面貌到居民生活都长期处于半城市、半乡村的状态，虽然相对于城市地区而言拥有用地充裕、环境古朴的优势，但却缺乏从半城市化地区向现代都市地区提升发展的动力，当地居民也无力改变靠地吃饭和靠房吃饭的生活模式。在城市空间规模不断扩大、城乡交界地区不断外延的过程中，新兴文化创意产业的萌芽和发展为城乡结合部的提升和转型带来了机遇。无论是北京的宋庄，还是深圳的大芬村，都因以画家为主的各类艺术家的聚集而声名鹊起，继而形成了从艺术作品的创作到展示，再到交易的规模化产业链条。艺术创作活动的聚集不仅明显改变了当地村庄的环境面貌，而且有效带动了相关产业的快速发展以及当地农民收入的显著提高，使越来越多的农民脱离了传统的农业种植，开始从事与艺术创意相关的服务性行业，从而有力促进了当地的城市化发展。在北京的欢乐谷项目中，项目所在的南磨房乡更是以土地入股方式，直接参与集演艺展示、旅游发展与地产开发于一体的综合城市开发，在显著改善当地空间环境质量、有力促进当地农民就业转型、大力支持北京绿化隔离带绿化建设的同时，还保证了当地村庄和居民可以从项目开发的利润中获得持续的土地收益，因此极大地促进了当地的城市化进程，带动了周边地区的整体发展。

参考文献

[1] 蔡武. 推动文化产业成为国民经济支柱性产业，实现十二五时期文化产业又好又快发展——在第四批国家文化产业释放基地命名授牌会议上的讲话. 中国文化报, 2010年12月24日. 请参考http://wenku.baidu.com/view/abdac0669b6648d7c1c74609.html.

[2] 陈立旭. 当代中国文化产业发展历程审视. 宁波党校学报, 2003年第3期. 请参考http://www.cnci.gov.cn/content/2008826/news_29235.shtml.

[3] 方海清编著. 城市更新与创意产业. 湖北: 湖北人民出版社, 2010年11月.

[4] 高书生. 文化产业成为国民经济支柱性产业的战略思考. 光明日报, 2010年12月1日. 请参考http://www.docin.com/p-331853132.html.

[5] 侯汉坡编著. 北京市文化创意产业集聚区案例辑. 北京: 知识产权出版社, 2010年4月.

[6] 黄鹤. 文化及创意产业的空间特征研究. 城市发展研究, 2008年第1期.

[7] 张晓明, 胡惠林, 章建刚主编. 2010年中国文化产业发展报告. 北京: 社会科学文献出版社, 2010年4月.

结语

创意城市的国际经验与本土化建构

Creative Cities: From International Experience to Local Practice

唐燕、甘霖、克劳斯·昆兹曼（Klaus R. Kunzmann）著

创意城市：特殊时代背景催生的城市发展新理念

城市的管理体制、组织方式和发展模式在过去的二三十年里发生了重要转变（Hall,1999）。20世纪80年代以来，信息技术的飞速发展改变了城市传统的工业结构，以知识化、信息化和全球化为特征的"新经济"迅速向全球蔓延，支配性的经济秩序从以批量化生产和严格的劳动市场为主要特征的"福特主义"向以精细化生产、追求高附加值和产品个性为特征的"后福特主义"转变。

经历了20世纪70年代的产业外逃和20世纪80年代的旧区衰败之后，传统西方发达国家城市开始致力探索适应新经济发展要求的新型主导产业和提高城市全球竞争力的新策略，"创意产业"和"创意城市"由此成为许多城市未来发展的目标和路径。一些著名的创意城区，如毕尔巴鄂的古根海姆博物馆区；纽约曼哈顿岛西南端的"Soho"街区，伦敦泰晤士河畔由发电厂变身而来的"泰德现代艺术馆"（Tade Modern）等，已经成为城市活力的重要激发点。这种通过创意产业带动经济发展，以创意经济重塑城市形象的发展模式适应了后工业社会对城市转型的要求，因此得到了许多国家政府的大力支持与推动，并迅速风靡全球。

在全球化的浪潮席卷下，产业转移的压力促使城市作为主体参与全球竞争的重要性日益凸显，伴随其间的全球趋同现象也促使城市文化成为塑造地方特色和提升地区竞争力的重要资源之一。世界上一些富有远见的城市已率先步入"创意"时代：例如纽约、芝加哥、洛杉矶、伦敦、巴黎、东京形成了第一等级的创意城市；新加坡、里约热内卢、圣保罗是第一等级外围的主要城市；波士顿、迈阿密、悉尼、约翰内斯堡、米兰、维也纳等成为第二等级的创意城市；墨西哥城、布宜诺斯艾利斯、首尔、台北和香港等是第二等级的外围城市(周膺,2008:28)。

纷繁的理论与实践领域

作为一种新兴的城市发展理念，"创意城市"

在国际上尚未形成统一的认识。霍尔（Hall）认为创意城市古已有之，如公元前5世纪的雅典、14世纪的佛罗伦萨、莎士比亚时期的伦敦等，它们随着时代的发展而表现为不同的形式和特征（Hall,1999）：在技术—生产（technological-productive）创新时代，城市创意表现为生产中的技术创新，如18世纪70年代的英国曼彻斯特，19世纪40年代的英国格拉斯哥，以及19世纪70年代的德国柏林；在文化—智能（cultural-intellectual）创新时代，文化领域的创意引发了生产领域的一系列革新和发展，代表城市如20世纪20年代的美国洛杉矶和19世纪50年代的美国孟菲斯城；迈入当前文化—技术（cultural-technological）创新时代后，新一轮的城市创意表现为艺术与技术的结合，以信息技术为基础，以新的高附加值服务业（new value-added service）为支撑。霍斯珀斯（Hospers）在此基础上，根据历史发展进程将创意城市归结为四种类型，即技术创新型（technological-innovative）、文化智力型（cultural-intellectual）、文化技术型（cultural-technological）和技术组织型（technological-organizational）（Hospers，2003）。英国学者兰德利（Landry）强调创意城市构建是以问题为导向的，当代大都市发展面临的诸多严峻的结构问题，如传统经济产业衰退、缺乏集体归属感、生活品质恶化、全球化挑战等，都往往需要依靠创意的方法（超越传统思维方法）才能加以解决，因而任何城市都可以成为创意城市，或在某一方面具有创意（Landry，2000）。

创意城市理念在各种思想火花的碰撞下孕育发展，广义的“创意城市策略”是指在不同时代背景下，人们为适应不同发展需求，通过创造性的思维和行动实现的综合的城市发展策略（包括物质和非物质两个层面）；狭义的“创意城市策略”是指以创意经济为主导开展的城市更新改造和城市扩张活动，涉及产业发展策略、设施支撑策略、文化资本策略和地域营销策略等(徐玉红, 唐勇,2007)。

“创意城市”不是静止的，它随着时代的变化不断发展，既无固定的模型，也无终极的范式（钱紫华，闫小培，2008; 邵福双，2006）。到底是什么使城市具有创意？学者们从不同视角切入，提出了创意城市形成的各种基本要素条件，其中不乏针锋相对的观点（表1）。美国卡耐基梅隆大学的佛罗里达（Florida）教授提出了影响深远的创意城市“3T”理论，即技术（technology）、人才（talent）和包容度（tolerance）。他指出，创意城市是全球人才的磁石，是创意阶层（creative class）集聚的地方——创意阶层作为创意“人才”，构成了创意城市的核心要素，包括科学家、大学教授、诗人、小说家、艺术家、演员、设计师等（Florida，2002）。英国经济学家坎农（Cannon）同样将人力资源视为创意城市的核心，指出创意城市是以人为本的创造性的城市。他强调城市应该成为人民释放创造力的舞台，人是城市发展进程中塑造城市生命和未来的重要软因素[①]。英国学者斯科特（Scott）对此则持有不同的见解，他认为创意城市并非因创意阶层的集聚而产生，关键是要形成所谓的“创意场”（creative field），即产业综合体系内促进学习和创新效应的

① 参见坎农于2004年9月26日在中国南通举行的“首届世界大城市带高层论坛”上的发言，http://www.aaart.com.cn/cn/news/show.asp?news_id=1850.

表1 创意城市形成的要素条件

代表人物	理论	核心观点
兰德利（Landry, 2000）	7要素理论	创意城市的基础建立在人员品质、意志与领导素质、人力的多样性与各种人才的发展机会、组织文化、地方认同、都市空间与设施、网络动力关系七大要素之上
霍斯珀斯（Hospers, 2003）	3要素理论	集中性（concentration）、多样性（diversity）和非稳定状态（instability）三个要素能增加城市创意形成的机会
佛罗里达（Florida, 2003）	3T理论	创意城市必须同时具备技术（technology）、人才（talent）和包容度（tolerance）三个关键要素
格拉斯（Glaeser, 2004）	3S理论	形成创意城市真正有效的因素是技能（skill）、阳光（sun）和城市蔓延（sprawl）
卡特（Carta, 2009）	3C理论	文化（culture）、沟通（communication）与合作（cooperation）是创意城市的必备特征

资料来源：根据参考文献Hospers，2003；Landry，2000；Florida，2002；Glaeser，2004；Carta，2009整理

结构，或一组促进和引导个人创造性表达的社会关系（Scott，2006:8）[①]。双方争辩的焦点在于形成“创意城市”的核心要素是“人（创意阶层）”还是“制度（创意场）”。

世界各国的城市基于独特的资源基础和不同的发展方式，形成了千姿百态的创意城市，演绎着各自的创意。从创意城市的发展道路来看，有继承历史文化传统的“轨迹延续式”发展，也有通过断裂式革新以适应竞争压力的“另辟蹊径式”发展（Musterd，2010：43）。从不同人群在创意城市建设中的参与程度和地位来看，欧洲、北美和亚洲的情况总体上有所不相同：欧洲大多数城市强调政府与民间的鼎立合作；美国城市多采用政府扶持、民间主导实施的方式；亚洲大部分地区主要依托政府主导，并将民间参与结合进来。从创意城市的特色构成来看，可以划分为单一特色、多种特色和综合特色三种类型（王克婴，2010：40-42）（表2）。

创意城市在中国

国内的“创意城市”研究热潮主要开始于近几年，特别是2006年以来。不同学科领域关注“创意城市”的兴趣点有所不同：经济学者们聚焦于“创意城市”兴起的经济基础，重在探讨“新经济”、“创意经济”、“创意产业”、“创意城市”等概念背后的工业结构调整、经济发展转型及全球竞争与分工等问题；文化学者们探讨“创意”的文化内涵，倡导“文化产业”在城市生活中的主导作用；城市规划界则关心“创意城市”的国际建设经验及

① 它既反映为不同决策和行为单位之间的多种互动交流，也反映为基础设施和社会间接资本（如学校、研究机构、设计中心等）的服务能力，同时也是社会文化、惯例和制度在生产和工作的集聚结构中的一种表达.

表2　多种视角下的世界创意城市实践模式

分类标准	模式	特征	运行背景	代表城市
发展道路	轨迹延续型（stable trajectories）	稳健、渐进式的改变	城市发展进程从未割断与历史的联系；城市发展能持续适应经济转型需求	慕尼黑、米兰、阿姆斯特丹
	另辟蹊径型（reinvention）	断裂（ruptures）式改革；通过全面的产业升级、经济转型、城市更新提高城市竞争力	主要适用于非传统文化中心城市，创意城市运作依靠利益相关者的广泛参与和政府部门的强力干预	巴塞罗那、伯明翰、都柏林
主导力量	欧洲	政府与民间智慧的鼎力合作	城市具有悠久的历史和深厚的文化积淀	伦敦、卡迪夫
	美国	政府决策或扶持，民间主导并实施	“大社会小政府”；崇尚个人主义、冒险和创新的社会文化	好莱坞、硅谷、菲尼克斯
	亚洲	政府主导与民间参与相结合；学习，模仿欧美经验	东方文化，权威主义，后发性	东京、大田、新加坡、班加罗尔
创意特色	单一特色	大学城、科学城、电影城、会展城市、文学出版、设计之都、烹饪之都、美食之都、时装之都等	城市创意特色单一，且该特色发展基础较好	海德堡、图卢兹、硅谷、好莱坞、日内瓦、爱丁堡、布宜诺斯艾利斯、波帕扬、里昂、安特卫普
	多种特色	一个城市同时并存多种创意特色	区域性的创意中心	柏林、悉尼、巴塞罗那、波士顿
	综合特色	城市创意特色综合全面，在全球经济中具有重要战略地位	具备创意化的城市基础设施、多中心的城市结构、国际联动性的创意产业	伦敦、纽约、巴黎、东京

资料来源：根据参考文献Musterd，2010；王克婴，2010整理

其在国内应用的前景，注重创意城市的实施策略和建设类型……多学科探索为理解创意城市提供了广阔的视野，也使得“创意城市”的研究范畴和框架充满了多元和不确定性。

城市规划建设领域有关“创意城市”的理论探索主要集中在五方面：对“创意城市”产生的背景及代表人物学术观点的引介；对伦敦、纽约、东京、新加坡、香港、巴塞罗那等建设“创意城市”的国际经验总结；对我国建设“创意城市”的意义、途径与具体策略的思考；对北京、上海、苏州、杭州、成都和深圳等国内城市开展的“创意城市”实践的剖析和建议；以及对建构“创意城市”评价指标体系的探索。

经历了概念、理论和国际经验引进的初期阶段，如何将创意城市战略落实到本土化的实践操作中，我们还面临着诸多挑战，国际上创意城市研究的难点也在于此（Trip，Romein，2010）。由于创意城市通常表现为创意产业不同程度的发育和集

聚，创意产业园区、创意街区或文化创意产业集聚区因此成为我国创意城市建设的一种最为重要的实施途径和空间组织形式（石忆邵，2008），在建设上呈现出四种主要类型（朱华晟等，2009）：

（1）旧厂改建型

传统工业外迁后闲置下来的旧厂房或仓库，因交通便捷、租金低廉、空间灵活开敞及其传承的工业历史印迹，吸引了很多艺术家的进驻，改造利用之后迅速形成具有一定规模的文化艺术集聚区，例如上海的田子坊、北京的798、西安的纺织城、成都的“红星七号”、杭州A8艺术公社等；

（2）园中建园型

高新技术产业区和高校科技园凭借已有的科技和人才集聚优势，成为新建创意产业园区的理想场所。上海张江高科技园内的文化科技创意产业园、成都高新区内的数字娱乐软件园、杭州高新区内的数字娱乐产业园等都是此类代表；

（3）旧园升级型

一些因缺乏竞争力而濒临淘汰的传统产业园区，可以通过引入创意产业，改造和利用现有园区的厂房设施和人力资源，形成新的以创意为主导的园区。上海现代纺织创意设计园区就是在原上海国际家纺园的基础上打造而成，旨在逐步由家纺产业向集研发设计、生产、零售、会展、时尚发布、海外市场拓展于一体的现代纺织产业服务区发展。

（4）传统街区型

历史悠久的传统街区在如何适应现代化的生产生活问题上面临着困境，因此遭遇拆除毁灭的例子比比皆是，而机动、灵活、多元的创意产业为这些地区的功能转型提供了契机。北京的南罗鼓巷、前门地区、琉璃厂等都是利用历史街区的传统文化优势，在胡同、四合院中引入适应这种空间形态的商业、会馆、出版等创意功能，来实现历史街区保护和地区发展的双重任务。

我国创意城市建设的实践检讨

国内各大城市打造创意城市的实践热情高涨：北京计划建设文艺演出、出版发行和版权交易、影视节目制作和交易、动漫和互联网游戏研发、文化会展、古玩艺术品交易等多个创意中心；上海启动建设上海设计创意中心、上海创意产业中心等多个涉及研发设计、建筑设计、文化艺术、咨询策划、时尚消费的创意产业集聚区；深圳重点发展影视传媒、动漫游戏、印刷出版、建筑设计、娱乐与旅游等产业，目标直指“创意设计之都”；杭州以全免费开放的西湖为背景，形成了环西湖的文化艺术走廊；昆明向来被视为健康生活方式的典范，这里是手工业创意人群的天堂；长沙以影视娱乐、动漫游戏为发展特色，以湖南卫视、湖南经视为首的电视广播方阵带来的不仅仅是大众娱乐的潮流，更是通过传播渠道带动的上游制作和下游销售的创意产业链；成都拥有全国首家网络动漫游戏产业基地，是全国三大数字娱乐城市之一……“创意城市”已然成为继“生态城市”、“宜居城市”等之后又一个被竞相使用的城市名片。

创意城市，“这是一条大家都不知道往哪里走的路，唯一知道的是大家必须赶快上路，否则就会被抛下。于是，我们的城市在创意产业的路上匆忙前行”（陈漠，2006），一些地方的创意城市实践在取得收获的同时陷入了种种误区：

（1）片面的建设方向

部分地方政府将建设“创意城市”等同于发展创意产业。单是截至2006年，国内已有18个沿海及内陆城市提出要建设创意城市（盛垒，杜德斌，2006），与此配合的各类创意产业规划也层出不穷。“试图以创意产业这一最能体现城市发展成果的创新活动的最终阶段，来取代构建产生创意理念所需要的开放包容和谐的社会环境，理念转化为产品所需要的公平透明完善的法制环境，产品投放市场所需要的多样活跃的商业环境……这种只重结果而没有源头的创意城市是难以为继的（张婷婷，徐逸伦，2007：34）。”

（2）趋同的产业定位

英国“创意产业之父”霍金斯（John Howkins）访问中国时曾指出：中国的创意经济没有很好地表现出特有的文化内涵，缺乏文化个性。仅在长三角地区，就有杭州、常州、无锡、苏州、宁波等数个城市对建设动漫基地情有独钟。复制其他地方的创意策略其实并无“创意”可言，跟风和趋同很可能导致无序竞争带来的效率低下和重复建设引起的严重浪费。

（3）精英式园区建设

创意园区的背后往往是高昂的建设成本以及商业热钱的涌入，带来地方租金的水涨船高，使得小资本创业者和普通市民难以入住，本应为广泛的创业工作者服务的园区成为精英的乐园。那些最初由艺术家们聚集而带动发展的“廉价”创意街区经常成为绅士化过程的牺牲品，以蜚声海内外的北京798艺术区为例，租金从几年前的0.8元/天/m²猛涨到2009年的3.5元/天/m²，[①]许多不满而无奈的艺术家们在以行为艺术的方式进行抗议无效后选择撤离[②]。

（4）好高骛远的目标

为了与国际接轨，各创意城市在发展之初即提出了宏伟的目标。上海提出要成为仅次于纽约、伦敦、东京的全球第四大创意中心；北京希望打造我国首个创意城市；深圳要成为世界“设计之都”，而隔壁的香港早已顶着同样的称号。这些宏大目标对于构建创意城市并没有带来实质性的指导。在欧洲，几乎不存在任何企图靠“规划”打造出一个创意城市的努力。即使像柏林这样给自己贴上创意城市标签的城市，其目的也只是为了证明这座城市在接纳艺术家、文化产品的生产者和文化服务的供应商时是如何的开放和自由。

（5）借创意开发圈地

以创意产业园区为名，盲目占地圈地的现象造成了土地资源的浪费。打着文化创意产业的旗帜取得土地，似乎已经成为房地产开发的新途径，开发商同地方政府在这个过程中结成了“共谋”的利益关系：一方面住宅用地获批难度越来越大，以国家扶持产业的名义申报用地更容易得到批复；另一方面，地方财政收入与土地出让直接相关，地方政府乐于对开发商借创意之名开发住宅的现象“视而不见”。

---

① 资料来源：798租金为何猛降30%到40%，http://cul.sohu.com/20090706/n265010521.shtml，2009年07月06日。

② 这股撤离潮后因金融危机导致的园区让步而暂时停滞。

中国城市可以从国际经验中领悟什么

本书讨论的欧洲和亚洲各地的创意城市图景表明，创意城市实践总体上呈现出以下特点和趋势，为我国的创意城市实践提供了参照：

第一，创意城市理念对于很多城市利益相关者来说已经形成了双赢局面。文化产业曾经长期被经济学家、政治家和政策顾问所忽视，后来由于与文化紧密关联的软件开发行业被添加到新的创意部门中，文化产业才逐步扩展成为创意产业。许多地方或地区政府利用这种新的认知变化来推动政策创新，在不改变原有执政方法和手段的基础上，仅仅通过扩大政策的作用对象来促进创意产业的发展。这种新的认识也鼓励着文化政客不断设法去获取更多的投资用在文化基础设施建设和文化活动中，也成就了城市规划师们试图为废弃工业建筑寻找新用途，提高建筑质量和城市设计品质的企图。同时，城市决策者和城市营销人员因此逐渐意识到，将一个城市标榜为创意城市，可以提高其国际竞争力，从而将年轻和高素质的劳动力吸引过来。

第二，发展创意城市可以有迥然不同的维度，挖掘城市创造力的途径也可以显著不同。一些城市将“创意”作为地方发展战略的一个新领域，成为与可持续发展、零排放、紧凑城市等相提并论的城市政策；另一些城市则在地方经济发展部门内设置专门机构，选择性地推进文化创意产业的发展；还有一些城市利用创意城市范式来实现对文化基础设施和标志建筑的投资、组织文化节日活动、进行滨水区开发等。所有这些不同的方法和途径都反映出，创意城市对于不同的城市具有不同的指导意义，对城市发展的影响可谓千差万别。

第三，欧洲发展创意城市的主动权主要掌握在城市手中。在一些中国人看来，欧洲似乎是一个同质化的宏观地区，其实这里不同地方的文化条件、政治舞台和规划文化差异巨大，既有英国、法国这种很集权的国家，也有西班牙、德国这种分权的国家。中央政府干预地方政治和支持创意城市发展的权力因国家而有所不同。这使得对欧洲创意城市的政策和方法进行横向比较非常困难。虽然欧盟组织代表着欧洲的一体化倾向，但它至今没有任何实质性的法律和政治权力干预具体的城市发展。欧盟影响城市发展唯一可用的手段，是专项项目中的财政激励措施，但这还是要经过各个国家的中央或区域政府的批准。因此，支持和促进欧洲创意城市发展的主动权仍主要集中在城市手中，并受城市政治领袖、地方经济规划师和城市规划师的影响。

第四，城市的创造性、创意的城市等无法凭空地自上而下地被组织和实现。给城市标榜一个明显的创意品牌，并不能使这个城市真正具有创造力。真实的创意城市总是在这样的地方诞生：赋予自由的地方，边界开放的地方，艺术家和文化企业家能够实施他们的理念和义务的地方，没有很多来自上面的控制的地方……通常，团体、艺术家和文化企业家会在城市中创造出这样的环境场所，在那里他们可以自由沟通，可以交换想法，可以从艺术和设计作品中获取灵感，可以从他人的艺术生产中相互获益。这种环境会渐渐吸引其他内容的加入，例如餐馆、时装店、媒体、建筑师，以及那些希望凭借区位吸引力为自由的高收入雅皮士家庭建造住宅和时尚商场的投资者们。

第五，创意城市并不是一个处处充满创意的均质实体。一座创意城市可能只是拥有好几个创意街区，这些街区引起了市民、游客和媒体的广泛兴趣——城市里还有其他数以百计的街区并不存在任何有趣的文化活动，也不是创意企业喜爱的场所。值得注意的是，城市中的创意街区可能会四处转移。潜在的规则是，一旦一个创意街区被游客、旅游开发者、投资商、娱乐业、艺术家或画廊等所发现，它很快会转移到另一个街区——那里衰退的建筑结构正在期待着全新的创意冒险。创意不是速食食品，对于创意的产生，时间是至关重要的。很多公认的创意城市，都是拥有特殊创造性环境的城市，已经经历了几十年甚至上百年的发展。这些城市反映出了公民的文化教育素质，他们对绘画艺术、音乐、表演艺术，以及好的建筑和设计等充满兴趣和关注。

第六，地方政府可以通过减少空间使用的强制约束来营造积极的城市创意环境。政府可采用的创意战略是丰富多元的：他们可以为新兴的中产阶级建设文化基础设施、博物馆和地方文化中心，为艺术家和音乐家提供工作室，组建学校来培养艺术家和文化企业家的下一代，为日益增长的文化产品和服务市场做好准备……然而，地方政府经常有意“忽视”掉内城中那些颇具吸引力的城市街区，不把它们视为城市未来的文化街区，因此也不会限制那些追求短期利润的开发商的投资。在中央政府的支持下，城市促进创意发展可以做的事情是，有选择性地在街区放松或是去掉某些土地利用管制和其他法规，通过鼓励公共空间的艺术倡议活动，允许个人展示他们的创造力和企业家精神，而不是限制他们的活动，来创造一个积极的环境。

建构本土化的创意城市路径

上述种种表明，并没有简单的“他山之石”可以直接用来使中国的城市变得具有创意。“十二五”期间我国创意城市的建设还将持续升温，国家已经明确提出“推动文化产业成为国民经济支柱性产业”的新目标。随着资源环境制约、人力成本上涨和全球产业分工的转移，产业结构升级和后工业化日益成为中国经济社会发展必须破解的问题，也为创意城市的实践探索提供了必要的需求支撑。另一方面，全球化虽然带来产业变革和知识经济的创新，但不会磨灭城市原有的机能。相反的，对于城市而言，知识经济代表着地方化，即对地方和城市层级的更加重视（Hospers，2003：145）。全球化程度愈深入，城市发展越是必须倚重自身的本土特质，该特质是决定城市如何在知识经济竞争中脱颖而出的关键。因此，中国特色的创意城市实践必须在全球化背景下坚持走本土化的道路。

首先，创意城市的发展动因和目标决定了其发展路径的选择。“轨迹延续型”的创意城市由于历史基础较好，自身具备创意情境或创意氛围，城市主动向“创意城市”目标迈进自然而然，在我国北京、上海等基础条件较好的城市可以进行尝试。国内其他很多城市可能并不具备形成“创意城市”的内生优势[①]，当“创意”理念对城市体现出“振兴”或“复兴”价值时，可以有意识地运用创意工具引导城市建设，从而迈上一条基于问题导向的革新式道路。这种路径为一些面临资源枯竭、产业结构升级、历史文化资源

① “内生性”与“外生性”是相对于某个系统而言。任何系统都同时受到内、外部因素程度不同的影响。一般来说，如果该系统主要受系统内部自身因素的影响，就称系统具有内生性；如果系统主要受系统外部因素影响，就称该系统具有外生性。

流失等问题的城市，在突破发展瓶颈和寻求复兴方面提供了契机。

其次，从建设主体的参与程度来看，中国的政治体制、土地所有制和东方文化对个人主义的部分压抑等，决定了中国创意城市的建设需要积极发挥政府作用，包括政策法规的保障、配套资金的扶持、城市硬件设施的投入、创意阶层的培养等。创意城市的建设既要关注城市人居环境、基础设施、公共服务设施等“硬件”设施的提升，也要重视吸引创意人才资源、培育多样性的社会文化、营造宽松包容的创意氛围，也就是注重科技、文化、制度、法律等“软”条件的配合。

再次，创意产业作为创意城市的经济主体之一，为城市发展提供了核心动力。各地在推进创意产业时，需要积极把握“地方化”的本土产业特色，并将其转化为竞争优势参与全球化竞争。广播影视、动漫设计、网络游戏、文艺演出、艺术品交易、广告策划等已经在一些城市地区发展成为初具规模的优势性产业，目前各地方需要进一步探索诸如烹饪、图书出版、会展、音乐、建筑设计等新种类创意产业与当地实际结合的可能性。

此外，由于创意阶层是创意城市建设的具体实施者，他们的素质决定着创意的品质；而广大市民既是创意的消费者，也以其自身的言行举止成为创意社会氛围的营造者，建设创意城市要给予这些人群更多的关注。一座有魅力的创意城市，并不一定必须是特大城市或者世界之最，但需要有具备宽容性和多样性的都市环境来激发公众的创造力。

从更广泛的意义上，在探讨如何将“社会主义”或“前社会主义”应用到现代城市建设中，中国的城市已经非常具有创意。在中国那些有着悠久传统手工业的地区和创意软件开发聚集的地区，创意产业犹如雨后春笋般地成长着。目前需要重视的问题是，如何保存那些具有特殊意义的建筑物，将它们储备起来供创意产业及其前端和后端的产业链使用——包括为艺术家和文化企业家提供住房等。

参考文献

[1] HALL P. Cities in Civilization. London: Phoenix, 1999.
[2] 周膺. 创意经济与创意城市. 中共杭州市委党校学报, 2008(6): 26-29.
[3] HOSPERS G. Creative Cities: Breeding Places in The Knowledge Economy. Knowledge, Technology and Policy, 2003, 16(3): 143-162.
[4] LANDRY C. The Creative City: A Toolkit for Urban Innovators. London: Earthscan Publications, 2000.
[5] 徐玉红，唐勇. 创意城市：西方的经验及借鉴//中国城市规划学会. 和谐城市规划：2007中国城市规划年会论文集. 2007: 1582.
[6] 钱紫华，闫小培. 文化/创意产业、创意城市等相关概念辨析. 世界地理研究, 2008(2): 96-99.
[7] 邵福双. 创意城市的理论建构与规划实践//中国城市规划学会. 规划50年：2006中国城市规划年会论文集（上册）, 2006: 367.
[8] FLORIDA R. The Rise of Creative Class. New York: Basic Books, 2002.
[9] SCOTT A J. Creative Cities: Conceptual Issues and Policy Questions. Journal of Urban Affairs, 2006, 28(1): 7-14.
[10] GLAESER E L. Sprawl and Urban Growth. Handbook of Regional and Urban Economics, 2004, 4: 2481-2527.
[11] CARTA M. Culture, Communication and Cooperation: The Three Cs for A Proactive Creative City. International Journal of Sustainable Development, 2009, 12(2-4): 124-133.
[12] MUSTERD S, MURIE A. Making Competitive Cities. Chichester: Wiley-Blackwell, 2010: 19-69.

[13] 王克婴. 比较视域的国际创意城市发展模式研究. 山东社会科学, 2010(4): 39-44.
[14] TRIP J, ROMEIN A. Creative City Policy: Bridging The Gap with Theory // The Eighth European Urban and Regional Studies Conference 'Repositioning Europe in An Era of Global Transformation'. Vienna, 15-17 September 2010. http://www.dur.ac.uk/resources/geography/conferences/eursc/17-09-10/TripandRomein.pdf.
[15] 石忆邵. 创意城市、创新型城市与创新型区域. 同济大学学报（社会科学版）, 2008, 19(2): 21.
[16] 朱华晟, 魏佳丽, 徐雪雅, 李伟. 我国大城市创意产业园发展思辨. 现代城市研究, 2009(11): 70-75.
[17] 陈漠. 中国创意城市榜. 新周刊, 2006年1月4日. http://news.sina.com.cn/c/2006-01-04/14558771486.shtml.
[18] 盛垒, 杜德斌. 创意城市: 创意经济时代城市发展的新取向. 经济前沿, 2006(6): 23-24.
[19] 张婷婷，徐逸伦.我国创意城市发展理念之反思. 现代城市研究，2007(12):32-34.

后记

克劳斯·昆兹曼（Klaus R. Kunzmann）、唐燕 著

郭磊贤 译

本书展示的案例，解读了欧洲和亚洲城市在运作和实施模糊的创意城市范式过程中，所推行的一系列视野广阔的地方政策和实践。其中大部分只是一些促进城市文化活动的常规政策，另一些则更多地指向城市中的创意经济。文化、城市、经济以及社会发展政策并非在任何地方都会形成内在的联系并得到认真的关注。

显然，文化、经济和政策背景在每个案例中都各不相同。但比起其他地方来，港口和老工业城市更容易受到地方经济结构从工业向后工业转型的影响，因此他们看起来更有动力去提升城市的创造性，也拥有大量废弃和未利用的城市空间供创新活动所用。通常，这些城市中充斥着美学和社会冲突，激发并引诱着文化团体的创意探索行为。

一些大城市不过是把时尚的创意维度加入到政治议程的城市开发政策中；其他城市则希望利用或多或少的创意行为和事件来装点和描绘自己的城市形象。没有高举“创意”旗帜的城市并不意味着一定就缺乏创意，一座真正的创意城市应该能成功保证并提升城市的生活质量，为所有市民提供均衡的社会服务。

在制定政策以促进城市创意维度的过程中，需要铭记：城市开发的创意维度仅仅是城市政策的一个方面，且并不局限于文化领域。例如，在交通规划中，应对不必要的小汽车通行带来的巨大挑战需要许多的创意；在便捷可达的城市地段，给无法从经济增长中获利的市民提供可支付住宅需要很多的创意；在为公共用途、社区活动、公园和游憩场所预留城市土地时，创意思维的需求同样十分紧迫。总体上，处理城市的创造性时，需要意识到以下三点：

第一，创意群体的跨度很大，既包括相对贫穷的艺术团体、低收入的音乐家或演员等所谓“无产阶级”，也包括相对富裕的设计师和软件、游戏等行业中的创意个体。城市中，这些创意群体在经济和社会上的极化现象相当明显，但他们之间的网络具有高度的内部联系。

第二，创意产业和知识产业高度关联，它们都

是关乎于高等教育、科研及知识开发、技术园区和智库的产业。就住房、文化、私人服务，以及教育、健康和娱乐需求而言，它们的要求也十分相似。

第三，公共行政部门的管理、运作及沟通能力，以及对待创意群体和处理创意项目及事件的弹性态度，对于成功塑造城市开发的创意维度十分关键。

打造创意城市没有样板。每一座希望提升创意维度的城市都必须基于地方的内生潜力，从政治家支持综合或专项地方战略的意愿，以及他们能接受的公民社会的参与程度出发，找到一条属于自己的道路来形成和实施相关策略。不过，我们依然有原则可循，可以帮助地方政府认识到促进创意城市发展的合适途径。它们是：

（1）历史很重要：城市的创意资本不是凭空产生的。真正起作用的是城市的历史文化，也即地方的建筑工程传统、艺术和手工艺、生产和贸易、居住和工作在城市中的个体、见证场所的节庆和事件等历史。任何城市开发战略都必须立基于城市及其市民的知识和开发潜力，更要了解城市的内生性创意资本。这是思考地方创意策略的出发点。

（2）巧言辞令并不起作用：描述建设创意城市的地方战略的册子或报告经常一本接一本，它们读起来好像和其他城市已经发布的报告没有什么区别，不过是想通过一些巧言辞令来证明举办一个新的节庆活动、建设一座博物馆或开发一个媒体科技园的合理性。这些文字或许言之凿凿、可读性强，但如果文件本质上没有根植于当地历史和城市的创意资本，那么它们提到的创意项目就并不值得信任，也不具有说服力。

（3）创意城市政策必须持久：使城市更加富有“创意”的地方努力离不开时间的支持。创意城市不是仅能存活几天的蜉蝣，它需要经年累月的生长，因此创意城市的政策和承诺必须具有持久力。比如筹备一个节庆时，不能只付出一次性的努力，而是要将活动从一任市长传递到下一任市长手中，甚至传递给下一代人。只有经过数十年的历练，城市才能变得更有创意，地方社会必须不断地给予支持。

（4）复制其他地方的创意城市政策并不能保证成功：不存在脱离具体地点的创意城市开发处方。因此，将其他城市真实或假想的成功经验作为制定本地政策的样板是缺乏意义的。成功的要素根据环境的变化而变化。能够在一座城市说服其政治系统的创意城市政策可能在另一座城市遭遇完全相反的情况。在一座城市开发“创意集聚区”也许可以取得成效，但同样的项目在另一座环境不同的城市中可能根本行不通。

（5）文化设施和事件也许有作用但远远不够：建一座新的博物馆、歌剧院或音乐厅，并不会立刻造就一座创意城市。虽然文化基础设施也是创意城市形象的一部分，但它仅是城市文化创造力的一个方面而已。对于文化事件而言也同样如此。发起一个电影节或是举办一个设计展并不能吸引文化团体、媒体以及参观者的光临，除非这样的活动扎根于丰富的城市文化传统中。

（6）创意城市政策不只是促进经济和旅游发展的政策：以创意为品牌的城市是文化创意产业投资者的目标，由于其便捷可达的文化设施与活动，这些城市往往也是旅游的目的地。因此，如果创意城市政策具有综合性与持久性，它可以促进地方经济的发展、增加就业及支撑地方旅游业。但是，我们只能将这些视作创意策略顺理成章地带来的一种结果，其他同等重要的结果应该包括为所有市民的生活质量而提供的广泛的文化和其他方面的支撑。

（7）创意空间应该脱离公共或私人控制：如果城市的每一寸土地都处于严格的规划设计控制或私人监管之下，那么即使这些设计都由最好的建筑师完成，这里也不可能成为培育创意行为的沃土。创意需要宽松闲置的空间来发现、试验，及探索未知和超越前人经验的新领域。创意空间需要自由、好奇心和宽容。更重要的是，创意城市政策不应该成为合法圈占土地的借口。

（8）土地混合利用开发有利于创意城市：一段时间以来，大部分规划师都意识到按功能划分城市的做法，除了引发不必要的交通量和造成大量交通问题之外，同时破坏了城市的宜居性。随着工业生产在欧洲的逐步减少以及无污染产业的复兴，土地混合利用正在使那些按功能划分的城市重新恢复活力。这接着也支持了创意城市的发展，使之从居住、工作和娱乐空间的混合中受益匪浅。而投资商开发的那些将文化和艺术视为赢利手段的创意门禁社区，并不能为城市带来创意。

（9）借助中介组织来运作和执行创意城市政策：很显然，光靠公共部门自己是无法完成综合性的创意城市政策的，它无法承担与各种分散的目标群体和利益相关者交流的繁重工作。这使得鼓励创意团体进行自组织，以及建立中介组织，使之担负起与创意人士及团体沟通这项耗时费力的工作变得十分重要。

（10）公共投入和私人行动必须携手并进：创意城市是公共投入与群体参与二者持续合作的产物，不可能仅仅通过自上而下的指令，或者依靠自下而上的草根行动来实现。这就意味着公共部门与地方团体之间必须建立信任，并且只有通过在行政机构、政治舞台、公共部门、投资者和地方团体等有关城市发展的所有成员之间进行持续不断的交流和信息公开，信任才能被建立起来。

城市的未来在很大程度上取决于生活的品质。对于许多中国城市的市民来说，快速城市化使得生活品质有所下降。在这个时代，人们很少思考快速城市开发给城市宜居性造成的后果，但创意城市策略能够激发人们设法夺回美好的生活品质，并对城市进行必要的修复。创意城市不只是一个增进旅游、娱乐、就业和经济发展的处方，它是重新创造城市宜居性的一种手段，是一个使城市摆脱汽车交通和消费驱动型投资的生存策略。创意城市就是宜居城市。

作者简介

（按照作者在书中出现的先后顺序排列）

唐燕

博士，副教授，清华大学建筑学院

2000年、2003年毕业于天津大学建筑学院，先后获工学学士与工学硕士学位；2007年于清华大学建筑学院获工学博士学位；2007—2008年受“德国洪堡基金会”资助，赴德国多特蒙德工业大学（TU Dortmund）空间规划学院从事博士后研究；2008年为柏林自由大学（Freie Universität Berlin）访问学者；2009年留校执教于清华大学建筑学院，并担任*China City Planning Review*杂志编委委员和责任编辑。

主要研究方向为城市设计、城市更新、区域治理等，已参加国家及省市级重点科研课题十余项，在国内外期刊、会议上发表学术论文40余篇，主持过德国洪堡基金、教育部留学回国人员科研启动基金、北京市哲学社会科学规划项目、清华大学自主科研基金等资助课题，曾获第一届中国城市规划学会“求是论坛”论文竞赛奖、第五届全国青年城市规划论文竞赛佳作奖，出版有《德国大都市地区的区域治理与协作》、《城市设计运作的制度与制度环境》两部专著。

克劳斯·昆兹曼（Klaus R. Kunzmann）

博士，教授（退休），多特蒙德工业大学

1967年毕业于慕尼黑工业大学（TU München）建筑学院，1971年于维也纳工业大学（TU Wien）获博士学位，1994年获纽卡索大学（University of Newcastle-upon-Tyne）荣誉博士学位。1974年被多特蒙德工业大学聘任为教授，并主管空间规划研究所至1993年。1993年至2006年（退休），担任欧洲空间规划学院的让·莫奈讲席教授；1987年至1990年，任欧洲规划院校联合会（AESOP）首任主席。克劳斯·昆兹曼是伦敦大学学院（University College London）、巴特莱特规划学院（Bartlett School of Planning）和台湾新竹中华大学的名誉教授，也是英国皇家城镇规划学会（RPTI）的荣誉会员，此外还作为客座教授在多所欧美高校及清华大学、东南大学等中国大学任教。

1990年代表北莱茵-威斯特法伦州经济部开展“创意经济对区域发展的潜力研究”以来，克劳斯·昆兹曼始终致力于创意城市的研究，已与他人就文化和创意对城市发展起到的作用合作出版了多本书籍。克劳斯·昆兹曼现居柏林，研究中国的经济增长对欧洲城市与区域发展的影响，并仍在坚持撰写关于欧洲国土规划、创意城市开发等方面的著作。

莫妮卡·加尔加各诺（Monica Calcagno）

博士，副教授，威尼斯大学

1991年毕业于威尼斯大学（Ca' Foscari University）经济系，1995年获该校商业经济与管理学博士学位。2001年被威尼斯大学管理学系聘任为副教授，并担任艺术与文化管理实验室（m.a.c. lab）主任和玛萨基金会（Bevilacqua La Masa Foundation）董事会成员。2010年以来，莫妮卡·加尔加各诺致力于文化创意产业、创意城市和创意群落的研究，同时关注文化和非文化产业的创新问题。在文化组织领域，她出版了关于使用者参与及其程序等方面的著作；在非文化产业领域，她探索了文化驱动新产品的设计变革及其价值再造等问题。

法布里奇奥·帕诺左（Fabrizio Panozzo）

博士，副教授，威尼斯大学

1991年、1992年毕业于威尼斯大学、克莱姆森大学（Clemson Uiversity），先后获商学学士学位与工商管理硕士学位。1995年获威尼斯大学商学博士学位。法布里奇奥·帕诺左是威尼斯大学管理学系的副教授，讲授"高级管理学"与"国际金融和管理会计"课程。他的研究兴趣包括绩效评估、非物质资源的评估与管理以及城市治理。

劳拉·皮尔兰托尼（Laura Pierantoni）

博士，博士后，威尼斯大学

2003年、2006年先后毕业于威尼斯大学和伦敦城市大学（City University），分别获经济学学士和管理学硕士学位。2010年在鲁汶大学（Katholieke Universiteit Leuven）建筑与城市规划系任访问学者。2012年3月毕业于米兰理工大学（Politecnico di Milano），获空间规划和城市发展专业博士学位，研究重点是文化战略在欧洲地方和区域发展中的作用。

劳拉·皮尔兰托尼是威尼斯大学管理学系的博士后研究奖学金获得者，她在该校以威尼斯为对象研究创意城市。她是威尼斯大学艺术与文化管理实验室的成员，并参与欧洲文化专家网络（EENC），该项目源于欧洲委员会教育和文化总理事提出的文化政策。

西尔克·哈里奇（Silke N. Haarich）

博士，咨询专家，西班牙INFYDE, SL咨询公司

获西班牙巴斯克大学（University of the Basque Country）经济学博士学位和德国多特蒙德工业大学空间规划学位。她是区域发展领域的国际咨询专家，主要研究区域发展和创新政策的设计、执行、跟踪和评估，并关注文化和创意对地方发展和竞争力的作用、创新体系管理以及公共政策评估的角色，已发表多篇科研论文。自1998年以来，她供职于西班牙INFYDE, SL咨询公司。

比阿特丽斯·普拉萨（Beatriz Plaza）

博士，教授，西班牙巴斯克大学

本科毕业于西班牙巴斯克大学经济系，分别于西班牙IESE商学院、巴斯克大学经济系获高层管理人员工商管理硕士学位及经济学博士学位。目前任巴斯克大学城市与区域经济学教授，研究兴趣包括作为发展政策的文化政策、城市更新、博物馆的经济影响、文化营销、区域政策、区域经济测算与分析和文化经济学。

比阿特丽斯·普拉萨正在从事由欧盟文化计划（2007—2013）资助的一项题为"为提高文化参与对有效工具进行评估（PUCK）"的计划。她已在《国际城市与区域研究》（*International Journal of Urban and Regional Research*）、《文化遗产杂志》（*Journal of Cultural Heritage*）、《欧洲规划研究》（*European Planning Studies*）、《旅游经济学》（*Tourism Economics*）以及《信息管理学会汇报》（*Aslib Proceedings*）等期刊上发表多篇文章。

让-玛利·埃尔耐克（Jean-Marie Ernecq）

顾问，OECD与欧盟

过去30年里，让-玛利·埃尔耐克担任经合组织

（OECD）与欧盟的城市事务顾问，并积极投入到法国创新城市政策的制定工作中。他曾是北部-加来海峡（里尔）地区城市政策部门的创建者与首任主管，并负责土地政策；此后，他先后负责该地区国外对内投资与可持续发展的管理工作，担任区域理事会行政长官一职。让-玛利·埃尔耐克是北部-加来海峡地区在布鲁塞尔欧盟总部的代表。作为法国城市规划学会会员，他目前正在负责法国城市规划100周年纪念工作，并积极推动市民参与城市议题的讨论。

1988年7月，让-玛利·埃尔耐克曾到天津进行短暂访问，与天津市政府讨论海河滨河地带的规划问题。

罗朗·德雷阿诺（Laurent Dreano）

文化主管，里尔市政府

生于1958年，拥有法学学位和巴黎高等商学院（HEC）经济学学位。2000年至2005年，担任“里尔2004，欧洲文化首都”项目总协调人。自2005年任里尔市文化部门主管，最近被任命为法国文化部的现场表演艺术（戏剧、音乐、舞蹈、街头艺术、杂技等）技术顾问。

热夫·范登布勒克（Jef Van den Broeck）

教授，鲁汶大学/安特卫普应用科学大学

1940年生于比利时，分别于1963年、1985年获鲁汶大学工程/建筑科学硕士学位、城市与区域规划硕士学位，现为鲁汶大学荣誉教授、安特卫普应用科学大学荣誉讲师。1973年，他与两位同事一起成立了名为“环境研究小组（Studiegroep Omgeving）”的建筑、空间规划设计和土地调查事务所，并担任公司首席执行官直到1997年。1978—2005年，热夫·范登布勒克在安特卫普应用科学大学（Artesis University College）建筑和城市规划设计研究所讲授战略空间规划设计方法学，并负责规划设计课，1998年后在鲁汶大学讲授空间结构规划、区域规划和规划设计课。

热夫·范登布勒克是鲁汶大学“从空间规划到战略项目（SP2SP）”的发起人，同时也担任安特卫普空间规划委员会（GECORO）主席和安特卫普城市规划组织的指导。出版有《战略空间项目，变革的触媒》（*Strategic Spatial Projects, Catalysts for Change*）（RTPI，2011）和《空间规划的高等教育，立场与思考》（*HESP, Higher Education in Spatial Planning, Positions and Reflections*）（ETH Zürich，2012）等著作。

德里·威廉斯（Dries Willems）

咨询专家，Buro-3-s咨询事务所

生于1944年9月16日，1968年、1985年分别在布鲁塞尔斯哈尔贝克的圣卢卡斯研究所（St. Lucas Institution）、安特卫普高等建筑研究所（Higher Institute of Architecture，H.A.I.R.）获室内建筑学学位和城市开发与空间规划硕士学位。

1970—1977年，德里·威廉斯参与了由突尼斯社会学家领衔的住房和乡村发展规划。此后，他先后为比利时建筑师里纳特·布雷姆（Renaat Braem）、鲍德温国王基金会（the King Baudouin Foundation）以及Van Heesewijk咨询公司工作。1983—1993年，他担任安特卫普北部的斯塔布鲁克市总规划师，并于1993年开始，担任安特卫普的城市规划咨询顾问。1999年，德里·威廉斯受安特卫普市委派建立了一个综合规划机构并担任主管，负责协调并执行由欧盟、比利时联邦政府、佛兰德斯地方政府以及安特卫普市资助的一系列规划项目。2007年，他被任命为安特卫普城市规划部门的管理者，负责组织该市的城市规划项目研讨会，与世界上其他地区的规划部门进行经验交流。2009年退休以后，他成立了自己的咨询事务所“Buro-3-s”，仍然在全心参与各种城市规划项目。

菲利普·劳顿（Philip Lawton）

博士，讲师，马斯特里赫特大学

2009年获都柏林圣三一学院（Trinity College Dublin）地理学博士学位，目前是马斯特里赫特大学（Maastricht University）文化与城市开发专业的讲师。2008—2010年，他在都柏林大学（University College Dublin）地理、规划和环境政策学院进行关于在扩大的欧盟中融入创意知识（ACRE）的博士后研究，主要探讨理查德·佛罗里达（Richard Florida）2002年提出的“创意阶层”命题对都柏林、阿姆斯特丹、巴塞罗那、赫尔辛基和索菲亚等13个欧洲城市的影响。菲利普·劳顿在2005年和2006年、2010年分别在伦敦政治经济学院（London School of Economics）和阿姆斯特丹大学（University of Amsterdam）担任访问学者，主要学术工作涉及“创意阶层”的居住偏好、欧洲与创意城市相关政策的变化，以及城市公共空间的微政治等。他在马斯特里赫特工作时，直接参与了该市申办2018年欧洲文化首都项目的考察和分析工作。

卡萨瑞娜·佩尔卡 (Katharina Pelka)

讲师，多特蒙德工业大学

曾在多特蒙德、苏黎世和英国伯明翰学习空间规划和城乡规划，毕业于多特蒙德工业大学空间规划系，获工学硕士学位。2008年以来，她担任多特蒙德工业大学空间规划学院欧洲规划文化研究所的研究员和讲师，研究兴趣集中于地方与区域经济发展，以及创意城市规划的社会学与地理学问题。2013年，她将完成博士论文，探讨在城市中开发创意空间的战略途径。

玛蒂娜·考-施耐森玛雅

(Martina Koll-Schretzenmayr)

博士，讲师，苏黎世联邦高等工业大学

1967年出生于德国巴伐利亚州，曾在奥格斯堡和慕尼黑学习地理学、城市规划及历史，在奥格斯堡大学（University of Augsburg）获地理学学士学位，之后于苏黎世联邦高等工业大学（ETH Zürich）获空间规划硕士与博士学位。

玛蒂娜·考-施耐森玛雅是苏黎世联邦高等工业大学的讲师，2000年后开始担任规划杂志*disP*的执行编辑，2012年担任瑞士空间规划展览“空间规划的理由（Darum Raumplanung）”的策展人。她在城市规划领域的研究重点包括规划史、创意产业的空间影响、房地产决策，以及居住者对城市环境的感知。

巴斯钦·兰格 (Bastian Lange)

博士，教授，柏林洪堡大学

1970年出生于德国奥迪特菲尔登的鲁伊特，曾在马堡和埃德蒙顿学习地理学、文化人类学与城市发展学，并于2006年获法兰克福大学（Johann-Wolfgang Goethe University）地理学研究所博士学位。巴斯钦·兰格曾获德绍包豪斯基金会的城市研究硕士学位，并自2005后成为柏林洪堡大学格奥尔格齐美尔大都市研究中心的研究奖金获得者。

巴斯钦·兰格博士作为城市与经济地理学家，主要研究方向是创意产业、城市治理和区域发展问题，尤其关心创意知识时代的社会经济演变过程，以及它们在政治、商业、创意领域内的利用形式。他创建了“多样柏林（Multiplicities-Berlin）”研究和战略咨询事务所，并在2011—2012年间被柏林洪堡大学聘为客座教授。

海伦娜·古特曼尼 (Helena Gutmane)

讲师，拉脱维亚大学/拉脱维亚农业大学/鲁汶大学

曾在莫斯科大学（University of Moscow）学习哲学，1996年毕业于拉脱维亚大学（University of Latvia）文献学专业，并分别于2005年、2010年获拉脱维亚农业大学（University of Agriculture of Latvia）景观建筑学学位和比利时鲁汶大学人居学硕士学位。海伦娜·古特曼尼现居拉脱维亚的里加和比利时的鲁汶，是一名文献学家、景观建筑师和城市规划专家。

海伦娜·古特曼尼是“景观和公共空间工作室（Atelier for Landscaping and Public Spaces）”的合伙人，也是国际景观建筑师联合会（IFLA）欧洲分会的拉脱维亚代表。她是里加城市研究所（Urban Institute Riga）的合作创建者，这个研究所整合了波罗的海地区的诸多专家、学者、决策者和艺术家。她在大学和继续教育机构发起了“创造里加（Create Riga）”、“场域实验室（FieldLab）”等创意课程，旨在利用城市的物质和精神景观促进空间整合与社会融合。作为客座讲师，海伦娜·古特曼尼参与了拉脱维亚和比利时的高等院校的实验课程。

海伦娜·古特曼尼最近的研究焦点是城市环境的空间和社会动力、公共空间作为社会复兴的杠杆，以及城市规划与设计中社会团体的认同感。目前，她正在拉脱维亚大学和鲁汶大学攻读博士学位，研究规划的认知问题。

艾维亚·扎卡 (Evija Zača)

研究员，拉脱维亚大学

毕业于拉脱维亚大学社会科学系，获社会学硕士学位。她是拉脱维亚大学高级社会与政治研究所的研究员。2011年，艾维亚·扎卡开始攻读博士学位，研究“波罗的海国家首都作为创意城市的发展及情景”，论文目的在于分析里加、塔林和维尔纽斯的创意实践进程、发展趋势及情景，探讨创意进程及相关设施是如何扩大波罗的海国家及其首都城市的社会和经济发展规模的。

乔纳斯·布歇尔 (Jonas Büchel)

讲师，拉脱维亚大学

1998年毕业于柏林阿里斯-萨鲁蒙应用科学大学（Alice-Salomon University Berlin），成为一名社会工作者和社会规划师，之后继续在柏林和里加学习文化管理，并负责组织阿里斯-萨鲁蒙应用科学大学的第一个社会工作国际硕士项目。乔纳斯·布歇尔曾担任巴尼亚卢卡大学（University of Banja Luka）、斯德哥尔摩社会工作学院（Stockholm School of Social Work）和坦佩雷技术大学（Tempere Technical University）的客座讲师和高等教育顾问，目前是拉脱维亚大学地理学与地球科学系空间规划项目的兼职讲师。他是里加城市研究所的主管和发起人之一，十分关注偏远社区和高密度的城市住区开发项目，也是公民教育的热情支持者及“欧洲公民教育网络（NECE）”的成员。

默文·伊尔莫宁 (Mervi Ilmonen)

副博士，研究员，阿尔托大学

1981年毕业于赫尔辛基大学（University of Helsinki），获社会政策、传媒学与城市规划副博士学位。默文·伊尔莫宁是阿尔托大学（Aalto University，原赫尔辛基工业大学）工程学院的高级研究奖金获得者，主要教学及研究方向为城市研究、住房和政策。1999年以来，她担任《芬兰城市研究》（*Finnish Journal of Urban Studies*）杂志的编辑，同时也是一些国内和国际性住房与城市研究专家团体的成员。2002年她成为欧洲城市研究协会（EURA）的执行委员，并自2008年以来担任欧洲规划院校协会（AESOP）的芬兰代表。

默文·伊尔莫宁的研究兴趣与著作领域是全球城市竞争、营销与创意，尤其针对赫尔辛基与北欧城市的情况进行探讨。

大卫·伊曼纽尔·安德森
(David Emanuel Andersson)

博士，讲师，宁波诺丁汉大学

1997年获瑞典皇家工学院（Royal Institute of Technology）区域规划博士学位，目前是宁波诺丁汉大学商学院的经济学讲师。

安德森博士曾在台湾中山大学和成功大学工作，出版有《创意城市手册》（Edward Elgar，2011）等六部学术著作。他的研究论文广泛发表在《区域科学年鉴》（*Annals of Regional Science*）、《制度经济学》（*Journal of Institutional Economics*）、《交通地理》（*Journal of Transport Geography*）、《技术预测与社会变革》（*Technological Forecasting and Social Change*）等学术期刊上，以及阿什盖特（Ashgate）、爱德华·埃尔加（Edward Elgar）、爱思唯尔（Elsevier）、爱墨瑞得（Emerald）和帕格雷夫麦克米伦（Palgrave Macmillan）等出版社出版的著作中。

阿克·安德森 (Åke E. Andersson)

教授，延雪平国际商学院

阿克·安德森是延雪平国际商学院（Jönköping International Business School）的经济学教授。他是1995年本田奖（Honda Prize）和2005年欧洲区域科学协会终身成就奖的获得者，曾获延雪平大学荣誉博士学位，并曾任哥本哈根未来研究院（Institutefor Futures Studies）主席，以及瑞典皇家工学院、于默奥大学（Umeå University）、北欧规划研究所（Nordic Institute for Planning）和宾夕法尼亚大学（University of Pennsylvania）教授。主要研究方向包括创意经济和管理、研发与知识管理、区域经济学以及经济增长战略。

莱纳·穆勒（Rainer Müller）

记者，城市文本编辑事务所

生于1970年，目前在德国多特蒙德工业大学和意大利威尼斯建筑大学（Istituto Universitario di Architettura a Venezia）研究空间规划。2000年大学毕业后，他获得了汉堡一家出版社的记者资质。2002年以来，他的工作跨越城市规划和新闻两个领域，撰写城市规划专业著作的同时，也担任研究机构的新闻发言人。莱纳·穆勒现居汉堡，并于2008年在该市创立了“城市文本（Texturban）”编辑事务所。

龙家麟（Alan Ka-lun Lung）

执行主任，亚太知识资本中心

生于中国香港，曾在美国威斯康辛大学（University of Wisconsin）和加拿大劳里埃大学（Wilfrid Laurier University）学习。他是亚太知识资本中心（Asia Pacific Intellectual Capital Centre）的执行主任，并自愿担任1989年成立的香港公共政策智库的主席，也是香港贸易发展局（HKTDC）创新及科技咨询委员会的成员。

龙家麟自1977年起在国际广告与公共关系机构开始其职业生涯。1985年，他被奥美公司（Ogilvy & Mather）派往新加坡担任部门经理，之后回到香港担任一家港台市场公司的主管，之后转投管理咨询业，将作业成本和管理法引入香港。2006年以来，龙家麟致力于通过亚太知识资本中心这一平台提升香港、广州和北京的创新和科技实践，善于将有关政府和公共政策的知识转化为推动知识经济不断前进的实际工作。

黄鹤

博士，副教授，清华大学建筑学院

1998年毕业于清华大学建筑学院，获建筑学学士学位；2004年于清华大学建筑学院获得工学博士学位，专业方向为城市规划与设计；2005年入职清华大学建筑学院。2009年至2010年作为访问学者赴美国宾夕法尼亚大学设计学院交流。主要研究方向为城市文化规划、城市设计等，北京市文化创意产业专家库成员。主持北京市文化创意产业与城市发展关系的系列研究，以主要骨干和专题负责人的身份参加国家及省部级重点科研十余项。在国内外期刊、会议上发表学术论文十余篇。出版专著《文化规划：基于文化资源的城市整体发展策略》与《盖塔·百年联合国——联合国特别纪念日博物馆构想》，参与《中国城市规划发展报告（2011—2012）》、《城市科学学科发展报告（2007—2008）》等国内权威年度报告的编写。

宋英成（Insung Song）

博士，教授，全南大学

分别于1973年、1975年毕业于韩国建国大学（Konkuk University）农学院及首尔大学（Seoul National University）环境学研究生院，并于1981年获多特蒙德工业大学博士学位。1981年，他被全南大学（Chonnam National University）聘为教授，现任全南大学区域发展研究所主任、分管规划与研究的副校长、首席信息官。

宋英成是韩国信息化协会主席、韩国区域发展协会主席及韩国环境政策协会副主席，也是韩国国家均衡发展委员会与光州市、全南道城市规划委员会委员，以及温哥华不列颠哥伦比亚大学（University of British Columbia）、多特蒙德工业大学的访问学者。研究领域为可持续发展、城市管理与更新、电子规划，著有《环境政策与环境法》（*Environmental policy and Environmental Law*）（2005）和《城市管理》（*City Management*）（2008）两部著作，并发表有《21世纪光州市与全南道发展资源与环境管理方法研究》（*A Study on the Management Method of the Resource and Environment for the Development for Gwangju City and Chonnam Province in the 21st Century*）、《市民生活质量提升政策研究》（*A Study on the Improvement Policy for the Citizen' s Quality of Life*）等论文。

垣内惠美子（Emiko Kakiuchi）

博士，教授，日本东京国家政策研究院

获东京大学（University of Tokyo）城市规划博士学位，是日本东京国家政策研究院教授，文化政策项目主管，并有在日本教育部、文化事务局、日本国会众议院和联合国大学（United Nations University）等国际组织中担任多项职位的工作经验。垣内惠美子同时拥有一桥大学（Hitotsubashi University）、滋贺大学（Shiga University）的教席以及都灵大学（University of Turin）、巴黎第一大学（University Paris I）等其他一些大学的短期讲师职位。她是日本国家土地委员会的成员，为日本中央和地方政府以及国际机构提供咨询服务，也是日本文化经济委员会和区域政策委员会的重要成员。

垣内惠美子的研究兴趣是文化与发展的联系、文化价值的定量评估和公共政策系统分析。她的大部分著作集中在文化政策领域，著有《旅游与社区发展：亚洲的实践》（*Tourism and Community Development*）（UNWTO，2008）、《可持续和创意提升创意城市计划》（*Sustainable City and Creativity Promoting Creative Urban Initiatives*）（Ashgate，2011）和《发展模式：亚太城市》（*Development Pattern: Asian and Pacific Cities*）（Routledge，出版中）等英文论文，并分别于2002年、2009年获日本都市计划学会奖及日本规划管理协会优秀论文奖。

秋元康幸（Yasuyuki Akimoto）

规划主管，横滨市政府

1980年毕业于早稻田大学（Waseda University）科学与工程学院建筑系，任横滨市政府官员，为该市的城市更新作出了贡献。2007—2009年，他以城市设计办公室主任的身份战略性地推动了横滨市中心的城市设计工作。2009—2012年，作为创意城市促进部门的主管，他主要负责了该市的创意城市政策。目前，秋元康幸担任横滨市住房与建筑局规划部主管，致力于将创意城市的概念延伸到横滨市郊。

林建元（Chien-Yuan Lin）

博士，教授，台湾大学

1954年生于中国台中，在中国台北政治大学获得地政学系学士学位，之后在台湾大学获得硕士学位，并在美国华盛顿大学（University of Washington）取得交通工程博士学位。

林建元于1888年回台，在新竹交通大学任教一年后，转往台湾大学建筑与城乡研究所担任副教授，并于1995 年升为教授。2007年借调担任台北市财政局局长，次年升任台北市副市长，并于2010年年底完成任期回到台湾大学继续任教。他的学术方向是土地规划与管理、都市再生与公共政策分析，撰写有学术期刊论文百余篇，并担任多部城市规划专著的主编，是台湾地理信息系统的教学先驱。

陈光洁（Kuang-Chieh Chen）

博士候选人，新竹中华大学

新竹中华大学建筑与规划学院博士候选人，2007—2008年为柏林工业大学访问学生，2009 年在克劳斯·昆兹曼教授指导下在柏林从事研究，2010年在柏林洪堡大学参与暑期实习。主要研究方向为创意产业在城市发展上的应用、大都会地区产业发展、城市战略规划等方向。目前已参加台湾科学委员会专题研究项目八项，并在国内外期刊、会议上发表学术论文十余篇。

莉娅·吉拉尔迪（Lia Ghilardi）

咨询专家，Nomea研究与规划组织

莉娅·吉拉尔迪是英国Nomea研究与规划组织的创建者与负责人，该组织通过全世界范围的合作来开展战略性的文化规划项目。作为一位有创造力、知识广博的学者，她已经与民意领袖、城市网络和艺术组织共同工作了二十多年，积极应对当代城市在场所创造中面临的挑战，并为之提供综合解决方案，她是全世界公认的城市文化发展领域的领袖。

莉娅·吉拉尔迪在伦敦城市大学负责文化、政策与管理硕士项目的文化规划课程板块，也是城市规划学会（Academy of Urbanism）的成员，这个组织拥有一批有影响力的思想家、专业人士和政策制定者，对追求更美好的城市生活抱有极大的热情。近期，莉娅·吉拉尔迪加入了伦敦市长的文化与发展特别咨询小组。

毛里齐奥·卡尔塔（Maurizio Carta）

博士，教授，巴勒莫大学

获巴勒莫大学城市与区域规划博士学位，是巴勒莫大学（University of Palermo）建筑学院城市与区域规划的教授，同时也是欧洲许多大学的客座教授，并担任巴勒莫市建筑部门的副主管，以及负责建筑遗产与战略规划部门的前议员。毛里齐奥·卡尔塔是战略规划、城市设计以及地方发展领域的高级专家，也是意大利基础设施建设部、西西里地区、巴勒莫大区、阿格里真托大区、波坦察大区、巴勒莫市、巴列塔市和巴勒莫港务局等多个政府部门的城市与战略规划咨询专家。

毛里齐奥·卡尔塔的主要研究兴趣是文化遗产对于可持续发展的价值和作用，以及基于文化和创意的城市更新。他是《创意城市》（*Creative City*）杂志的编辑和科技期刊的咨询委员会成员，并于2003年在巴勒莫成立了“Plan Different”工作室。毛里齐奥·卡尔塔在过去的几年里将自己的研究应用到实践中，进行规划工具的更新，成果见诸于《加强文化地域》（*L'armatura culturale del territorio*）（Franco Angeli，2002）、《规划理论》（*Teorie della pianificazione*）（Palumbo，2003）、《下一座城市：文化的城市》（*Next City: culture city*）（Meltemi，2004）、《创意城市：动力、创新与行动》（*Creative City: Dynamics, Innovations, Actions*）（List，2007）及《治理的演化》（*Governare l' evoluzione*）（Franco Angeli，2009）等多部著作。

查尔斯·安布罗西诺（Charles Ambrosino）

博士，讲师，法国格勒诺布尔第二大学/研究员，法国国家科学研究中心

2009年获格勒诺布尔第二大学（University Pierre Mendes France）城市与区域规划博士学位，曾是东伦敦大学（University of East London）研究中心的访问博士生，现担任格勒诺布尔第二大学讲师，讲授城镇规划、城市设计与经济地理，同时也是法国国家科学研究中心公共政策、政治行动与国土整治研究所（UMR PACTE Territoires）研究员。他的研究领域主要是文化主导下的城市更新、创意城市与空间规划等，涉及艺术家和创意人士如何参与城市空间转型，如何创造新的城市景观和创意环境来形成都市发展触媒等问题。

文森特·吉隆（Vincent Guillon）

博士，副研究员，法国国家科学研究中心/格勒诺布尔政治学研究所

2011年获格勒诺布尔政治学研究所（Grenoble Institute of Political Studies）政治学博士学位，现任该研究所副研究员。主要研究方向为城市、文化政策与治理。他从公共政策、文化情境、艺术参与、文化经济等角度研究文化大都市的问题，运用政治学、社会学与城市研究多学科交叉的方法来构建大都市的文化模型。

刘健

博士，副教授，博士生导师，清华大学建筑学院

1991年、1994年毕业于清华大学建筑学院，先后获建筑学专业工学学士学位和城市规划与设计专业工学硕士学位；2003年于清华大学建筑学院获城市规划与设计专业工学博士学位。1994年在清华大学建筑学院留校执教至今，其间曾以访问学者身份，先后于1995年和2003年赴加拿大不列颠哥伦比亚大学人居中心和法国当代中国建筑观察站进行访问研究，并于2000年至2001年赴法国巴黎美丽城建筑学院进行访问学习；先后完成国家及省市级科研项目以及国际合作科研项目近30项，三次获得省部级奖项，出版

著作6本，在国内外期刊、会议上发表学术论文50余篇。目前主要研究方向包括城市规划历史与理论、城市规划、村镇规划、政策法规等，同时兼任世界人居学会副主席，中国城市规划学会国外城市规划学术委员会和中国城市规划协会女规划师委员会委员，《城市规划》杂志特约审稿专家，《国际城市规划》和*China City Planning Review*杂志编委，以及法国*Revue Internationale d'Urbanisme*审稿委员会委员。

甘霖

博士，北京市规划委员会

2006年毕业于武汉大学城市设计学院，获工学学士学位；2011年毕业于清华大学建筑学院，获工学博士学位，现任职于北京市规划委员会。主要研究方向为城市生态、新技术在城乡规划中的应用等，近年来在期刊、会议上发表学术论文近10篇。

译者简介

（按照译者在书中出现的先后顺序排列）

郭磊贤

清华大学建筑学院博士研究生

陈羚玥

法国AAUPC建筑规划事务所，城市设计师

赵怡婷

清华大学建筑学院硕士研究生，研究方向为城市防灾

焦怡雪

中国城市规划设计研究院

赵淑美

法籍华人，原任法国北加莱海峡大区议会国际关系部项目主管

邢晓春

英国诺丁汉大学建成环境学院

周勇

北京国城建筑设计公司

许玫

中国城市规划设计研究院学术信息中心

陶一兰

清华大学建筑学院硕士研究生，研究方向为建筑设计与中国传统文化

王妍

清华大学建筑学院博士研究生，研究方向为城市设计

刘源

多特蒙德大学空间规划学院

曹梦醒

清华大学建筑学院硕士研究生，研究方向为小城镇规划与设计

王昆

清华大学建筑学院博士研究生，研究方向为边境城市规划

林超

清华大学建筑学院硕士研究生

丁寿颐

清华大学建筑学院硕士研究生

胡敏

清华大学建筑学院博士研究生，中国城市规划设计研究院城市规划师

贾丽奇

清华大学建筑学院博士研究生

刘海龙

清华大学建筑学院，副教授，博士